採用最新植物分類系統APG IV

台灣原生植物全圖鑑

Illustrated Flora of Taiwan

全圖鑑

第三卷 禾本科——溝繁縷科

呂福原 ◎ 總審定　曾彥學、謝長富 ◎ 審定
陳志輝、廖顯淳、林哲宇、葉修溢、吳聖傑、鐘詩文 ◎ 著

貓頭鷹

台灣原生植物全圖鑑第三卷：
禾本科──溝繁縷科

作　　者　陳志輝、廖顯淳、林哲宇、葉修溢、吳聖傑、鐘詩文
總 審 定　呂福原
內文審定　曾彥學、謝長富
系列主編　陳穎青
責任編輯　李季鴻
特約編輯　胡嘉穎
協力編輯　林哲緯、趙建棣
專業校訂　趙建棣
校　　對　李季鴻、林哲緯、胡嘉穎
版面構成　張曉君
封面設計　林敏煌
插畫繪製　林哲緯
影像協力　吳佳蓉、李文琇、許盈茹、廖于婷、蔡良聰
特別感謝　古訓銘、江某、林家榮、陳志豪、許天銓、葉川榮、楊智凱、楊師昇、鄭謙遜、蔡依恆
總 編 輯　謝宜英
行銷業務　張庭華、鄭詠文

出 版 者　貓頭鷹出版
發 行 人　凃玉雲
發　　行　英屬蓋曼群島商家庭傳媒股份有限公司城邦分公司
　　　　　104台北市民生東路二段141號11樓
劃撥帳號：19863813；戶名：書虫股份有限公司
城邦讀書花園：www.cite.com.tw購書服務信箱：service@cite.com.tw
購書服務專線：02-25007718～9（週一至週五上午09:30～12:00；下午13:30～17:00）
24小時傳真專線：02-25001990～1
香港發行所　城邦（香港）出版集團　電話：852-25086231／傳真：852-25789337
馬新發行所　城邦（馬新）出版集團　電話：603-90563833／傳真：603-90576622
印 製 廠　中原造像股份有限公司
初　　版　2017年6月／二刷　2018年5月
定　　價　新台幣2400元／港幣800元
ISBN　978-986-262-328-2

貓頭鷹　讀者意見信箱　owl_service@cite.com.tw
貓頭鷹知識網　http://www.owls.tw
歡迎上網訂購；大量團購請洽專線(02)2500-1919

國家圖書館出版品預行編目(CIP)資料

臺灣原生植物全圖鑑. 第三卷, 禾本科-溝繁
縷科 / 鐘詩文等著. -- 初版. -- 臺北市：貓頭
鷹出版：家庭傳媒城邦分公司發行, 2017.06
416面 ; 21x28公分
ISBN 978-986-262-328-2(精裝)
1.植物圖鑑 2.台灣
375.233　　　　　　　　　　　106005610

目次

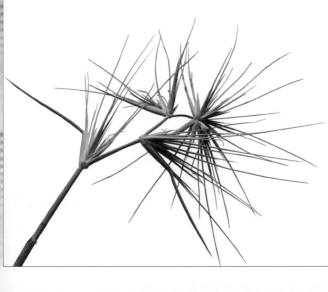

如何使用本書

本書為《台灣原生植物全圖鑑》第三卷，使用最新APG IV分類法，依照親緣關係，由禾本科至溝繁縷科為止，收錄植物共620種。科總論部分詳細介紹各科特色、亞科識別特徵，並以不同物種照片，清楚呈現該科辨識重點。個論部分，以清晰的去背圖與豐富的文字圖說，詳細記錄植物的科名、屬名、拉丁學名、中文別名、生態環境、物種特徵等細節。以下介紹本書內頁呈現方式：

❶ 科名與科描述，介紹該科共同特色。
❷ 以特寫圖片呈現該科的識別重點。

❶ 雨久花科 PONTEDERIACEAE

多年生或一年生水生草本，常具根莖。葉基生或互生，生於水中或浮水或挺水，具多數平行脈，葉柄基部具鞘。花兩性，排成穗狀或總狀花序，由最上葉之鞘伸出；花被片6枚，覆瓦狀排列，藍色或紫藍色；雄蕊3或6，罕1，著生於花被片上；子房上位1～3室，側膜或中軸胎座。蒴果3瓣裂或不開裂。

台灣產2屬。

❷ 特徵

水生草本，常具根莖。葉基生或互生，生於水中或浮水或挺水。（布袋蓮）

花被片6枚，覆瓦狀排列，藍色或帶紫之藍色；雄蕊3或6，著生於花被片上。（布袋蓮）

❸ 屬名與屬描述，介紹該屬共同特色。

❹ 本種植物在分類學上的科名。

❺ 本種植物的中文名稱與別名。

❻ 本種植物在分類學上的屬名。

❼ 本種植物的拉丁學名。

❽ 物種介紹，包括本種植物的詳細形態說明與分布地點。

❾ 本種植物的生態與特寫圖片，清晰呈現細部重點與植物的生長環境。

❿ 清晰的去背圖片，以拉線圖說的方式說明本種植物的細部特色，有助於辨識。

---

❹ 雨久花科・229

❸ 鳳眼蓮屬（布袋蓮屬） EICHHORNIA

生於淡水之水生草本，節上生根。葉蓮座狀或互生，闊卵形，具膨大之柄。總狀花序，花螺旋狀排列；花被片6枚，淡紫色，上方中央者具一黃色斑點；雄蕊6，著生於較下位之花被片上，二型，3長者伸出花冠外，3短者生於花內，花絲具毛；雌蕊花柱略彎曲線形，柱頭擴大或3～6淺裂。蒴果包於凋存花被筒內，種子多數。

台灣產1種。

❺ 布袋蓮(鳳眼蓮、浮水蓮花)｜屬名 **❻** 鳳眼蓮屬
學名 **❼** *Eichhornia crassipes* (Mart.) Solms

❽ 鬚根發達，根尖具鞘包覆，多毛。葉革質，闊卵形或橢圓形；葉柄海綿質，長10～50公分，浮於水面時變短且膨脹。花序單生，長15～30公分，花約6～15朵；花藍紫色，最上方之花被片較大，中央有黃色斑點；雄蕊3長3短。

原產於美洲熱帶地區；台灣分布於全島水田、水池及河川中。

花藍紫色，最上方之花被片較大，其中央有黃色斑點及深紫斑塊。

❿

葉柄海綿質膨大，使植株浮於水面。

鴨舌草屬 MONOCHORIA

根生於泥中。葉基生，或互生於斜立之莖上，葉形多變，具長柄。花序總狀，無梗或花序梗短，初生時包在闊葉鞘內；花序梗基部具一苞片，開花時向前彎曲；雄蕊6，其中1枚較大，花絲一側具裂齒，其餘5枚略等長；子房3室，花柱線形，柱頭擴大，微3裂。蒴果膜質，室背3裂。

台灣產1種。

鴨舌草｜屬名 鴨舌草屬
學名 *Monochoria vaginalis* (Burm. f.) Presl

直立水生草本；莖常不明顯，斜立。葉基生或互生，長2～10公分，寬1～5公分，先端常漸尖，全緣，具平行脈，由橫向小葉脈相連；水中葉線形或近鑽形，先端銳尖；浮水葉狹披針形，葉柄長7～30公分，挺水葉基部狹心形且先端銳尖；葉柄長，基部具一闊鞘。總狀花序，長2.5～5公分，初直立，後下彎；花被片深藍色，長橢圓形；雄蕊6，其中1枚較長。

產於爪哇、馬來西亞、菲律賓、琉球及日本；台灣分布於全島水田或水池中。

花被片6枚，覆瓦狀排列，藍色或帶紫之藍色。

雄蕊6，其中1枚較大。

花被長橢圓形，雄蕊6。

花序總狀，初生時包在闊葉鞘內。

推薦序

台灣地處歐亞大陸與太平洋間，北回歸線橫跨本島中部，加以海拔高度變化甚大，植被自然分化成熱帶、亞熱帶、溫帶及寒帶等區域，小小的一個島上，孕育了多達4,000餘種的維管束植物，是地球上重要的生物資科庫。

台灣的植物愛好者眾，民眾從圖鑑入門，識別植物，乃是最直接途徑；坊間雖已有各類植物圖鑑，但無論種類之搜集或編排之系統性，均尚有缺憾。有鑑於此，鐘詩文君，十年來披星戴月，奔走於全島原野與森林，親自觀察、記錄、拍攝所有植物的影像，並賦予正確的學名，已達4,000餘種，且加以詳細描述撰寫，真可謂工程浩大，毅力驚人。

這套台灣原生植物的科普圖鑑，每個物種除描述其最易識別的特徵外，並佐以清晰的照片，既適合初學者，也是專業研究人員不可或缺的參考書；作者更特別貼心的為讀者標出每一物種與相似種的差異，讓初學者更易入門。本書為了完整性及完備性，作者拍攝了每一種植物的葉及花部特徵，並鑑之分類文獻及標本，以力求每一物種學名之正確性。更加難得的是，本圖鑑有許多台灣文獻上從未被記錄的稀有植物影像，對專業研究人員來說也是極珍貴的參考資料。

在我們生活的周遭，甚或田野、海邊、山區，到處都有植物，認識觀察它們，進而欣賞它們，透過植物自然美，你會發現認識植物也是個身心安頓的良方。好的植物圖鑑，可以讓你容易進入植物的世界，《台灣原生植物全圖鑑》完整呈現台灣原生的各種植物，內容詳實，影像拍攝精美，栩栩如生，躍然紙上，故是一套值得您永遠珍藏擁有的圖鑑。

國立中興大學森林學系

教授　歐辰雄

作者序

自小即對自然界的各種動物植物充滿好奇及喜愛，記得國中一年級開始上生物課，就立下志願，以後一定要念生物系，後來也真的如願進入成功大學生物系（現已改稱生命科學系）就讀，從此我的人生就開始與生物多樣性分不開了。

在大二時，原本任教於嘉南藥專的郭長生老師轉到我們系上任教，同時擔任我的班導師，在郭老師的啟蒙之下，開始學習野外植物採集。那時常常跟著郭老師任教師範大學生物系時的學生王弼昭及曾景亮二位學長，一起到台灣各地採集，學長們以蕨類為專攻，而我則是囫圇吞棗，看得到開花的就收。郭老師要求我們要自己查閱《台灣植物誌》，依照檢索表去鑑定標本，記得那時被原文的專有名詞整得死去活來，我的植物分類學習就在這樣懵懵懂懂的過程中一步一步的展開。王弼昭後來猝逝於野外採集途中，39歲之壯年即英年早逝，令人惋惜。

後來進入台灣大學植物所碩士班，在周昌弘院士及彭鏡毅博士指導下，開始接受分子系統學的觀念及訓練，學習如何將DNA及同功酵素等分子標記，應用於植物族群遺傳及親緣分析的研究，這個階段擴大了我關於植物分類的視野。很幸運地，碩士班在學期間通過高考，於1995年到農業委員會特有生物研究保育中心任職至今。大約是1998年，在郭長生老師的鼓勵及指導之下，開始專攻禾本科（POACEAE）植物的研究，於台灣全島及離島，展開地毯式的調查及採集，同時收集乾燥葉片供萃取DNA，進行分子親緣分析。一路走來有甘有苦，幸而有眾師長的支持及鼓勵，除了郭長生老師之外，許建昌、黃增泉、小山鐵夫、及劉和義等老師亦不時對我的禾草研究給予指點。

禾本科植物，對一般民眾而言，比較有感的應該是木本的竹類，但對於其他種類更多的草本的種類，一般泛稱禾草，可能就只有路邊的雜草，以及餵飽我們的五穀雜糧這些概念了。沒錯，禾草經常被人忽略，但不論在生態上及經濟上，都有不可忽視的重要性，全世界的禾本科植物約 650屬10,000種，種類數目僅次於菊科（ASTERACEAE）、豆科（FABACEAE）、蘭科（ORCHIDACEAE）和茜草科（RUBIACEAE）。雖然種類數目不是最多，關心自然保育的人士以及主管保育業務的單位也多忽略禾草的存在，但全世界有三分之一面積為草原所覆蓋，動物的生存與禾草的存在有關，土壤的化育與肥份的循環也與禾草息息相關，此外全世界絕大部分人口以禾本科的穀物，如水稻、小麥、大麥、玉米、高粱等為主食，無論是生態上或經濟價值上的重要性，禾草的排名應該都是第一的。台灣的土地面積雖不大，卻擁有豐富的生物多樣性資源，其中維管束植物種類數目最多的即禾本科，是台灣植物五大科之一，有120屬，約300個種類。然而禾草的形態與其他一般高等植物迥異，花部是細小、看似相似卻又千變萬化的小穗（spikelet）構造，肉眼難辨，必須借助顯微鏡，而莖葉等營養器官乍看之下卻又千篇一律，不易鑑別，不僅一般社會大眾不得其門而入，即便是訓練有素的植物分類學者，遇到禾草也多退避三舍。對禾草花序及小穗變化的了解，不僅是禾草分類及鑑識的基礎，也是饒富趣味的植物學研究課題。

　　禾本科以下的亞科、族、及屬階層的分類系統，近年來有不小的變動。在未導入分子親緣分析方法的年代，依據英國皇家邱植物園（Royal Botanic Gardens, Kew）的禾本科分類泰斗Clayton及Renvoize在1986年出版的Genera Graminum, Grasses of the World一書，禾本科下區分為包括竹子的6個亞科。時至今日，科學之發展一日千里，如同APG系統，國際間也有研究禾草的各國學者組成Grass Phylogeny Working Group (GPWG)，開始導入分子親緣的分析方法，重新提出了禾本科以下應該區分為包括竹類的12亞科的分類系統，本書禾本科之編排也開始採納這個新的分類系統架構。

　　最後要感謝團隊諸位的協力配合，以及民間禾草同好諸如澎湖七美國小鄭謙遜校長、林家榮、楊師昇、許天銓、蔡依恆、陳志豪、楊智凱、江某等諸位先生的大力幫忙，彌補了我們的不足，在此致上最高之敬意及謝意。即便如此，本書內容仍有很大的改進空間，同時學問的鑽研也是永無止境的，我們將持續努力，精進我們對禾本科的認識，俾在未來能呈現更好的成果。

作者簡介

　　台大植物研究所碩士、成功大學生命科學系博士，現任職於特有生物研究保育中心。師承郭長生博士，專精於禾本科植物之系統分類及親緣地理研究。1998在郭長生博士的鼓勵及指導之下，開始禾本科植物的研究，於台灣全島及離島，地毯式的調查及採集禾草。曾參與《台灣植物誌》第2版、《台灣維管束植物簡誌》禾本科部分之撰寫，並於2011年開始，根據最新的禾本科分類系統，進行台灣禾草分類的修訂，並於2015年完成出版《台灣禾草植物誌》共3卷。2013年開始參與索羅門群島植物資源調查，並參與2016年出版之《索羅門群島植物圖鑑》之撰寫及編輯。除了禾本科植物分類之外，也長期參與野生植物之資源調查、資料庫建置、種源保存，以及諸如植物保育策略及立法、生態工法等生物多樣性保育相關實務工作。

《台灣原生植物全圖鑑》總導讀

一、植物分類學，是一門歷史悠久的科學，自17世紀成為一門獨立的學科後，迄今仍持續發展。傳統的植物分類學，偏重於使用植物之解剖形態特徵，而現今由於分子生物工具的加入，使得植物分類研究在近年內出現另一層面的發展，即是利用分子系統生物學，通過對生物大分子（蛋白質及核酸等）的結構、功能等等之研究，闡明各類群間的親緣關係。由於生物大分子本身即是遺傳信息的載體，以此為材料進行分析的結果，相對於傳統工具，更具可比性和客觀性。本套書的被子植物分類，即採用最新的APG IV系統（Angiosperm Phylogeny IV；被子植物親緣組織分類系統第四版），蕨類及裸子植物的分類系統則依據最近研究之成果排序。被子植物親緣組織（APG，Angiosperm Phylogeny Group）是一個非官方的國際植物分類學組織，該組織試圖將分子生物學的資訊應用到被子植物的分類中，企圖尋求能得到大多學者共識的分類系統。他們所提出的系統，大異於傳統的形態分類，其主要是依據植物的三個基因編碼之DNA序列，以重建親緣分枝的方式進行分類，包括兩個葉綠體基因（rbcL和atpB）和一個核糖體的基因編碼（nuclear 18S rDNA）序列；雖然該分類系統主要依據分子生物學的資訊，但亦有其它資料或訊息的加入，例如參考花粉形態學，將真雙子葉植物分枝，和其他原先分到雙了葉植物中的種類區分開來。由於這個分類系統不屬於任何個人或國家而顯得較為客觀，所以目前已普遍為世界上大多數分類學者所認同及採用，本書同步使用此一系統，冀期為台灣民眾打開新的視野。

二、本書在各「目」之下的「科」，係依照科名字母順序排列；種論亦以字母順序為主要原則，每種介紹多以半頁至全頁為一篇，除文字外，以包含根、莖、葉、花、果及種子之彩色照片完整呈現其識別特徵，並以生態照揭示其在生育地之自然生長狀態。

三、植物的學名、中名以《台灣維管束植物簡誌》、《台灣植物誌》（*Flora of Taiwan*）及《台灣樹木圖誌》為主要參考，形態描述除自撰外亦參據前述文獻之書寫。

四、書中大部分文字及照片由鐘詩文博士執筆及拍攝，惟蘭科、莎草科及穀精草科全由許天銓先生主筆及拍攝，陳志豪先生負責燈心草科之文圖，禾本科則由陳志輝博士及吳聖傑博士共同執筆及攝影，蕨類部分交由陳正為先生及洪信介先生合作撰述。本套書包含8卷，共收錄4,000餘種的台灣植物，每一種皆有清楚的照片供讀者參考，作者們從10萬餘張照片中，精挑約15,000張為本套巨著所用，除少數於圖片下署名者係由其他人士提供之外，未特別註明者，皆為鐘博士本人或該科作者所攝影。

五、本套書收錄的植物種類涵蓋台灣及附屬離島之原生及歸化的所有植物，並亦已儘量納入部分金門、馬祖及東沙群島的特殊類群。

第三卷導讀（禾本科——溝繁縷科）

　　緊接著禾本目的莎草科之後，本卷介紹禾本目的禾本科、鴨跖草目、薑目、金魚藻目、毛茛目、山龍眼目、昆欄樹目終至黃褥花目的溝繁縷科，總共39科，其中禾本科為陳志輝及吳聖傑等撰稿及攝影，而其它香蒲科等38科全部由鐘詩文負責。

　　禾本科是台灣的五大科之一，數量共約三百餘種，在本卷約占一半的篇幅。本科植物圍繞在我們的周遭，在生活中想要不看到它還真的很難；天天吃的米或麵包，以及美味的竹筍，都是禾本科植物的相關產品。只要走出家門，在路旁、公園，野地也舉目皆是禾草。然而，它也是最不親民的植物，禾草的鑑別特徵須細看它的小穗、穎及微細的雌雄蕊，礙於台灣一直沒有一本詳實的彩色圖鑑，想要認識或鑑別它，真的有很大的難度。我們深知禾本科鑑別的難處，故在撰稿及拍攝時，特別注意了每一種主要特徵的呈現，令讀者對本科植物的識別能較以往輕鬆許多。

　　薑科是一群具馨香味的民生植物，其中，月桃屬中各物種由於分布及花期相近，因而衍生許多的天然雜交種，種間相似性高；我們在書中詳述每一種的鑑別特徵，也貼心的圖示每一雜交種的親本，令本屬的親緣鏈接可以一目了然。此外，葡萄科及芭蕉科也是著名的民生植物。世界所有的農園植物，都是經過數十年甚至百年的改良育種，方呈現如今的樣貌，其長相已與野生種大相逕庭。台灣原生的葡萄科及芭蕉科植物，果實是迷你的葡萄串，或充滿了種子的小小香蕉，顛覆你對葡萄及香蕉的想像。

　　鴨跖草科的植株類似禾本科植物，但卻會開出或紅或白或紫的精緻花朵，許多種類的雄蕊呈現三歧狀，另有些種類的雌蕊先端會膨大成圓珠狀，並在花柱上長出許多飄逸的紫色鬚毛，其花部形態在植物世界中別具一格。而毛茛科也是台灣植物誌中的一個大科，世界著名的園藝植物如鐵線蓮、芍藥牡丹屬植物，藥用植物黃連、升麻等皆為本科的成員。在台灣，本科共有11屬52種，廣泛的分布全島，但由於此家族成員繁多，不易區分，故有許多植物學者投入其研究，撰寫分類論文。

　　另外，本卷含括了景天科的植物，其中有著厚厚葉子的佛甲屬植物，從海濱的石板菜至高山的各類佛甲草，在台灣共有18種。它們大多開著黃色的小花，必須分辨它們的習性（地生或附生），萼片合生與否及形狀，若非長期觀察實難掌握其分類之關鍵。我們將逐種以文圖介紹它們的差別，讓擁有此卷者，彷擁有「景天寶典」，一一打通佛甲草各脈絡，一覽此中奧妙。

　　這一卷的付梓，代表我們介紹完了單子葉植物，接著將會引介許多樹木類群的科別，如有紅亮臘質內果皮的衛矛科植物、花瓣流蘇狀的杜英科、為了授粉而演化成雄蕊及花瓣特異的清風藤，這些喬木的花果葉，長在高高的樹冠層上，難以一窺其形態，對一般人說是相對陌生的類群。我們走遍了本島及蘭嶼，記錄它的花果全貌，及其分類特徵，期望為大家忠實地呈現這群大樹的樣貌。

APG分類系統第四版（APG IV）支序分類表

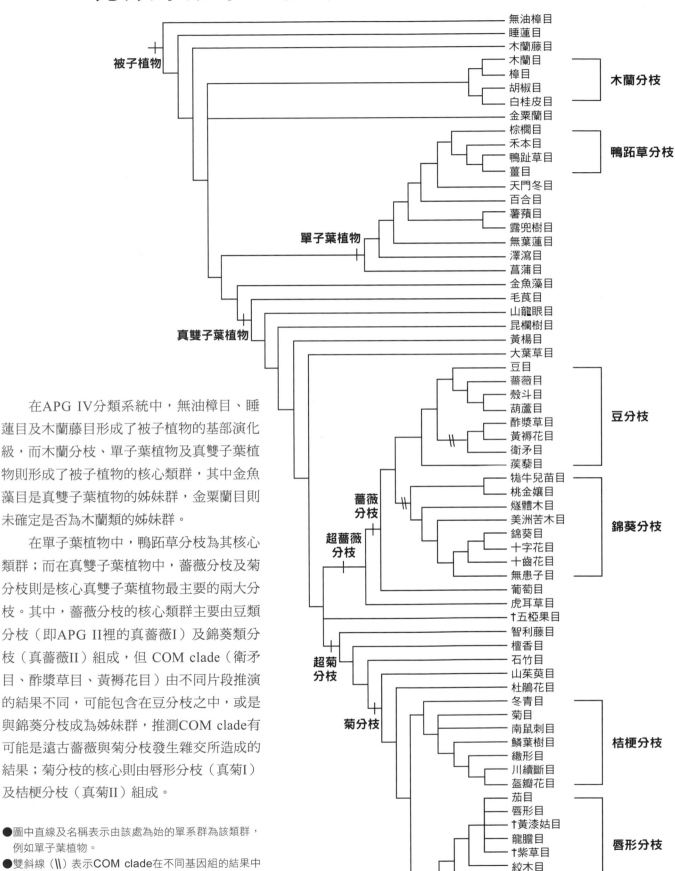

被子植物 — 無油樟目／睡蓮目／木蘭藤目／木蘭目／樟目／胡椒目／白桂皮目（木蘭分枝）／金粟蘭目

單子葉植物 — 棕櫚目／禾本目／鴨趾草目／薑目（鴨跖草分枝）／天門冬目／百合目／薯蕷目／露兜樹目／無葉蓮目／澤瀉目／菖蒲目

真雙子葉植物 — 金魚藻目／毛茛目／山龍眼目／昆欄樹目／黃楊目

超薔薇分枝 — 薔薇分枝 — 大葉草目／豆目／薔薇目／殼斗目／葫蘆目／酢漿草目／黃褥花目／衛矛目／蒺藜目（豆分枝）

錦葵分枝 — 犢牛兒苗目／桃金孃目／燧體木目／美洲苦木目／錦葵目／十字花目／十齒花目／無患子目

葡萄目／虎耳草目／†五椏果目

超菊分枝 — 智利藤目／檀香目／石竹目

菊分枝 — 山茱萸目／杜鵑花目／冬青目／菊目／南鼠刺目／鱗葉樹目／繖形目／川續斷目／盔瓣花目（桔梗分枝）

茄目／唇形目／†黃漆姑目／龍膽目／†紫草目／絞木目／†水螅花目／†茶茱萸目（唇形分枝）

在APG IV分類系統中，無油樟目、睡蓮目及木蘭藤目形成了被子植物的基部演化級，而木蘭分枝、單子葉植物及真雙子葉植物則形成了被子植物的核心類群，其中金魚藻目是真雙子葉植物的姊妹群，金粟蘭目則未確定是否為木蘭類的姊妹群。

在單子葉植物中，鴨跖草分枝為其核心類群；而在真雙子葉植物中，薔薇分枝及菊分枝則是核心真雙子葉植物最主要的兩大分枝。其中，薔薇分枝的核心類群主要由豆類分枝（即APG II裡的真薔薇I）及錦葵類分枝（真薔薇II）組成，但 COM clade（衛矛目、酢漿草目、黃褥花目）由不同片段推演的結果不同，可能包含在豆分枝之中，或是與錦葵分枝成為姊妹群，推測COM clade有可能是遠古薔薇與菊分枝發生雜交所造成的結果；菊分枝的核心則由唇形分枝（真菊I）及桔梗分枝（真菊II）組成。

● 圖中直線及名稱表示由該處為始的單系群為該類群，例如單子葉植物。
● 雙斜線（\\）表示COM clade在不同基因組的結果中衝突的位置。
● †符號表示該目為本系統（APG IV）新加入的目。

禾本科 GRAMINEAE（POACEAE）

禾本科為開花植物中的最大科之一，有 700 多屬，11,000 種以上，是世界分布最廣，最普遍的科，無論是荒地、鄉野、森林、濕地都可見其存在，就連南極也能發現它的身影。本科的外形相當特別：纖細的莖上長著細長的葉，搭配著極不顯眼的綠色花穗，很容易就可認出是禾本科植物。主要鑑別特徵包含：莖常中空有節，單葉，具葉鞘及葉舌；花序由小穗聚合而成，小穗由穎（外穎及內穎）包住一至數朵小花，每一小花由稃（內稃及外稃）所包，內具鱗被（退化花被），雄蕊通常 3，花柱 2 或 3，柱頭毛刷狀；小穗基部與小穗柄連接處，以及小穗內的小花基部與小穗軸連接處稱為基盤，常會略膨大，是關節所在，有些種類在此著生長毛；果實為穎果，通常由宿存的內外稃所包被。

竹類在分類上歸屬於本科，但由於其木本之特性與其他禾本科物種為草本的性質不大相同，故在總論中以「竹亞科」另行描述。除竹類外，本科植物在台灣有 117 屬，其中擬金茅（*Eulaliopsis binata* (Retz.) C. E. Hubb.，擬金茅屬）、台灣羊茅（*Festuca formosana* Honda，羊茅屬）、銳穎葛氏草（*Garnotia acutigluma* (Steud.) Ohwi，葛氏草屬）、假鼠婦草（*Glyceria leptolepis* Ohwi，甜茅屬）、黃金鴨嘴草（*Ischaemum aureum* (Hook. & Arn.) Hack.，鴨嘴草屬）等五種在台灣長期僅有文字紀錄，扁稈早熟禾（*Poa compressa* L.）則為新歸化種，因此在正文中不予收錄。

特徵

❶ 葉鞘 sheath：整片葉片下半部，包覆稈的構造。

❷ 葉舌 ligule：位於葉身與葉鞘相連之處，通常為膜狀或是毛狀的構造。

❸ 葉耳 auricle：位於葉身基部兩側的突起物，部分物種上可見。

❹ 稈 culm：禾本科的地上莖。

❺ 穗軸 rachis：花序的主軸。

❻ 小穗柄 pedicel：連結小穗與穗軸的構造。

❼ 小穗 spikelet：禾本科的花序單元，一個小穗通常包括穎、稃及其他花部構造。

❽ 無柄小穗 sessile spikelet：指小穗直接著生於穗軸上者、小穗下方不具小穗柄。

❾ 有柄小穗 pedicellate spikelet：指小穗下方具小穗柄連結者。

❿ 基盤 callus：小穗基部至小穗柄相連處，或小花基部至小穗軸相連處，常膨大或堅硬的構造。

⓫ 外穎 lower glume：位於小穗最下方的苞片。

⓬ 內穎 upper glume：緊接於外穎之上的苞片。

⓭ 小花 floret：單一小穗內位於外穎及內穎之上的花稱之，通常具有內、外稃、鱗被、雄蕊及雌蕊。

⓮ 不孕小花 sterile floret：不會結果的小花。

⓯ 孕性小花 fertile floret：會結果的小花。

⓰ 小穗軸 rachilla：小穗內著生小花和穎的軸。

⓱ 外稃 lemma：單一小花最外層的苞片。

⓲ 內稃 palea：緊接於外稃之上的另一片苞片。

⓳ 下位外稃 lower lemma：指小穗中僅具兩朵小花時，近小穗基部之小花的外稃。

⓴ 下位內稃 lower palea：指小穗中僅具兩朵小花時，近小穗基部之小花的內稃。

㉑ 上位外稃 upper lemma：指小穗中僅具兩朵小花時，位於末端之小花的外稃。

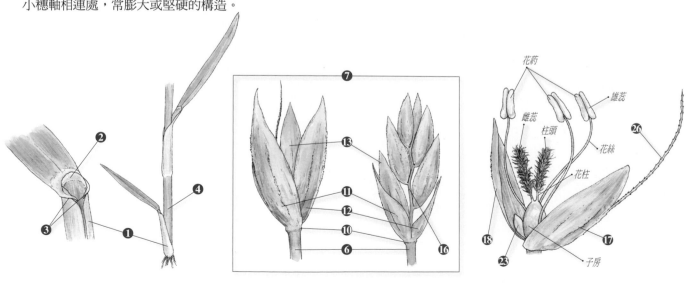

㉒ 上位內稃 upper palea：指小穗中僅具兩朵小花時，位於末端之小花的內稃。

㉓ 鱗被 lodicule：小花內位於內稃之上，鱗片狀的構造，通常為2枚。

㉔ 穎果 caryopsis：禾草的果實，其種皮與子房癒合。

㉕ 臍 hilum：胚珠著生於子房壁的著點痕跡。

㉖ 芒 awn：通常由外稃或穎之頂端或背面延伸出的小剛毛狀構造。

㉗ 脊 keel：扁壓之葉鞘、穎、稃背面所具之凸起之褶或稜角。

㉘ 翅 wing：指構造邊緣延伸之翅翼狀之展開物。

㉙ 膝曲 geniculate：如膝蓋一般的彎曲，通常彎曲位置在構造中部左右。

㉚ 舟狀 scaphoid：形容構造物如小船形狀，通常為兩側扁壓，中肋凸起成脊狀。

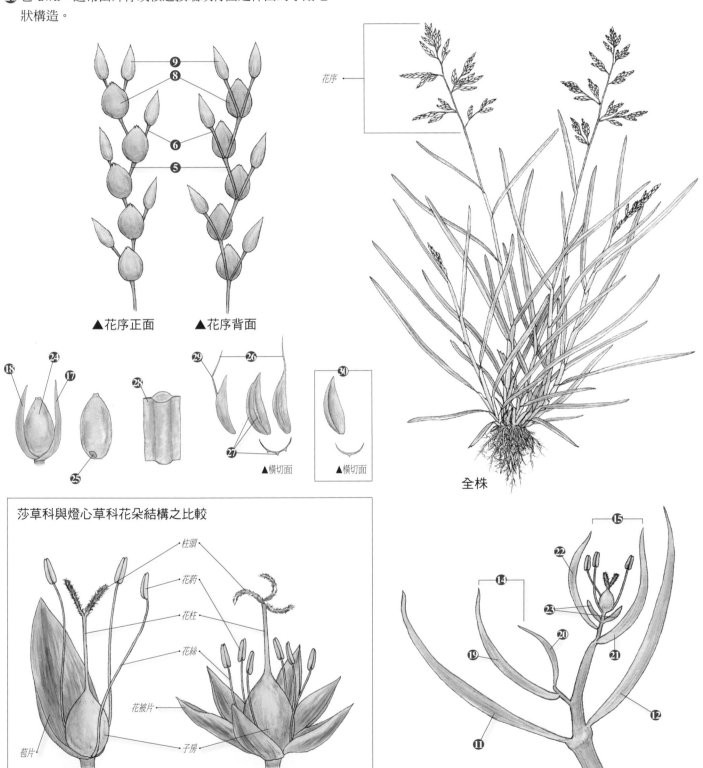

▲花序正面　　▲花序背面

▲橫切面　　▲橫切面

全株

莎草科與燈心草科花朵結構之比較

柱頭
花藥
花柱
花絲
花被片
子房
苞片

莎草科　　　　　燈心草科

三芒草亞科 ARISTIDOIDEAE

三芒草屬 ARISTIDA

一年生或多年生植物。葉片平展或捲曲。小穗具 1 朵小花；穎通常不具芒；外稃內捲或包捲，先端具 3 芒。台灣產 1 種。

華三芒草

屬名　三芒草屬
學名　*Aristida chinensis* Munro

多年生，稈高達 30 公分。葉線形、細絲狀或內捲成針狀，長 10 ～ 15 公分。圓錐花序開展，長 15 ～ 20 公分，具明顯分支；小穗長 8 ～ 10 公釐；外穎長 8 ～ 10 公釐，1 脈，具脊；內穎長 6 ～ 8 公釐，3 脈，具脊；外稃長 5 ～ 6 公釐，芒長 1 ～ 1.5 公分；內稃長約 1.5 公釐；花藥 3，長 1 ～ 1.5 公釐。

分布於中國南部及中南半島；台灣不常見，零星可見於中北部之低海拔地區。

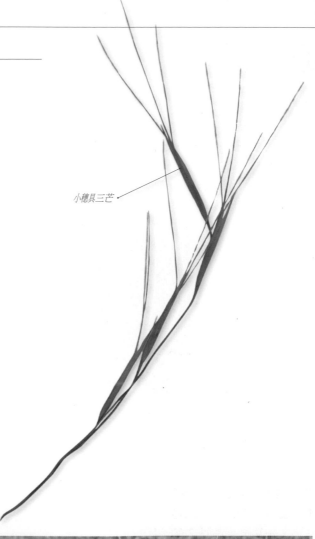

小穗具三芒

圓錐花序開展（林家榮攝）

零星可見於中北部之低海拔地區

蘆竹亞科 ARUNDINOIDEAE

蘆竹屬 ARUNDO

高 大多年生草本，具地下莖。葉莖生，硬質，線形；葉舌膜質，具微毛緣。圓錐花序大型，開展，具明顯分支；小穗具 2 ～ 5 朵小花；外穎與小穗幾等長，3 ～ 5 脈；小花基盤短，無毛；內稃長度為外稃的 1/2 ～ 1/3。

台灣產 2 種。

蘆竹

屬名	蘆竹屬
學名	*Arundo donax* L.

稈直立。葉身長 15 ～ 60 公分，寬 1 ～ 4 公分，葉舌長 0.7 ～ 1.5 公釐。小穗長 1 ～ 1.5 公分，穎長 8 ～ 12 公釐，3 ～ 5 脈，外穎具脊；外稃 5 ～ 7 脈，先端全緣或具 2 齒，具芒，芒長 1 ～ 2 公釐；內稃具 2 脊。

分布於亞洲、非洲北部及歐洲南部；台灣生長於全島低海拔河岸或沼澤。

大型圓錐花序

本種生長於全島低拔地區

台灣蘆竹

屬名	蘆竹屬
學名	*Arundo formosana* Hack.

稈下垂。葉身長 10 ～ 25 公分，寬 5 ～ 15 公釐，葉舌長 0.5 ～ 1 公釐。小穗長 6 ～ 10 公釐；穎長 3 ～ 6 公釐，3 脈；外稃 5 ～ 7 脈，先端全緣或具 2 齒，具芒，芒長 1.5 ～ 3.5 公釐；內稃具 2 脊。

分布於琉球、菲律賓與台灣。生長在台灣全島中至低海拔之乾草地或潮濕岩壁上。

小穗長 6 ～ 10 公釐

植株常下垂

常生長於岩壁上

蘆葦屬 PHRAGMITES

多年生大型草本，具地下莖，稈空心。葉片線形，莖生；葉舌膜質，具長緣毛。圓錐花序大型，具明顯分支；小穗具數朵小花；穎明顯短於小穗；小花基盤延伸呈軸狀，被白毛。

台灣產 2 種。

蘆葦

屬名	蘆葦屬
學名	*Phragmites australis* (Cav.) Trin. *ex* Steud.

葉片線形，平展，硬質，長 15 ～ 50 公分，寬 1 ～ 3 公分。圓錐花序長 20 ～ 50 公分；小穗長 1 ～ 1.8 公分，具 2 ～ 5 朵小花，下位不孕；穎 3 脈，外穎長 3 ～ 5 公釐，內穎長 6 ～ 9 公釐；外稃長 7 ～ 10 公釐，3 脈；內稃長 2.5 ～ 4 公釐，具 2 脊；不孕外稃長 1.2 ～ 1.6 公分。

廣泛分布於北半球，台灣生長於全島溝渠旁或沼澤地。

小穗長 1 ～ 1.8 公分　　生長於全島溝渠旁或沼澤地　　　　　圓錐花序長 20 ～ 50 公分

開卡蘆

屬名	蘆葦屬
學名	*Phragmites karka* (Retz.) Trin. *ex* Steud.

葉片線形，平展，硬質，長 20 ～ 60 公分，寬 1 ～ 3 公分。圓錐花序長 30 ～ 50 公分；小穗長 1 ～ 1.2 公分，具 4 ～ 6 朵小花，下位者不孕；穎 3 脈，外穎長 2.5 ～ 4 公釐，內穎長 3.5 ～ 5 公釐；外稃長 8.5 ～ 10 公釐，3 脈；內稃長約 3 公釐，具 2 脊；不孕外稃長 7 ～ 9 公釐。

分布於西非至日本、玻里尼西亞及澳洲；台灣生長於全島之溪岸、河床或沼澤地。

生長於全島之溪岸、河床或沼澤地。　　　　小穗長 1 ～ 1.2 公分（林家榮　圓錐花序長 30 ～ 50 公分
攝）

竹亞科 BAMBUSOIDEAE

莖 木質化，直立或攀緣；地下莖長、極短或兩者兼具。稈直立，具退化葉之籜，籜包於芽上，宿存或脫落，上方者為較小之籜葉，下方者為籜片，籜片頂端兩側具籜耳，中間與籜葉相接處有籜舌。葉常排成二列，葉片與葉鞘及稈之間各具關節；葉片平，具許多平行脈，平行細脈間無或有橫脈，有假葉柄與葉鞘，葉鞘頂端常有葉耳與葉舌。圓錐、總狀或穗狀花序，頂生或側生，稀為一小花；穎苞通常不具芒；鱗被常3枚；雄蕊3或6或更多，花絲分離或略相連合；花柱多為2或3。果為堅果、漿果或穎果。

　　台灣有6屬為自生者。

　　本亞科長久以來引進栽培者眾多，本文中僅列出自生種與廣泛栽培作為經濟、綠籬或防風之種類（9屬17種），而不列出園藝界用為造景及盆栽觀賞者。

特徵

❶ 稈籜 culm sheath：指竹子的著生在筍或竹稈上的鱗片狀構造。

❷ 籜片 sheath proper：指籜的下半部，不包括籜葉、籜耳跟籜舌。

❸ 籜葉 sheath blade：指籜的上半部，通常小型。

❹ 籜耳 sheath auricle：位於籜片頂端兩側的突出構造，有時為毛狀。

❺ 籜舌 sheath ligule：位於籜葉和籜片交界處的構造，通常是膜狀或毛狀。

籜的構造可以和葉片的構造相對照，只是籜的葉片變小、葉鞘增大，其餘構造類似。籜片即相當於葉鞘。

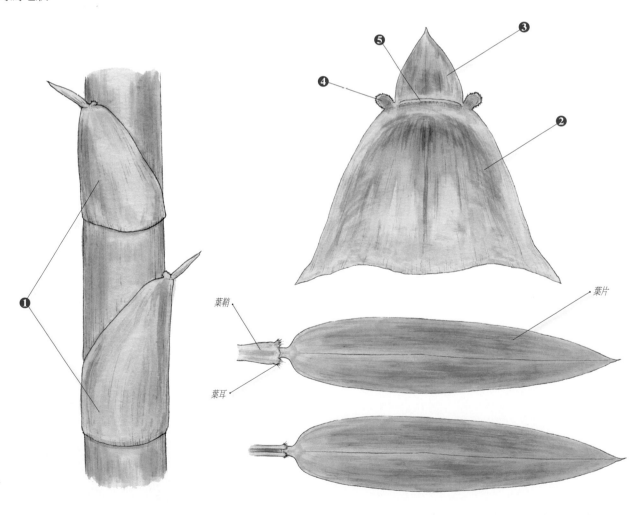

葉鞘　葉片　葉耳

內門竹屬 ARTHROSTYLIDIUM

稈 柄合軸叢生，稈直立或近攀緣（台灣）；節間短，節上之枝多。籜脫落性，紙質，先端平；籜葉線狀披針形。葉兩側均密被短刺狀緣毛，平行脈，兩面無毛；葉耳小，被褐色毛；葉耳突起，先端圓，被褐色毛；葉鞘外面無毛。穗狀總狀花序頂生或側生；每小穗數花，穎 2～3；子房光滑，花柱短，具 2 羽狀柱頭；雄蕊 3，鱗被 3。

　　台灣產 1 種。

內門竹

屬名	內門竹屬
學名	*Arthrostylidium naibunensis* (Hayata) W. C. Lin

稈合軸叢生，高 4～6 公尺，徑約 1 公分，細長，梢部下垂，似蔓性狀，枝細長，多數，叢生。籜疏生棕毛，先端截形；籜耳細小，疏生短鬚毛；籜舌
顯著；籜葉線形，易脫落。葉 3～6 枚聚生成簇，披針形，長 3～6 公分，寬 6～10 公釐，側脈 2 或 3；葉舌凸出，膜質，上端有毛，葉耳小，被鬚毛。

　　原產地未詳，本種百年前栽於屏東縣獅子鄉內獅村，海拔 1,050 公尺之內文番社舊址。

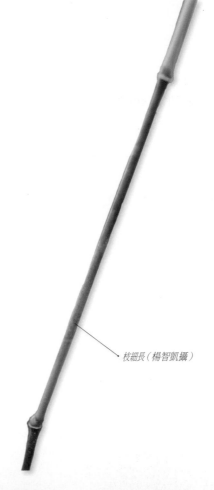

枝細長（楊智凱攝）

葉 3～6 枚聚生成簇（楊智凱攝）

稈合軸叢生，高 4～6 公尺。（楊智凱攝）

蓬萊竹屬 BAMBUSA

地下莖合軸叢生，稈直立；節之分枝 1 至多數，枝之節上偶具彎刺。籜寬大，多脫落性，籜葉偶反折。葉脈平行或格子狀；花序側生，常成一大圓錐花叢；花兩性，下部之穎苞 1 ～ 4 為空穎；鱗被 2 ～ 3，具纖毛；雄蕊 6，子房先端有毛，花柱延長，單一或 2 ～ 3 裂。

台灣產 9 種，其中 4 種可能為引進種。

長枝竹

屬名	蓬萊竹屬
學名	*Bambusa dolichoclada* Hayata

稈通直，徑可達 10 公分，高 20 公尺，節間長 20 ～ 45 公分，密佈白粉，初深綠色，老則變茶褐色，稈節下面環生暗褐色絨毛，稈下部節上生一長主枝。籜厚革質，被有灰白粉，密生黑褐色毛；籜葉直立，長三角形，內面基部密生細毛；籜耳闊而高，上端密生彎曲棕鬚毛；籜舌芒齒緣。葉一簇 5 ～ 13，闊披針形，長 20 ～ 25 公分，寬 2 公分；葉耳突出，密生粗毛；葉舌半圓形，芒齒緣。

產台灣及福建平地山麓。另有條紋長枝竹 (cv. Stripe) 可見於園藝栽培，差別為其籜表面具奶黃色縱條紋，稈黃至淺綠色，漸變為黃色至金黃色並間雜暗綠色縱條紋。

籜厚革質，被有灰白粉，密生黑褐色毛。（楊智凱攝）

幼枝纖細（楊智凱攝）

稈通直，徑可達 10 公分，高 20 公尺。（楊智凱攝）

葉一簇 5 ～ 13，闊披針形。（楊智凱攝）

火廣竹 特有種

屬名	蓬萊竹屬
學名	*Bambusa dolichomerithalla* Hayata

稈高 4 ～ 10 公尺，徑 2 ～ 6 公分，間具縱黃白色條紋，稈內呈縱溝狀，節間長達 60 公分，節上多數小枝叢生；幼稈節下被白粉。籜厚革質，表面間有淺黃綠色縱條紋；籜耳不顯著；籜舌細小。葉背密生灰白色絨毛，長 15 ～ 30 公分，寬約 2 公分，基部楔形，細脈平行；葉舌半圓形；葉耳凸出如卵狀，上叢生鬚毛。特有種，產台中附近、量少。另有栽培變異者稱金絲火廣竹 (cv. Green Stripe)，其籜表面具有淺黃色縱條紋、稈及枝之節間呈淺黃色，間有深綠色縱條紋；而幼稈及筍籜表面具奶白色條紋者，稱銀絲火廣竹 (cv. Silverstripe)。

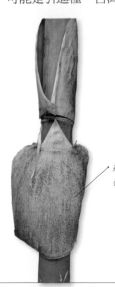

籜厚革質，表面間有淺黃綠色縱條紋。（楊智凱攝）

葉背密生灰白色絨毛，長 15 ～ 30 公分。（楊智凱攝）

稈高 4 ～ 10 公尺（楊智凱攝）

烏腳綠竹

屬名	蓬萊竹屬
學名	*Bambusa edulis* (Odash.) Keng f.

稈高 10 ～ 20 公尺，徑 4 ～ 12 公分。略呈彎曲，幼稈節上密生細褐毛；籜革質，表面密生細棕毛，籜耳細小或不顯著；籜舌狹細芒齒緣；籜葉基部向內彎入，表裡二面下部密生細毛。葉 10 ～ 12 片簇生，闊線狀披針形，長 10 ～ 34 公分，基部圓形或鈍形，表面光滑，背面具毛；葉脈生有短毛，側脈 6 ～ 10 對，細脈 9，平行脈；葉耳細小，叢生鬚毛，呈刺狀；葉舌半圓形，芒齒緣。

可能是引進種，台灣北至中部常見栽培。

籜革質，表面密生細棕毛。（楊智凱攝）

葉 10 ～ 12 片簇生，闊線狀披針形。（楊智凱攝）

稈高 10 ～ 20 公尺（楊智凱攝）

綠竹

屬名　蓬萊竹屬
學名　*Bambusa oldhamii* Munro

稈高 5 ～ 12 公尺，徑 3 ～ 12 公分，深綠色，無毛。籜革質，淺灰棕色，兩面平滑無毛，邊緣上半部有棕色軟毛，老則脫落；籜耳顯著，卵形，邊緣具細毛；籜舌先端截形，具細齒，無毛；籜葉三角形，先端急尖，近無毛，葉鞘長 6 ～ 7 公分，無毛；葉耳長橢圓形，先端細鬚毛直立；葉舌短，截形；葉片長 8 ～ 21 公分，寬 2 ～ 5 公分。
　　產台灣及中國華南一帶。

籜耳顯著，卵形，邊緣具細毛。（楊智凱攝）

葉片長 8 ～ 21 公分，寬 2 ～ 5 公分。（楊智凱攝）

稈高 5 ～ 12 公尺（楊智凱攝）

八芝蘭竹

屬名　蓬萊竹屬
學名　*Bambusa pachinensis* Hayata var. *pachinensis*

稈高 2 ～ 10 公尺，徑 1 ～ 6 公分，肉薄，節間長 15 ～ 80 公分，多數小枝叢生稈節。籜革質，外側生有黑毛，裡面光滑；籜耳顯著，上端闊大密生褐色鬚毛；籜舌不顯著；籜葉卵狀尖三角形。葉一簇 5 ～ 18 枚，先端漸尖，基部鈍形，長 8 ～ 20 公分，成熟時平滑無毛。
　　產台灣北部平地及福建、浙江。

葉一簇 5 ～ 18 枚（楊智凱攝）

稈叢生（楊智凱攝）

籜革質，外側生有黑毛，裡面光滑。（楊智凱攝）

長毛八芝蘭竹

屬名　蓬萊竹屬
學名　*Bambusa pachinensis* Hayata var. *hirsutissima* (Odash.) W. C. Lin

與模式種之差異為：籜舌上端叢生 5 ～ 10 公釐長之流蘇狀長毛，葉鞘密布細毛。

　　產台灣北部平地及福建、浙江等地。

稈徑 1 ～ 6 公分
（楊智凱攝）

葉片披針形（楊智凱攝）

稈高 2 ～ 10 公尺（楊智凱攝）

刺竹

屬名	蓬萊竹屬
學名	*Bambusa stenostachya* Hackel

稈叢生甚密，高可達 24 公尺，徑 5～15 公分，節間長 13～35 公分，基部近節處環生氣根，竿肉厚可達 3 公分；籜厚革質，表面密生暗紫色毛，裡面光滑；籜耳闊大，上端叢生褐色鬚毛；籜舌顯著，尖齒緣，上端生短毛；籜葉革質三角形，色黃綠，表面平滑，裡面密生細毛。小枝節隆起，每節有 1～3 枚彎曲銳刺。落葉性，一簇 5～9 枚，葉長 10～25 公分， 1～1.2 公分，背面近基主脈兩側生有柔毛，細脈呈長格子狀；葉舌淺截形；葉耳向外凸出，上端有鬚毛。

產台灣及兩廣、福建。另有一變異者，其幼籜表面灰綠色而有奶黃色縱紋，稈及枝節間黃至橙黃色並間雜深綠色條紋者稱林氏刺竹 (cv. Wei-fang Lin)，乃紀念台灣省林業試驗所林渭訪所長。

稈上常具尖刺
（楊智凱攝）

刺竹竹筍（楊智凱攝）

落葉性，一簇 5～9 枚。（楊智凱攝）

稈叢生甚密，高可達 24 公尺。（楊智凱攝）

烏葉竹 特有種

屬名	蓬萊竹屬
學名	*Bambusa utilis* W. C. Lin

稈高 3～14 公尺，徑 2～7 公分，節間長 15～50 公分。籜厚革質，表面密佈黑色細毛；籜耳凸出，大小不一，上端密生剛毛；籜葉三角形，表面無毛，裡面基部有毛。葉一簇 5～11 枚，長 10～25 公分，脈 6～9，平行脈；葉耳凸出，半圓形，叢生鬚毛；葉舌凸出，芒齒緣；葉鞘長 4～6 公分，表面疏生柔毛或平滑無毛。

特產台灣，以中北部海拔 300 公尺以下栽植為多。

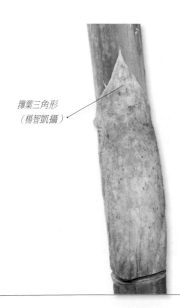

籜葉三角形
（楊智凱攝）

籜厚革質，表面密佈黑色細毛。（楊智凱攝）

稈高 3～14 公尺（楊智凱攝）

麻竹屬 DENDROCALAMUS

地下莖合軸叢生，稈常粗大；節上之枝多。籜耳明顯；籜舌無毛；籜葉卵形，直或反折。葉常大而寬，葉脈格子狀或平行；葉耳常不明顯；葉舌明顯；花概兩性，小堅果具厚硬之殼及離生種子。

　　台灣產 3 種，均為引進種，其中之麻竹為廣泛栽植者。

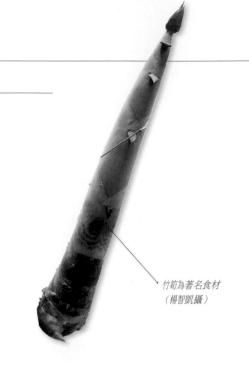

竹筍為著名食材
（楊智凱攝）

麻竹

屬名	麻竹屬
學名	*Dendrocalamus latiflorus* Munro

稈高可達 20 公尺，徑達 20 公分，綠色；節間長 20 ～ 70 公分，梢部下垂；籜革質有棕色細毛密生，但易脫落；籜耳細小，反捲；籜舌狹細，細齒緣；籜葉尖卵形至披針形，初直立後反捲，先端銳。葉一簇 5 ～ 12 枚，橢圓狀披針形，長 20 ～ 40 公分，寬 2.5 ～ 7.5 公分，兩側各有 7 ～ 15 條平行脈，細脈 7，格子狀；葉舌凸出，舌狀，鋸齒緣；葉耳不顯著；葉鞘平滑無毛。

　　原產廣東、福建及緬甸北部。台灣(可能亦為原產地)栽培頗多。另有栽培變異種：美濃麻竹 (cv. Mei-nung)，其幼籜表面間有黃白縱條紋，稈枝節間呈淺黃綠色或綠色，間夾有暗綠色縱條紋；及葫蘆麻竹 (cv. Subconvex) 之稈呈畸形，節間短，膨脹呈葫蘆狀乃至棒狀，均栽培供觀賞。

稈高可達 20 公尺（楊智凱攝）

小穗（楊智凱攝）

葉一簇 5 ～ 12 枚，橢圓狀披針形。（楊智凱攝）

籜革質有棕色細毛密生（楊智凱攝）

孟宗竹屬 PHYLLOSTACHYS

地下莖橫走側出單稈散生，稈直立，稈之節基部具一灰白色環，節間一側平直或具縱溝；每節之枝 2。籜脫落，外面具斑點；籜舌扁；籜葉鑿形或線狀披針形。葉脈格子狀，鞘頂端具關節；葉耳明顯，成熟後脫落，具剛毛；葉舌明顯突起；花穗側生圓錐狀；雄蕊 3；子房無毛，有長柄；花柱長，柱頭 3。

　　台灣產 2 特有種及 2 種廣泛栽植之引進種。

石竹 特有種

屬名	孟宗竹屬
學名	*Phyllostachys lithophila* Hayata

地下莖空心。稈高達 12 公尺，徑 4 ～ 14 公分，堅硬，節間長 12 ～ 40 公分。籜革質，表面疏生細毛，具暗褐色塊斑，邊緣具軟毛；籜耳細小，頂端叢生粗剛毛；籜舌半月形，邊緣密生黃色短毛；籜葉線狀披針形。葉 2 ～ 3 枚生，披針形以至長圓形，長 8 ～ 18 公分，寬約 1.8 公分，表面無毛，葉緣一邊刺毛狀，一邊全緣；葉舌呈舌狀凸出，不生葉耳。

　　特產台灣中北部海拔 500 ～ 1,600 公尺，嘉義奮起湖一帶栽培甚多。

竹筍為當地特產，又名轎篙筍。

葉 2 ～ 3 枚簇生（楊智凱攝）

節上被毛（楊智凱攝）

桂竹

屬名	孟宗竹屬
學名	*Phyllostachys makinoi* Hayata

地下莖大部分實心。稈高達 16 公尺，徑達 3 ～ 10 公分，光滑，節有二明顯環，上環凸起較高，通常每節有枝二，大小各一。

籜淺黃棕色，有暗褐色斑塊，光滑；籜耳不顯著；籜舌截形或微拱形，具紫色長鬚毛或無；籜葉帶狀，反捲，中間綠色，兩側帶黃色。葉 2 ～ 5 枚成簇，披針形，基部楔形，長 6 ～ 15 公分，背有毛，邊緣具針狀鋸齒；葉耳弧形，幼時叢生鬚毛，早落；葉舌顯著凸出，舌狀，先端偶生鬚毛，膜質；葉鞘長 3 ～ 6 公分。

　　產台灣海拔 1,000 ～ 1,500 公尺山間及福建。亦有稈黃色夾雜綠色條紋者，稱條紋桂竹。

小穗（楊智凱攝）

節有二明顯環，上環凸起較高。（楊智凱攝）

稈高達 16 公尺，徑達 3 ～ 10 公分。（楊智凱攝）

孟宗竹

屬名　孟宗竹屬
學名　*Phyllostachys pubescens* Mazel *ex* H. de Leh.

已出土的竹筍，密被毛。（楊智凱攝）

稈高 4 ～ 20 公尺，徑 5 ～ 20 公分，肉厚，稈截面圓形。籜革質，表面密佈紫褐色毛，有暗色斑塊，邊緣有毛；籜耳細小，叢生鬚毛；籜舌細長，具芒齒緣；籜葉狹長。葉披針形至長卵形，幼時黃綠色，全緣。

　　產中國江南諸省，台灣引進栽培。另有一變異種，其稈及枝節間呈黃色並夾有深綠色條紋，且葉面夾有淡黃色縱條紋者，名江氏孟宗竹 (cv. Tao Kiang)。

稈高達 16 公尺，徑達 3 ～ 10 公分。（楊智凱攝）

節有二明顯環，上環凸起較高。（楊智凱攝）

箭竹屬 PSEUDOSASA

灌木狀，地下莖側出合軸叢生。稈圓筒形，直而中空，高達 5m；籜宿存，外具剛毛；每節著生一小枝，偶於稈上部著生 2 ～ 3 小枝。葉橢圓狀披針形，葉耳幼時顯著；葉舌顯著，葉脈格子狀。小穗著生 2 ～ 8 花；穎苞有芒，波狀，被覆內苞；內苞先端二裂；雄蕊 3 罕 4；花柱短，具 3 羽狀柱頭。

　　台灣產 1 種，引進 1 種。

包籜矢竹 特有種

屬名　箭竹屬
學名　*Pseudosasa usawai* (Hayata) Makino & Nemoto

稈高 1 ～ 5 公尺，徑 0.5 ～ 1.5 公分，節間長 12 ～ 30 公分；枝多單一，但稈上部者具 2 或 3 枝。籜表面光滑無毛，兩邊密生棕色軟毛；籜耳不顯著，疏生鬚毛；籜舌截形，棕色；籜葉披針形，尖銳，密生細毛。葉一簇 2 ～ 6 枚，橢圓形，先端漸尖，基部略呈偏斜，長 10 ～ 30 公分，寬 1.5 ～ 4 公分；葉耳不顯著，叢生鬚毛，成熟脫落；葉舌凸出，半圓狀，芒齒緣；葉鞘無毛，邊緣生軟毛，

　　特產台灣全島，常於闊葉樹林中成大群叢。

常於闊葉樹林中成大群叢（楊智凱攝）

葉一簇 2 ～ 6 枚，橢圓形，先端漸尖。（楊智凱攝）

莎勒竹屬 SCHIZOSTACHYUM

稈攀緣 (台灣)，常柔長，之字形彎曲，無毛；節極明顯，分枝多。籜短闊，脫落性，硬，革質，籜鞘先端明顯下凹，外面被褐毛，具緣毛；籜耳不明顯，被叢生毛；籜舌極扁。葉大小不一，兩緣密被緣毛，脈平行；葉舌圓，齒緣；小穗著生於花枝頂部，形成圓錐狀或為頭狀；鱗被 3 或無；雄蕊 6，突出，花藥狹長；花柱短，柱頭 3，羽狀，果實為堅果或幼時微呈肉質。

　　台灣產 1 自生種。

莎勒竹

屬名　莎勒竹屬
學名　*Schizostachyum diffusum* (Blanco) Merr.

蔓性，常攀緣他樹。稈長達 40 公尺，節間長 15 ～ 25 公分，無毛，綠色，節大，凸起，每節著生數小枝。籜革質，堅硬，表面密布淺棕色細毛，邊緣密生黃色細毛；籜耳不顯著，叢生剛毛；籜舌不顯著；籜葉闊線形，有時長達 20 公分。葉一簇 5 ～ 12 枚，長披針形，長 10 ～ 25 公分，寬 2 ～ 2.5 公分；葉舌為截形；葉耳不顯著。

　　產台灣南部低地 250 ～ 1,200 公尺原生林中，菲律賓亦有之。

稈長達 40 公尺，節間長 15 ～ 25 公分。（楊智凱攝）

蔓性，常攀緣他樹。（楊智凱攝）

葉一簇 5 ～ 12 枚，長披針形。（楊智凱攝）

唐竹屬 SINOBAMBUSA

地下莖橫走，初為單稈散生，次則側出叢生。稈高達 6 公尺，徑約 1 ～ 2 公分，稈下部每節環生短氣根，節間長，節隆起顯著；每節有 3 枝或更多。籜脫落，籜耳及籜舌顯著，籜葉線形或線狀披針形。葉 3 ～ 9 聚生小枝上，葉脈呈規則格子狀或平行，葉舌極發達；葉鞘不具細毛。

　　台灣產 1 種，引進 1 種。

台灣矢竹　特有種

屬名　唐竹屬
學名　*Sinobambusa kunishii* (Hayata) Nakai

稈高 2 ～ 6 公尺，徑 1 ～ 2.5 公分。籜革質，表面密布棕色細毛；籜耳顯著，有短鬚毛；籜舌截狀，毛齒緣；籜葉線狀披針形。葉一簇 1 ～ 3 枚，披針狀橢圓形或橢圓形，長 10 ～ 25 公分，寬 2 ～ 3.5 公分；葉耳不顯著，具褐色鬚毛；葉舌凸出，圓頭狀，上端有鬚毛；葉鞘平滑無毛。

　　特產台灣中北部山地，尤以北部為多。

籜革質，表面密布棕色細毛。（楊智凱攝）

葉舌凸出，圓頭狀，上端有鬚毛。（楊智凱攝）

稈高 2 ～ 6 公尺（楊智凱攝）

玉山箭竹屬 YUSHANIA

小型竹類，灌木狀，叢生；稈直立，節間短；節上具 3 ～ 7 小枝，基部者具一圈氣生根。籜宿存或慢慢脫落，灰褐色，外面密被毛，具緣毛；籜耳具一叢短褐毛；籜葉闊線形或鑿形，外面無毛。葉一簇常 5 枚，葉片一緣密生緣毛，另一緣疏生緣毛，葉脈格子狀；葉耳明顯，具叢生褐毛；葉舌明顯；葉鞘有毛，邊緣具長緣毛。

台灣產 1 種。

玉山箭竹

屬名	玉山箭竹屬
學名	*Yushania niitakayamensis* (Hayata) Keng f.

稈高 1 ～ 4 公尺，生在高海拔稜線向陽處者，高常不及 30 公分，徑 0.5 ～ 2 公分。籜革質，粗糙，表面密布黃色細毛，邊緣密生軟毛；籜耳細小，生棕色短鬚毛；籜舌截形；籜葉闊線形或鑿形，全緣。葉一簇 3 ～ 10 枚，狹披針形，長 4 ～ 18 公分，寬 0.5 ～ 1.3 公分；葉耳不顯著，上端叢生剛毛，葉舌圓頭或近截形。

產台灣海拔 1,800 ～ 3,000 公尺山區，菲律賓群島高山亦有。

常在高海拔山區形成高山箭竹草原景觀（楊智凱攝）　　　　花序（楊智凱攝）

稈高 1 ～ 4 公尺（楊智凱攝）

假淡竹葉亞科 CENTOTHECOIDEAE

假淡竹葉屬 CENTOTHECA

年生或多年生植物。葉身寬線形、披針形至橢圓狀披針形，基部驟縮而呈短柄狀，葉脈間具橫脈，葉舌先端圓。圓錐花序具總狀分支，小穗具 1 ～ 4 朵小花；穎不等長，3 ～ 5 脈；外稃背部圓形，5 ～ 7 脈；內稃具 2 脊。
台灣產 1 種。

假淡竹葉

屬名　假淡竹葉屬
學名　*Centotheca lappacea* (L.) Desv.

多年生，植株高 30 ～ 100 公分。葉身披針形，平展，長 5 ～ 15 公分，寬 1 ～ 2.5 公分。圓錐花序疏鬆，長 10 ～ 25 公分，具明顯分支；小穗長約 5 公釐，具 2 ～ 3 朵小花；外穎長 2 ～ 2.5 公釐，3 ～ 5 脈，具脊；內穎長 3 ～ 3.5 公釐，5 脈，具脊；外稃長 3.5 ～ 4 公釐，7 脈，具脊；內稃長約 2.8 公釐，具 2 脊；花藥 2，長約 0.5 公釐。

分布於熱帶非洲、印度、中南半島、波里尼西亞及中國東南部；台灣生長於南部及蘭嶼。

小穗長約 5 公釐，具 2 ～ 3 朵小花。

常見於林下環境

植株高 30 ～ 100 公分（林家榮攝）

淡竹葉屬 LOPHANTHERUM

多年生草本，鬚根上具膨大之小塊根。葉身狹披針形，基部驟縮而呈柄狀，葉脈間具橫脈，葉舌先端截形。單側穗狀花序成總狀排列；小穗無柄，具小花多朵，僅最下 1 朵可孕；穎不等長，可見橫脈；外稃先端具短芒。

台灣產 1 種。

淡竹葉

屬名	淡竹葉屬
學名	*Lophatherum gracile* Brongn.

稈高 30 ～ 150 公分。葉身長 5 ～ 30 公分，寬 1 ～ 5 公分。花序長 10 ～ 45 公分；小穗長 5 ～ 12 公釐，孕性外穎長 3 ～ 4.5 公釐，5 脈；內穎長 4 ～ 6.5 公釐，5 ～ 7 脈；外稃長 4.5 ～ 6 公釐，7 ～ 8 脈，具芒；內稃長 4 ～ 4.5 公釐，具 2 脊，脊成翅狀；不孕小花僅存具芒之外稃。

分布於印度、馬來西亞、中國及日本；台灣生長於全島低至中海拔山區之林下或林緣。

植株常叢生

花序長 10 ～ 45 公分

小穗長 5 ～ 12 公釐。

棕葉蘆屬 THYSANOLAENA

多年生高大草本，地下莖木質化，被鱗片。葉片硬質，狹披針形，脈間有明顯橫脈，基部驟縮呈具短柄。圓錐花序大型；小穗具花 2 朵，上位者孕性，下位者不孕；穎短於小穗。

單種屬。

棕葉蘆

屬名	棕葉蘆屬
學名	*Thysanolaena latifolia* (Roxb. *ex* Hornem.) Honda

稈高 1 ～ 3 公尺。葉片長 15 ～ 65 公分，寬 1 ～ 8 公分。圓錐花序疏鬆，長 30 ～ 60 公分，具明顯分支；小穗長 1.5 ～ 2 公釐，穎長約 0.5 公釐；不孕小花外稃長 1.5 ～ 2 公釐，內稃缺如；孕性小花外稃長約 1.5 公釐，3 脈，內稃長 0.8 ～ 1 公釐；花藥 3，長 0.8 ～ 1 公釐。

分布於中國南部、中南半島、印度及馬來西亞；台灣生長於低至中海拔山區之林緣、斷崖及山坡。

生長於低至中海拔山區之林緣、斷崖及山坡。

圓錐花序疏鬆

小穗長 1.5 ～ 2 公釐

畫眉草亞科 CHLORIDOIDEAE

虎尾草屬 CHLORIS

稈 基部常具短節間。葉舌膜質。具頂生小穗之單側穗狀花序排成指狀（數支穗狀花序生於花序總軸頂端）；小穗側扁；小花 1～5 朵，最下 1 朵兩性，其上方 1 朵兩性或退化，其餘均退化或雄性；穎較稃薄或等厚，較稃短，基部無毛。台灣產 5 種。

孟仁草

屬名　虎尾草屬
學名　*Chloris barbata* Sw.

一年生或多年生植物。葉身線形，長5～20公分，寬2～6公釐；葉舌膜狀，具短纖毛。總狀花序指狀排列，總狀花序長 3～5 公分，直立或斜生；小穗均兩性，覆瓦狀排列，長 3 公釐；具 3 朵小花；外穎披針形，長 1～1.2 公釐；內穎披針形，長 2～2.5 公釐；可孕外稃倒卵形，長 2～2.5 公釐，上部邊緣具 1～1.5 公釐長纖毛，頂端齒隙間延伸 4.5 公釐直芒；內稃橢圓狀披針形，長 2～2.2 公釐，背側兩脊被短纖毛；不孕小花外稃重疊成鼓狀；花藥 3，長 0.5 公釐。

　　分布於東南亞熱帶地區；台灣生長於全島低海拔之空曠地、沙地及近海岸地區。

小穗覆瓦狀排列，最下位小花兩性可孕，其他不孕。

稈叢生，斜生或膝曲，高 20～100公分。

5～10 支總狀花序排列成指狀，花序開展。（林家榮攝）

垂穗虎尾草

屬名	虎尾草屬
學名	*Chloris divaricata* R. Br.

多年生。葉身線形，長 3 ～ 8 公分，寬 2 ～ 5 公釐；葉舌膜狀。指狀總狀花序，總狀花序長 3 ～ 7 公分，彎曲下垂；小穗均兩性，覆瓦狀排列，長 2 ～ 3 公釐；具 3 朵小花，最下位者兩性可孕，上位兩朵退化不孕；外穎披針形，長 1 ～ 1.5 公釐；內穎披針形，長 1.8 ～ 2.5 公釐；可孕外稃橢圓形，長 2 ～ 2.5 公釐，邊緣光滑，頂端齒隙間具直芒；內稃橢圓形，紙質，長 2 公釐，背側兩脊上部被短纖毛；最上位不孕小花退化，僅殘餘鱗片狀構造；花藥 3，長 0.2 ～ 0.3 公釐。

原產於澳洲；台灣歸化於中部、西部之中、低海拔地區。

3 ～ 7 支總狀花序排列成指狀，穗軸彎曲下垂。

稈叢生，斜生或膝曲，纖細，高 20 ～ 45 公分。

小穗具明顯 5 ～ 13 公釐長芒（林家榮攝）

台灣虎尾草

屬名	虎尾草屬
學名	*Chloris formosana* (Honda) Keng *ex* B.S. Sun & Z.H. Hu

一年生或多年生。葉身線形，長 5 ～ 20 公分，寬 2 ～ 6 公釐；葉舌膜狀，具短纖毛。指狀總狀花序緊縮；總狀花序長 3 ～ 8 公分，直立；小穗均兩性，覆瓦狀排列，長 3 公釐；具 3 朵小花；外穎披針形，長 1.2 ～ 1.5 公釐；內穎披針形，長 2.5 公釐；可孕外稃倒卵形，長 2.3 ～ 3 公釐，邊緣具 1 公釐長纖毛，頂端齒隙間具延伸 4 ～ 6 公釐直芒；內稃橢圓狀披針形，長 2 ～ 3 公釐，背側兩脊被短纖毛；不孕小花外稃重疊成鼓狀；花藥 3，長 0.8 ～ 1 公釐。

分布於中國東南部、越南及台灣；台灣生長於全島近海岸地區。

稈叢生，斜生或膝曲，高 20 ～ 70 公分。（江某攝）

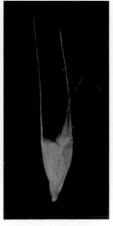

小穗最下位小花兩性可孕，上位兩朵退化不孕。

4 ～ 11 支總狀花序排列成緊縮之指狀總狀花序。

蓋氏虎尾草

屬名	虎尾草屬
學名	*Chloris gayana* Kunth

多年生。葉身線形，長 15～35 公分，寬 4～10 公釐；葉舌膜狀，具短纖毛。5～20 支總狀花序排列成指狀；總狀花序長 4～11 公分，直立或斜生；小穗均兩性，覆瓦狀排列，長 3～4.5 公釐；具 3 朵小花；外穎披針形，長 1.5～2.5 公釐；內穎披針形，長 2～3.5 公釐；可孕外稃橢圓形，長 2.5～3.5 公釐，邊緣具 0.5～1.5 公釐長纖毛，頂端齒隙間具延伸 2～6 公釐直芒；內稃橢圓形，長 2.5 公釐，背側兩脊被短纖毛；最上位不孕小花退化，僅殘餘鱗片狀構造；花藥 3，長 1～1.5 公釐。

　　原產於非洲，台灣為廣泛栽植之牧草。

花藥 3，長 1～1.5 公釐。

具走莖，稈斜生或膝曲，高 100～150 公分。

小穗覆瓦狀排列，最下位小花兩性可孕，其他不孕。（林家榮攝）

虎尾草

屬名	虎尾草屬
學名	*Chloris virgata* Sw.

一年生或多年生。葉身線形，長 5～20 公分，寬 2～5 公釐；葉舌膜狀，具短纖毛。指狀總狀花序；總狀花序長 3～5 公分，直立或斜生；小穗均兩性，覆瓦狀排列，長 3～4 公釐；具 3 朵小花，最下位者兩性可孕，上位兩朵退化不孕；外穎披針形，長 1.5 公釐；內穎披針形，長 2.2 公釐；可孕外稃橢圓形，長 2.5～3 公釐，邊緣具 2.5～3.5 公釐長纖毛，頂端齒隙間具延伸直芒，芒長 5～7 公釐；內稃橢圓形，紙質，長 2.5 公釐，背側兩脊被短纖毛；最上位不孕小花退化，僅殘餘鱗片狀構造。

　　泛世界熱帶地區分布，台灣見於全島低海拔之沙地或路邊。

具走莖，稈斜生或膝曲，高 15～100 公分。

5～12 支總狀花序排列成指狀

狗牙根屬 CYNODON

多年生草本，稈纖細，具交錯之長短節間。葉舌短，先端截形；葉鞘上端開口被毛。總狀花序排列成指狀；小穗明顯側扁，常具 1 小花，無芒；穎較稃小；外穎宿存。

台灣產 3 種。

狗牙根

屬名	狗牙根屬
學名	*Cynodon dactylon* (L.) Pers.

多年生，具地下根莖，走莖匍匐。葉身線形，內捲成針狀，長 3～5 公分，寬 1～4 公釐；葉舌膜狀，具長纖毛，背側被長毛。指狀總狀花序；總狀花序長 2～5 公分，直立或斜生；小穗均兩性，覆瓦狀排列，長 2 公釐；具 1 朵小花；外穎披針形，長 1 .5 公釐；內穎披針形，長 2 公釐；外稃舟狀，長 2 公釐，亞革質，中肋脊被長毛；內稃橢圓形，紙質，長 2 公釐，背側兩脊被短纖毛。

泛世界溫暖地區分布；在台灣生長於全島低海拔之空曠地及草生地上。

小穗覆瓦狀排列

稈纖細，葉身線形內捲。

植株距地下根莖，走莖匍匐，高約 10～40 公分。

長穎星草

屬名　狗牙根屬
學名　*Cynodon nlemfuensis* Vanderyst

多年生。葉身線狀披針形，扁平，長 3 ～ 8 公分，寬 4 ～ 6 公釐，表面無毛；葉舌膜狀，具 0.5 公釐長纖毛，背側被長毛。指狀總狀花序；總狀花序長 5 公分，斜生或彎曲下垂；小穗均兩性，覆瓦狀排列，長 2.5 公釐，具 1 朵小花；外穎披針形，長 1.8 ～ 2 公釐；內穎披針形，長 2 ～ 2.2 公釐；外稃舟狀，長 2.5 公釐，亞革質，中肋脊被長毛，頂端鈍，具芒尖；內稃橢圓形，紙質，長 2 公釐，背側兩脊具短鋸齒。

　　原產於非洲東部及中部，現歸化於台灣低海拔地區。

小穗覆瓦狀排列

走莖匍匐，稈斜生，高 30 ～ 80 公分。

5 ～ 15 支總狀花序排列成指狀

恆春狗牙根

屬名　狗牙根屬
學名　*Cynodon radiatus* Roth *ex* Roem. & Schult.

多年生。葉身線形，長 5 ～ 15 公分，寬 3 ～ 6 公釐；葉舌膜狀，具 0.5 公釐長纖毛，背側被長毛。4 ～ 8 支總狀花序排列成指狀；總狀花序長 5 ～ 10 公分，直立或斜生；小穗均兩性，覆瓦狀排列，長 1.8 ～ 2.5 公釐，具 1 朵小花；外穎披針形，長 1 公釐；內穎披針形，長 1 ～ 1.4 公釐；外稃舟狀，長 1.8 ～ 2.5 公釐，亞革質，中肋脊被長毛，頂端鈍；內稃橢圓形，亞革質，長 1.8 公釐，背側兩脊具短鋸齒。

　　分布於印度南部、緬甸及東南亞；在台灣生長於南部低海拔之草叢中。

小穗單生，兩側扁壓狀，覆瓦狀排列。（林家榮攝）

葉身線形，扁平，表面無毛；葉舌背側被長毛。（林家榮攝）

稈斜生，高 50 ～ 150 公分。總狀花序長 5 ～ 10 公分。（林家榮攝）

龍爪茅屬 DACTYLOCTENIUM

年生或多年生植物，稈多少壓扁狀，中央有髓。葉身平展，葉舌短。單側穗狀花序數支排成指狀，稀單一；小穗叢生，無柄，著生於穗軸之遠軸面，平展或斜上，軸於先端突出；小穗具 2 ～ 4 朵小花，兩側壓扁；穎短於小穗；鱗被 2 枚。台灣產 1 種。

龍爪茅

屬名　龍爪茅屬
學名　*Dactyloctenium aegyptium* (L.) Willd.

一年生，稈高 15 ～ 60 公分，下部節生根。葉身線形，平展，長 5 ～ 8 公分，寬 3 ～ 6 公釐；葉舌膜狀，長 1 ～ 2 公釐，被纖毛。穗狀花序 2 ～ 7，排列成指狀，通常成水平放射狀，穗狀花序長 1.5 ～ 3 公分；小穗具 3 ～ 4 朵小花，寬卵形，長 3 ～ 4.5 公釐；外穎舟狀，長約 2 公釐，1 脈；內穎倒卵形，長約 3 公釐，1 脈；外稃卵形，長 2.5 ～ 3 公釐，3 脈；內稃卵形，長 2 ～ 2.5 公釐，具 2 脊，脊有翅，被纖毛；花葯 3，長約 0.5 公釐。

分布於舊大陸之熱帶地區；在台灣生長於全島平地、沙地或路邊空曠地。

小穗單側緊密著生（林家榮攝）

穗狀花序 2 ～ 7，排列成指狀，通常成水平放射狀。（林家榮攝）

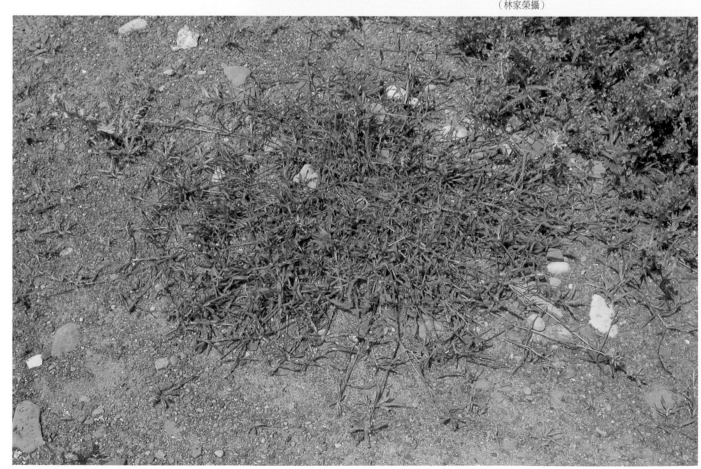

生長於全島平地、沙地或路邊空曠地。

穆屬 ELEUSINE

多年生或一年生植物，稈叢生，實心，根系發達。葉鞘側扁。單側穗狀花序 1 至數支排成指狀，細長，具頂生小穗；小穗側扁，具 3 至數朵可孕小花；穎短於小穗；內稃短於外稃。

台灣產 1 種。

牛筋草

屬名	穆屬
學名	*Eleusine indica* (L.) Gaertn.

一年生，稈高 10 ～ 90 公分，根系深入土內。葉身線形，平展，長 5 ～ 15 公分，寬 3 ～ 5 公釐。穗狀花序 2 ～ 7 支排列成指狀，穗狀花序長 3 ～ 10 公分；小穗具 3 ～ 9 朵小花，長 4 ～ 7 公釐，橢圓形；外穎披針形，長 1.5 ～ 2 公釐，1 脈；內穎長橢圓形，長 2 ～ 3 公釐，5 脈；外稃舟狀，長約 3 公釐，3 脈；內稃披針形，長約 2.5 公釐，具 2 脊。

泛世界熱帶及亞熱帶分布；在台灣為常見雜草，生於全島平地。

小穗單側著生，具 3 ～ 9 朵小花。

穗狀花序 2 ～ 7 支排列成指狀

稈高 10 ～ 90 公分

腸鬚草屬 ENTEROPOGON

稈略扁，直立。葉身疏被毛，葉舌短，葉鞘緣具長毛。穗狀花序成指狀排列；小穗具小花 1～2 朵，下位小花孕性，上位小花雄性或中性；穎膜質；稃紙質，背腹扁壓；小花基盤被毛。

　　台灣產 2 種。

腸鬚草

屬名	腸鬚草屬
學名	*Enteropogon dolichostachyus* (Lag.) Keng

多年生。葉身線形，長 15～45 公分，寬 4～15 公釐，表面疏被短毛；葉舌膜狀，具 0.5 公釐長之纖毛，背側被長毛。指狀總狀花序；總狀花序長 10～20 公分，穗軸直立或斜生；小穗單生，腹背扁壓，長 5～7 公釐，具 2 朵小花，下位小花兩性可孕，上位小花退化僅餘外稃；外穎披針形，長 1.5～3 公釐，膜質；內穎披針形，長 3～5 公釐，膜質；可孕小花外稃披針形，長 5～7 公釐，亞革質，頂端齒隙間延伸直芒，長 6～8 公釐；內稃披針形，亞革質，長 5～7 公釐，背側具 2 脊；不孕小花之外稃長 0.8～1.8 公釐，具芒。

　　分布於阿富汗、印度至東亞；台灣生長於南部低海拔之山坡地及開闊地上。

小穗具明顯長芒

稈叢生，直立或斜生，粗壯，高 1～1.5 公尺。

3～10 支總狀花序排列成指狀（陳志豪攝）

細穗腸鬚草

屬名	腸鬚草屬
學名	*Enteropogon unispiceus* (F. Mueller) W. D. Clayton

多年生。葉身線形，長 10～15 公分，寬 2～4 公釐，表面無毛；葉舌膜狀，具 0.3～0.5 公釐長之纖毛，背側被長毛。總狀花序多單生，長 5～7 公分，穗軸堅韌，直立或斜生；小穗單生，腹背扁壓，長 4～5 公釐，具 2 朵小花，下位小花兩性可孕，上位小花退化僅餘外稃；外穎披針形，長 1～2 公釐，膜質；內穎披針形，長 3～5 公釐，膜質；可孕小花之外稃披針形，長 4～5 公釐，亞革質，頂端齒隙間延伸直芒，長 5 公釐；內稃披針形，亞革質，長 4 公釐，背側兩脊上部被短纖毛；不孕小花之外稃長 0.5 公釐，具芒。

　　分布於澳洲昆士蘭、庫克群島及台灣南部，生長於恆春半島之乾旱山坡地。

小穗具明顯長芒

稈叢生，斜生或膝曲，高 30～60 公分。

總狀花序單生（偶 2～3 支成指狀）

畫眉草屬 ERAGROSTIS

一年生或多年生植物，稈纖細，叢生，多直立。葉身狹線形；葉舌短截狀，具長纖毛。圓錐花序開展或緊縮；小穗明顯側扁，具2至多朵孕性小花成二列排列於小穗軸上；小花兩性或上位小花退化；小穗軸之字形彎曲或直，成熟時不斷裂或逐漸斷裂，不斷裂時其小花脫落或內稃宿存，斷裂時其小花與相連之節間一起脫落。花序結構，腺體有無與分布，小穗形態，小花成熟後掉落的方式，雄蕊花藥長度為本屬物種主要的鑑別特徵。

台灣產 19 種。

鼠婦草

屬名	畫眉草屬
學名	*Eragrostis atrovirens* (Desf.) Trin. *ex* Steud.

多年生。葉身線形，長 8 ～ 20 公分，寬 2 ～ 4 公釐；葉舌膜狀，具短纖毛，長約 0.2 公釐。圓錐花序長 10 ～ 20 公分；小穗單生，長 3 ～ 8 公釐，具 5 ～ 15 朵小花；外穎長 1 ～ 2 公釐，內穎長 1.5 ～ 2 公釐，穎紙質，披針形；小花基本同型，成熟時由下往上掉落；外稃寬披針形，紙質，長 1.8 ～ 2 公釐；內稃橢圓狀披針形，紙質，長 1.5 ～ 1.8 公釐，背側兩脊上被短纖毛，隨小花掉落；花藥 3，長 0.8 ～ 1 公釐。

原產於熱帶非洲及亞洲；台灣為歸化種，原發現於北、中部低海拔之廢耕地，現已擴散全島。

小穗單生，略側扁壓，具 5 ～ 15 朵小花。

圓錐花序開展，長 10 ～ 20 公分。

稈叢生，直立或斜生，高 50 ～ 100 公分。

長畫眉草

屬名	畫眉草屬
學名	*Eragrostis brownii* (Kunth) Nees

多年生。葉身線形，扁平或內捲成針狀，長 3 ～ 15 公分，寬 1 ～ 3 公釐；葉舌膜狀，長約 0.2 公釐，具短纖毛。圓錐花序長 5 ～ 18 公分；小穗單生，略側扁壓，長 4 ～ 20 公釐，具 5 ～ 40 朵小花；外穎長 1 公釐，內穎長 1.5 公釐，穎紙質，披針形；小花基本同型，成熟時由下往上掉落；外稃寬披針形，紙質，長 2 公釐；內稃橢圓狀披針形，紙質，長 1 ～ 1.5 公釐，背側兩脊上被短纖毛，宿存；花藥 3，長 0.3 ～ 0.5 公釐。

分布於印度、緬甸、馬來西亞、菲律賓、中國及澳洲；在台灣生長於全島平地及空曠地。

小穗略側扁壓，長 4 ～ 20 公釐，具 5 ～ 40 朵小花。

稈叢生，直立或斜生，纖細，高 15 ～ 60 公分（陳志豪攝）

圓錐花序開展，長 5 ～ 18 公分。

大畫眉草

屬名　畫眉草屬
學名　*Eragrostis cilianensis* (All.) Vignolo *ex* Janch.

一年生。葉身線形，長 5 ～ 20 公分，寬 2 ～ 6 公釐，表面光滑；葉身中肋及葉緣、葉鞘脈上具腺體；葉舌由一排短纖毛組成，長約 0.5 公釐。圓錐花序長 5 ～ 20 公分，花序枝腋具長毛，花序分枝具腺體；小穗單生，略側扁壓，長 5 ～ 10 公釐，具 8 ～ 20 朵小花；外穎長 1.5 公釐，內穎長 2 公釐，穎紙質，披針形，脈上具腺體；小花基本同型，成熟時由下往上掉落；外稃寬卵圓形，紙質，長 2 ～ 2.8 公釐，脈上具腺體；內稃橢圓形，紙質，長 1.2 ～ 1.6 公釐，背側兩脊上被短刺毛；花藥 3，長 0.5 公釐。

　　泛世界溫暖地區分布，台灣生長於全島廢耕地。

稈叢生，直立或斜生，高 30 ～ 90 公分。

小穗單生，略側扁壓，長 5 ～ 10 公釐，具 8 ～ 20 朵小花。

毛畫眉草

屬名　畫眉草屬
學名　*Eragrostis ciliaris* (L.) R. Br.

一年生，稈叢生，直立或斜生，纖細，高 30 ～ 70 公分。葉身線形，長 5 ～ 15 公分，寬 2 ～ 4 公釐，表面疏被長毛；葉舌由一排短纖毛組成，長約 0.4 公釐。圓錐花序長 5 ～ 10 公分；小穗單生，略側扁壓，長 2 ～ 2.5 公釐，具 5 ～ 10 朵小花；外穎長 1 公釐，內穎長 1.2 公釐，穎膜質，披針形；小花基本同型，成熟時由上往下掉落；外稃卵圓形，膜質，長 1.2 公釐；內稃橢圓狀披針形，膜質，長 0.8 公釐，背側兩脊上被長纖毛；花藥 3，長 0.2 公釐。

　　分布於熱帶及亞熱帶地區；台灣為歸化種，生長於旱地。

小花基本同型，成熟時由上往下掉落。

圓錐花序緊縮

稈叢生，直立或斜生，纖細，高 30 ～ 70 公分。

肯氏畫眉草

屬名　畫眉草屬
學名　*Eragrostis cumingii* Steud.

一年生。葉身線形，長 3 ～ 10 公分，寬 2 ～ 3 公釐，表面疏被長毛；葉舌膜狀，具短纖毛，長 0.2 ～ 0.5 公釐。圓錐花序開展，長 5 ～ 15 公分；小穗單生，略側扁壓，長 3 ～ 18 公釐，具 5 ～ 40 朵小花；外穎長 1.5 公釐，紙質，披針形，頂端具短纖毛；內穎長 2 公釐，紙質，披針形，具長纖毛；小花基本同型，成熟時由下往上掉落；外稃寬披針形，紙質，長 1.8 公釐；內稃橢圓狀披針形，紙質，長 1 ～ 1.5 公釐，背側兩脊上被短刺毛；花藥 3，長 0.1 ～ 0.2 公釐。

分布於中國東南部、日本、東南亞及澳洲；台灣生長於全島平地之空曠地。

小穗單生，略側扁壓，長 3 ～ 18 公釐，具 5 ～ 40 朵小花。（陳志豪攝）

葉身線形，長 3 ～ 10 公分，寬 2 ～ 3 公釐。

稈叢生，直立或斜生，纖細，高 20 ～ 50 公分。（陳志豪攝）

垂愛草

屬名　畫眉草屬
學名　*Eragrostis curvula* (Schrad.) Nees

多年生。葉身線形，扁平，邊緣內捲，長 10 ～ 30 公分，寬 1 ～ 3 公釐，表面無毛；葉舌由一排短纖毛組成，長 0.5 公釐。圓錐花序長 12 ～ 30 公分；小穗單生，略側扁壓，長 4 ～ 11 公釐，具 3 ～ 11 朵小花；外穎長 1.5 ～ 2 公釐，紙質，披針形；內穎長 2 ～ 2.5 公釐，紙質，披針形；小花基本同型，成熟時由下往上掉落；外稃寬披針形，紙質，長 2.5 公釐；內稃橢圓狀披針形，紙質，長 2 ～ 2.5 公釐，背側兩脊上被短纖毛；花藥 3，長 1.2 公釐。

原產於非洲南部；歸化於台灣低、中海拔地區。

小穗單生，略側扁壓，具 3 ～ 11 朵小花。

稈叢生，直立，高 80 ～ 120 公分。

圓錐花序開展，長 12 ～ 30 公分。

短穗畫眉草

屬名　畫眉草屬
學名　*Eragrostis cylindrica* (Roxb.) Nees *ex* Hook. & Arn.

多年生。葉身線形,扁平,長 3 ～ 15 公分,寬 2 ～ 4 公釐,表面無毛;葉舌由一排短纖毛組成,長 0.5 公釐。緊縮圓錐花序長 2 ～ 8 公分;小穗單生,略側扁壓,長 4 ～ 6 公釐,具 4 ～ 7 朵小花;外穎長 1.5 ～ 2 公釐,紙質,披針形;內穎長 2 ～ 2.5 公釐,紙質,披針形;小花基本同型,成熟時由下往上掉落;外稃寬披針形,紙質,長 2.2 公釐;內稃橢圓狀披針形,紙質,長 1.8 公釐,背側兩脊上被短纖毛;花藥 3,長 0.5 公釐。

分布於越南、中國南部及台灣;台灣生長於中、北部低海拔之河床及山坡地。

小穗單生,略側扁壓,長 4 ～ 6 公釐,具 4 ～ 7 朵小花。

稈叢生,直立,高 20 ～ 90 公分。

佛歐里畫眉草 特有種

屬名　畫眉草屬
學名　*Eragrostis fauriei* Ohwi

多年生。葉身線形,扁平,長 10 ～ 30 公分,寬 3 ～ 6 公釐,表面無毛,葉舌由一排短纖毛組成。圓錐花序開展,長 25 公分;小穗單生,略側扁壓,長 5 ～ 12 公釐,具 5 ～ 15 朵小花;外穎長 1.5 公釐,紙質,披針形;內穎長 1.5 公釐,紙質,披針形;小花基本同型,成熟時由下往上掉落;外稃寬披針形,紙質,長 2 公釐;內稃橢圓形,紙質,長 1.5 公釐,背側具兩脊;花藥 3,長 0.5 公釐。

特有種,僅知生長於台北新店。

小穗單生,略側扁壓,長 5 ～ 12 公釐。

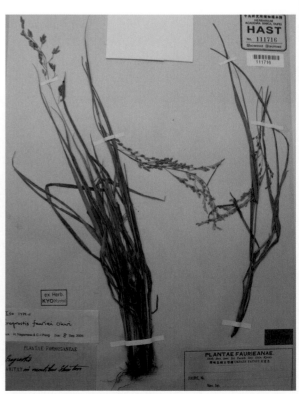

稈叢生,直立,粗壯,高 30 ～ 90 公分。

知風草

屬名　畫眉草屬
學名　*Eragrostis ferruginea* (Thunb.) P. Beauv.

多年生。葉身線形，扁平，長 10 ～ 30 公分，寬 2 ～ 6 公釐，表面疏被長毛，葉身中肋及葉緣、葉鞘脈上具腺體；葉舌由一排短纖毛組成，長 0.5 公釐。圓錐花序長 15 ～ 40 公分，花序分支具腺體；小穗單生，略側扁壓，長 5 ～ 7 公釐，具 5 ～ 12 朵小花；外穎長 1.5 ～ 2 公釐，紙質，披針形；內穎長 2 ～ 2.5 公釐，紙質，披針形；小花基本同型，成熟時由下往上掉落；外稃卵圓形，紙質，長 2.5 公釐；內稃橢圓形，紙質，長 2 公釐，背側兩脊上被短纖毛；花藥 3，長 1 公釐。

　　分布於中國、日本及台灣；台灣生長於低海拔之開闊山坡地。

小穗單生，略側扁壓，長 5 ～ 7 公釐，具 5 ～ 12 朵小花。

稈叢生，直立或斜生，粗壯，高 30 ～ 110 公分。

日本鯽魚草

屬名　畫眉草屬
學名　*Eragrostis japonica* (Thunb.) Trin.

一年生，稈叢生，直立，粗壯，高 30 ～ 100 公分。葉身線形，扁平，長 5 ～ 20 公分，寬 2 ～ 5 公釐；葉舌膜狀，具短纖毛，長 0.5 公釐。圓錐花序長 15 ～ 35 公分；小穗單生，略側扁壓，長 1 ～ 2 公釐，具 4 ～ 8 朵小花；外穎長 0.6 公釐，膜質，橢圓形；內穎長 0.8 公釐，膜質，披針形；小花基本同型，成熟時由上往下掉落；外稃卵圓形，紙質，長 1 公釐；內稃橢圓形，膜質，長 1 公釐，背側兩脊上被短纖毛；花藥 3，長 0.2 公釐。

　　分布於印度、東亞至澳洲及非洲；台灣生長於全島低海拔之潮濕地，零星分布，近年少見。

圓錐花序開展，長橢圓形，長 15 ～ 35 公分。（陳志豪攝）

稈叢生，粗壯，高 30 ～ 100 公分。

小穗單生，略側扁壓，長 1 ～ 2 公釐，具 4 ～ 8 朵小花。（陳志豪攝）

小畫眉草

屬名	畫眉草屬
學名	*Eragrostis minor* Host

一年生。葉身線形，扁平，長 3 ～ 10 公分，寬 2 ～ 4 公釐，表面疏被長毛，葉身中肋及葉緣、葉鞘脈上具腺體；葉舌由一排短纖毛組成，長 0.5 公釐。圓錐花序長 6 ～ 15 公分，花序分支具腺體；小穗單生，略側扁壓，長 3 ～ 8 公釐，具 3 ～ 16 朵小花，脈上具腺體；外穎長 1.5 公釐，紙質，披針形；內穎長 1.8 公釐，紙質，披針形；小花基本同型，成熟時由下往上掉落；外稃卵圓形，紙質，長 1.5 ～ 2 公釐；內稃橢圓狀披針形，紙質，長 1.5 公釐，背側兩脊上被短纖毛；花藥 3，長 0.2 ～ 0.3 公釐。

　　分布於越南及中國南部；台灣生長於中、南部平地之田邊及畦邊草地。

小穗單生，略側扁壓，長 3 ～ 8 公釐，具 3 ～ 16 朵小花。

圓錐花序開展，長 6 ～ 15 公分，花序分支具腺體。

稈叢生，斜生，纖細，高 15 ～ 50 公分。

多稈畫眉草

屬名	畫眉草屬
學名	*Eragrostis multicaulis* Steud.

一年生。葉身線形，扁平，長 3 ～ 10 公分，寬 1.5 ～ 3 公釐；葉舌由一排短纖毛組成，長 0.5 公釐。圓錐花序長 5 ～ 10 公分；小穗單生，略側扁壓，長 2.5 ～ 4.5 公釐，具 3 ～ 10 朵小花；外穎長 0.6 公釐，膜質，披針形；內穎長 1 公釐，膜質，披針形；小花基本同型，成熟時由下往上掉落；外稃卵圓形，膜質，長 1.5 公釐；內稃橢圓狀披針形，膜質，長 1 公釐，背側兩脊上被短纖毛；花藥 3，長 0.2 公釐。

　　分布於印度、東南亞、中國至日本；台灣生長於全島平地之庭園或田埂。

小穗單生，略側扁壓。

圓錐花序開展，長 5 ～ 10 公分。

稈叢生，直立或斜生，纖細，高 10 ～ 30 公分。

尼氏畫眉草

屬名　畫眉草屬
學名　*Eragrostis nevinii* Hance

多年生。葉身線形，扁平邊緣內捲，長 5 ～ 10 公分，寬 2 ～ 4 公釐，表面疏被長毛；葉舌由一排短纖毛組成，長 0.5 ～ 1 公釐。圓錐花序長 5 ～ 10 公分；小穗單生，略側扁壓，長 4 ～ 8 公釐，具 4 ～ 14 朵小花；外穎長 1.2 ～ 1.5 公釐，紙質，披針形；內穎長 2 公釐，紙質，披針形；小花基本同型，成熟時由下往上掉落；外稃卵圓形，紙質，長 2 公釐；內稃橢圓狀披針形，紙質，長 1.5 公釐，背側兩脊具被短毛之翅膜；花藥 3，長 0.2 公釐。

　　分布於越南及中國南部；台灣生長於北部及中部之山坡地或河床上。

稈叢生，直立或斜生，高 20 ～ 50 公分。

小穗單生，略側扁壓，長 4 ～ 8 公釐，具 4 ～ 14 朵小花。

細葉畫眉草

屬名　畫眉草屬
學名　*Eragrostis nutans* (Retz.) Nees *ex* Steud.

多年生。葉身線形，扁平長 5 ～ 20 公分，寬 1 ～ 3 公釐；葉舌由一排短纖毛組成，長 0.2 ～ 0.3 公釐。圓錐花序略緊縮，長 7 ～ 18 公分；小穗單生，略側扁壓，長 3 ～ 10 公釐，具 5 ～ 20 朵小花；外穎長 1.5 公釐，紙質，寬披針形；內穎長 1.8 公釐，紙質，寬披針形；小花基本同型，成熟時由下往上掉落；外稃卵圓形，紙質，長 1.6 ～ 2 公釐；內稃橢圓狀披針形，紙質，長 1.5 公釐，背側兩脊上被短纖毛；花藥 3，長 0.8 公釐。

　　分布於印度及中國至日本琉球，台灣生長於全島路旁或開闊地。

小穗單生，略側扁壓，長 3 ～ 10 公釐，具 5 ～ 20 朵小花。

稈叢生，直立，高 30 ～ 70 公分。

畫眉草

屬名　畫眉草屬
學名　*Eragrostis pilosa* (L.) P. Beauv.

一年生。葉身線形，長 5 ～ 20 公分，寬 2 ～ 3 公釐；
葉舌由一排短纖毛組成，長 0.5 公釐。圓錐花序長
10 ～ 25 公分；小穗單生，略側扁壓，長 3 ～ 10 公
釐，具 4 ～ 14 朵小花；外穎長 0.5 ～ 1 公釐，膜質，
披針形；內穎長 1 ～ 1.3 公釐，膜質，披針形；小花
基本同型，成熟時由下往上掉落；外稃卵圓形，紙質，
長 1.5 公釐；內稃橢圓形，膜質，長 1.2 公釐，背側
兩脊上被短纖毛；花藥 3，長 0.3 公釐。

　　分布於舊世界溫暖地區；台灣生長於全島低至
中海拔之稻田旁或廢耕地。

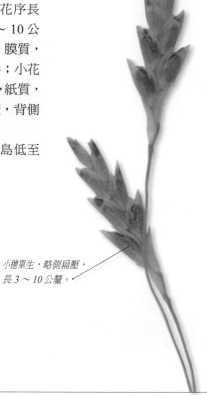

小穗單生，略側扁壓，
長 3 ～ 10 公釐。

稈叢生，直立或斜生，高 15 ～ 60 公分。

多毛知風草

屬名　畫眉草屬
學名　*Eragrostis pilosissima* Link

多年生。葉身線形，扁平邊緣內捲，長 5 ～ 10 公分，寬 1 ～ 2 公釐，
表面疏被長毛；葉舌由一排短纖毛組成，長 0.8 公釐。圓錐花序長
4 ～ 7 公分；小穗單生，略側扁壓，長 3 ～ 7 公釐，具 5 ～ 14 朵小
花；外穎長 1 公釐，紙質，卵圓形；內穎長 1.2 公釐，紙質，卵圓
形；小花基本同型，成熟時由下往上
掉落；外稃寬卵圓形，紙質，長 1.5 ～
1.8 公釐；內稃橢圓狀披針形，紙質，
長 1 公釐，背側兩脊上被短纖毛；花
藥 3，長 0.8 ～ 1 公釐。

　　分布於越南及中國；台灣生長於
中部及北部之河床或乾旱山坡地。

小穗單生，略側扁壓，長 3 ～ 7 公釐，
具 5 ～ 14 朵小花。

稈叢生，直立或斜生，纖細，高 30 ～ 40
公分。

鯽魚草

屬名　畫眉草屬
學名　*Eragrostis tenella* (L.) P. Beauv. *ex* Roem. & Schult.

一年生。葉身線形，扁平，長 2 ～ 10 公分，寬 3 ～ 5
公釐，表面疏被長毛；葉舌由一排短纖毛組成，長 0.2 ～
0.3 公釐。圓錐花序長 5 ～ 10 公分；小穗單生，略側扁
壓，長 1.5 ～ 2 公釐，具 4 ～ 10 朵小花；外穎長 0.8 公
釐，膜質，卵圓形；內穎長 1 公釐，膜質，卵圓形；小
花基本同型，成熟時由上往下掉落；外稃卵圓形，膜質，
長 1 公釐；內稃橢圓形，膜質，長 1 公釐，背側兩脊上
被纖毛；花藥 3，長 0.2 公釐。

　　分布於舊世界熱帶地區；台灣生長於全島平地之沙
地、路邊及蔗田。

小穗單生，略側扁壓，長 1.5 ～ 2 公釐，具 4 ～ 10 朵小花。

圓錐花序開展，長 5 ～ 10 公分。（林家榮攝）

稈叢生，直立或斜生，纖細，高 15 ～ 60 公分。

薄葉畫眉草

屬名	畫眉草屬
學名	*Eragrostis tenuifolia* (A. Rich.) Hochst. *ex* Steud.

小穗，長 4 ～ 8 公釐，具 5 ～ 10 朵小花；內穎頂端內縮形成短喙。（林家榮攝）

多年生。葉身線形，扁平，長 10 ～ 20 公分，寬 2 ～ 5 公釐，表面疏被長毛；葉舌由一排短纖毛組成，長 0.2 ～ 0.3 公釐。圓錐花序長 10 ～ 15 公分，花序枝腋具長毛；小穗單生，略側扁壓，長 4 ～ 8 公釐，具 5 ～ 10 朵小花；外穎長 1 公釐，紙質，披針形；內穎長 1.2 公釐，紙質，橢圓形，頂端內縮形成短喙；小花基本同型，成熟時由下往上掉落；外稃寬披針形，紙質，長 2 ～ 2.5 公釐；內稃橢圓形，紙質，長 2 公釐，背側具兩脊；花藥 3，長 0.2 ～ 0.5 公釐。

　　原產於中南半島、東亞及熱帶非洲；台灣原發現歸化於西部之路邊、廢耕地、公園草地，近年已有擴散趨勢。

圓錐花序開展，長 10 ～ 15 公分。

稈叢生，直立或斜生，高 20 ～ 60 公分。（林家榮攝）

牛虱草

屬名	畫眉草屬
學名	*Eragrostis unioloides* (Retz.) Nees *ex* Steud.

一年生或多年生。葉身線形，長 5 ～ 15 公分，寬 3 ～ 6 公釐，表面疏被長毛；葉舌由一排短纖毛組成，長 0.1 公釐。圓錐花序長 5 ～ 20 公分；小穗單生，略側扁壓，長 3 ～ 10 公釐，寬 2 ～ 4 公釐，具 5 ～ 20 朵小花；外穎長 1.5 ～ 2 公釐，膜質，披針形；內穎長 2 ～ 2.5 公釐，膜質，披針形；小花基本同型，成熟時由上往下掉落；外稃卵圓形，膜質，長 1.6 ～ 2 公釐；內稃橢圓形，膜質，長 1.5 公釐，背側兩脊上被短纖毛；花藥 3，長 0.2 公釐。

　　分布於亞洲及非洲熱帶地區；台灣生長於全島平地之田埂、路旁或開闊地。

小穗長 3 ～ 10 公釐，寬 2 ～ 4 公釐，具 5 ～ 20 朵小花。（林家榮攝）

稈叢生，直立或斜生，纖細，高 20 ～ 60 公分。（林家榮攝）

圓錐花序開展，長 5 ～ 20 公分。（林家榮攝）

真穗草屬 EUSTACHYS

稈 匍匐，扁。葉先端具小突尖，葉舌為一圈短毛，葉鞘側扁。指狀穗狀花序；小穗具小花 3 朵，下位小花孕性；外穎與內穎等長；內穎先端具芒；外稃舟狀。

台灣產 1 種。

真穗草

屬名	真穗草屬
學名	*Eustachys tenera* (Presl) A. Camus

多年生，具匍匐走莖，斜生，纖細，高 15 ～ 30 公分。葉身線形，長 5 ～ 7 公分，寬 3 ～ 5 公釐，表面疏被長毛；葉舌膜狀，具短纖毛，長 1 公釐。3 ～ 6 支總狀花序排列成指狀，長 4 ～ 7 公分，穗軸直立或斜生；小穗單生，兩側扁壓，長 1 ～ 1.2 公釐，具 2 朵小花：下位小花兩性可孕，上位小花退化僅餘外稃；外穎舟狀，長 1 ～ 1.2 公釐，紙質；內穎舟狀，長 1 ～ 1.2 公釐，具芒尖；可孕小花之外稃寬卵圓形，長 1.2 公釐，革質，脈被長毛，頂端鈍；內稃倒卵形，紙質，長 1.2 公釐，背側兩脊上部被短纖毛。

分布於越南、菲律賓、海南島及台灣；在台灣生長於中部及南部之低海拔空曠地。

多年生，具匍匐走莖，斜生，纖細。

小穗單生，兩側扁壓，長 1 ～ 1.2 公釐。

千金子屬 LEPTOCHLOA

一年生或多年生植物，稈叢生，直立、基部斜上或膝曲，中空，節於基部者生根。葉身扁平或邊緣內捲。總狀花序多支成複總狀排列；小穗側扁，無柄或具短柄，具孕性小花數朵；穎片宿存，膜質；外稃頂端具短芒或無。

台灣產 3 種。

千金子

屬名	千金子屬
學名	*Leptochloa chinensis* (L.) Nees

一年生或多年生。葉身線形，長 5 ～ 25 公分，寬 2 ～ 9 公釐，表面無毛；葉舌膜狀，長 1 ～ 2 公釐。複總狀花序開展，長 10 ～ 20 公分；小穗略側扁壓，覆瓦狀排列，長 2 ～ 4 公釐，具 3 ～ 7 朵小花；外穎長 1 ～ 1.5 公釐，膜質，狹披針形；內穎長 1.2 ～ 1.5 公釐，膜質，寬披針形；小花基本同型，表面疏被短毛；外稃橢圓形，膜質，長 1.5 公釐；內稃橢圓形，膜質，長 1.5 公釐，背側兩脊上被短纖毛；花藥 3，長 0.2 ～ 0.3 公釐。

分布於東南亞，台灣生長於全島平地之廢耕地。

小穗略側扁壓，覆瓦狀排列。

台灣生長於全島平地之廢耕地

稈叢生，直立、斜生或膝曲，高 30 ～ 100 公分。

雙稃草

屬名　千金子屬
學名　*Leptochloa fusca* (L.) Kunth

多年生。葉身線形，長 5～20 公分，寬 2～3 公釐；葉舌膜狀，長 3～12 公釐。複總狀花序開展，長 15～25 公分；小穗單生，略側扁壓，長 6～14 公釐，具 5～12 朵小花；外穎長 2～3 公釐，膜質，披針形；內穎長 3～4 公釐，膜質，寬披針形；小花基本同型，表面疏被短毛；外稃寬披針形，紙質，長 3～5 公釐，頂端具兩齒，齒隙間延伸直芒，芒長 0.3～1.6 公釐；內稃橢圓形，紙質，長 2.5 公釐，背側兩脊上被短纖毛；花藥 3，長 0.5～0.7 公釐。

　　分布於印度至西亞、非洲、東南亞至澳洲；台灣生長於近海岸之潮濕地上。

稈叢生，直立或斜生，高 30～100 公分。　　　　　小穗成熟時，稃片略向外開展。　複總狀花序開展，長 15～25 公分。

蟋子草

屬名　千金子屬
學名　*Leptochloa panicea* (Retz.) Ohwi

一年生。葉身線形，長 5～15 公分，寬 3～6 公釐，表面疏被長毛；葉舌膜狀，長 1～2 公釐。複總狀花序開展，長 10～20 公分；小穗單生，略側扁壓，覆瓦狀排列，長 1.5～2 公釐，具 2～4 朵小花；外穎長 0.8～1 公釐，膜質，披針形；內穎長 1～1.5 公釐，膜質，橢圓形；小花基本同型，表面密被短毛；外稃橢圓形，紙質，長 1 公釐；內稃橢圓形，紙質，長 0.8 公釐，背側具兩脊；花藥 3，長 0.2 公釐。

　　分布熱帶亞洲及非洲；台灣生長於全島平地之耕地路旁或乾旱地。

小穗單生，略側扁壓，長 1.5～2 公釐，　稈叢生，斜生，纖細，高 30～60 公分，植株 明顯被毛。（陳志豪攝）
具 2～4 朵小花。（陳志豪攝）

細穗草屬 LEPTURUS

稈 匍匐，堅硬，具匍匐枝。葉身線形；葉舌短，紙質，先端截形。單生穗狀花序，頂生；穗軸膨大，節間凹陷，內生1小穗；小穗具小花2朵；外穎膜質，緊靠穗軸；內穎卵狀披針形，明顯易見，長約1.2公分，明顯較穗軸之節間長，先端芒尖。台灣產1種。

細穗草

屬名	細穗草屬
學名	*Lepturus repens* (G. Forst.) R. Br.

多年生。葉身線形，長3～20公分，寬2～5公釐，表面無毛，堅硬；葉舌膜狀，長0.8公釐，具短纖毛。總狀花序長5～15公分，穗軸易斷裂；小穗單生，腹背扁壓，內陷膨大化之穗軸關節內，長1～1.2公分，約具2朵小花；外穎退化微小，長約0.8公釐；內穎長1～1.2公分，硬革質，披針形，表面脈明顯隆起，頂端具芒尖；外稃寬披針形，亞革質，長3.5～4.5公釐，表面被短柔毛，頂端無芒或具芒尖；內稃披針形，紙質，長3公釐，背側兩脊被短纖毛；花葯3，長1.5～2公釐。

分布於東非、南亞、東南亞及大洋洲；台灣生長於海邊，常見於珊瑚礁岩上。

總狀花序長5～15公分

稈匍匐，高20～50公分。

生長於海邊，常見於珊瑚礁岩上。

亂子草屬 MUHLENBERGIA

稈 直立，具走莖。葉舌紙質，先端截形。圓錐花序緊縮排列成近似穗狀；小穗略側扁，具 1 朵小花；穎明顯短於稃；外稃先端之芒長為外稃之 1.5 倍以上。

台灣產 1 種。

亂子草

| 屬名 | 亂子草屬 |
| 學名 | *Muhlenbergia huegelii* Trin. |

多年生。葉身線形，長 5～15 公分，寬 3～5 公釐；葉舌膜狀，長 0.5～1 公釐，具短纖毛。線形緊縮圓錐花序長 10～25 公分；小穗單生，略側扁壓，長 2～3 公釐，具 1 朵小花；外穎披針形，長 0.5～0.8 公釐，膜質；內穎披針形，長 1 公釐，膜質；外稃寬披針形，長 2～3 公釐，紙質，表面基部疏被長毛，頂端具直芒；內稃披針形，長 2～3 公釐，紙質，背側具兩脊；花藥 3，長 0.8 公釐。

分布於日本、韓國、中國及台灣；台灣生長於中、高海拔山區陰濕之溪流旁。

小穗具明顯長芒，約 8～16 公釐。

圓錐花序緊縮成線形，長 10～25 公分。

植株具匍匐根莖；稈直立，高 70～90 公分。

類蘆屬 NEYRAUDIA

高大之多年生草本，稈高 1.5 ～ 3 公尺，實心。葉鞘上端開口處被長毛；葉舌長約 2 公釐，先端截形，背面被短毛。圓錐花序，長 30 ～ 60 公分，最下方分支基部無毛；外穎明顯短於小穗；小穗軸無毛；外稃外面（下表面）邊緣被白毛，小；基盤被白毛。

　　台灣產 1 種。

類蘆

屬名	類蘆屬
學名	*Neyraudia reynaudiana* (Kunth) Keng *ex* Hitchc.

多年生。葉身線形，長 20 ～ 70 公分，寬 4 ～ 13 公釐，表面疏被長毛；葉舌由一排纖毛組成，長 1 ～ 2 公釐。圓錐花序開展，長 20 ～ 70 公分；小穗單生，略側扁壓，長 6 ～ 9 公釐，具 4 ～ 10 朵小花；外穎披針形，長 2 ～ 3 公釐，紙質；內穎披針形，長 2.5 ～ 3.5 公釐，紙質；最下位小花不孕，其他上位小花基本同型可孕；可孕小花外稃披針形，長 3 ～ 4 公釐，紙質，脈具約 2 公釐長纖毛，頂端具 2 齒，齒隙延伸略膝曲芒，長 1 ～ 2 公釐；可孕小花內稃披針形，紙質，長 3 ～ 3.5 公釐，背側兩脊上部被短纖毛；不孕小花外稃與穎相似，但更長，約 4 公釐，不具芒。

　　分布於印度東部至中國西南部及馬來西亞西部，台灣生長於南部之溪流兩岸及河床。

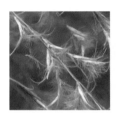

小穗單生，下位小花不孕與穎相似，不具芒。

圓錐花序開展，長 20 ～ 70 公分。

稈叢生，葦狀，高 1.5 ～ 3 公尺。

茅根草屬 PEROTIS

稈叢生，匍匐性。葉披針形，長 3 ～ 4 公分。總狀花序；小穗單生，於柄之上端脫落，具兩性小花 1 朵；外穎與內穎革質，等長，兩者前端均具長為其 2 倍（或以上）之芒。

　　台灣產 2 種。

茅根

屬名	茅根草屬
學名	*Perotis indica* (L.) Kuntze

一年生。葉身卵圓形或披針形，長 2 ～ 5 公分，寬 3 ～ 6 公釐，邊緣具棘狀鋸齒；葉舌膜狀，長 0.5 公釐。總狀花序單生，長 5 ～ 12 公分；小穗單生，略側扁壓，長 2 ～ 2.5 公釐，具 1 朵小花；外穎披針形，長 2 ～ 2.5 公釐，紙質，表面被短毛，具 0.8 ～ 1.5 公分長芒；內穎披針形，長 2 ～ 2.5 公釐，紙質，具 0.8 ～ 1.5 公分長芒；外稃披針形，長 0.5 ～ 1 公釐，質地薄而透明；內稃橢圓形，質地薄而透明，長 0.5 ～ 1 公釐，背側具 2 脈。

　　分布於印度至東南亞，台灣生長於中部及南部之平地及砂地。

總狀花序單生，長 5 ～ 12 公分。

稈叢生，直生或膝曲，纖細，高 10 ～ 30 公分。

大穗茅根

屬名　茅根草屬
學名　*Perotis rara* R. Br.

一年生或多年生。葉身卵圓形或披針形，長 2 ～ 6 公分，寬 2 ～ 6 公釐，邊緣具棘狀鋸齒；葉舌膜狀，具短纖毛，長 0.2 公釐。總狀花序單生，長 5 ～ 10 公分；小穗單生，略側扁壓，長 3.5 ～ 4 公釐，具 1 朵小花；外穎披針形，長 3.5 ～ 4 公釐，紙質，表面被短毛，具 1.5 ～ 2.5 公分長芒；內穎披針形，長 3.5 ～ 4 公釐，紙質，具 1.5 ～ 2.5 公分長芒；外稃披針形，長 1.5 公釐，質地薄而透明；內稃狹披針形，質地薄而透明，長 0.5 ～ 1 公釐，背側具 2 脈。

　　分布於寮國、越南至中國東南部及澳洲等地；台灣分布於北部及南部平地、乾旱沙地上。

小穗單生，略側扁壓，長 3.5 ～ 4 公釐，具 1 朵小花。

稈叢生，膝曲，高 15 ～ 40 公分。

鼠尾粟屬 SPOROBOLUS

稈叢生，纖細。葉片狹窄，常具硬緣毛。緊縮之圓錐花序，狹長狀；小穗略側扁；穎短於稃，前端均無芒。台灣產 3 種及 2 變種。

韓氏鼠尾粟

屬名　鼠尾粟屬
學名　*Sporobolus hancei* Rendle

多年生，稈叢生，纖細，高 10 ～ 50 公分。葉身線形成細絲狀，長 3 ～ 10 公分，寬 0.5 ～ 2 公釐，表面無毛；葉舌由一排纖毛組成，長 0.2 公釐。圓錐花序緊縮成狹圓柱形，長 5 ～ 8 公分；小穗單生，略側扁壓，長 2 公釐，具 1 朵小花；外穎披針形，長 1.4 ～ 1.8 公釐，紙質；內穎寬披針形，長 2 公釐，紙質；外稃披針形，長 2 公釐，紙質；內稃橢圓形，紙質，長 2 公釐，背側具兩脊；花藥 3，長 1 公釐。

　　分布於中國南部及台灣，台灣生長於全島海邊之泥沙地上。

稈叢生，纖細，高 10 ～ 50 公分。

圓錐花序緊縮成狹圓柱形

雙蕊鼠尾粟

屬名　鼠尾粟屬
學名　*Sporobolus indicus* (L.) R. Br. var. *flaccidus* (Roth) Veldkamp

多年生，稈叢生，直生，纖細，高30～90公分。葉身線形，扁平，長5～15公分，寬2～3公釐，表面疏被長毛，頂端銳形；葉舌膜狀，具短纖毛，長0.2～0.3公釐。圓錐花序緊縮成線形，長7～20公分；小穗單生，略側扁壓，長1.5～1.7公釐，具1朵小花；外穎橢圓形，長0.5公釐，膜質；內穎卵圓形，長1公釐，膜質；外稃寬披針形，長1.4～1.7公釐，膜質；內稃橢圓形，膜質，長1.5公釐；花藥3，長0.5～0.8公釐。

　　分布於南亞至中國及澳洲；台灣生長於全島低海拔之空曠地、山坡草地及操場邊。

圓錐花序緊縮成線形

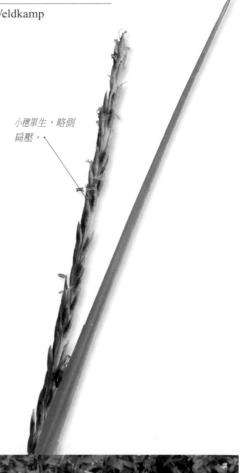

小穗單生，略側扁壓。

稈叢生，直生，纖細，高30～90公分。

鼠尾粟

屬名　鼠尾粟屬
學名　*Sporobolus indicus* (L.) R. Br. var. *major* (Buse) Baaijens

多年生，稈叢生，直生，粗壯，高 30 ～ 120 公分。葉身線形，長 10 ～ 30
公分，寬 2 ～ 5 公釐，表面無毛；葉舌膜狀，具短纖毛，長 0.5 公釐。圓錐
花序緊縮成線形，長 15 ～ 45 公分；小穗單生，略側扁壓，長 1.7 ～ 2 公釐，
具 1 朵小花；外穎橢圓形，長 0.6 公釐，膜質；內穎卵圓形，長 1 公釐，膜
質；外稃寬披針形，長 1.6 ～ 2 公釐，膜質；內稃橢圓形，膜質，長 1.6 公釐；
花藥 3，長 0.8 ～ 1 公釐。

　　分布於南亞、東南亞、中國及日本；台灣生長於全島低海拔之乾旱空曠
地、山坡或河床。

　　本變種與雙蕊鼠尾粟的差別在於，本變種植株相較明顯粗壯，圓錐花序
分枝短，更顯緊縮。

小穗單生，略側扁壓。

稈叢生，直生，粗壯，高 30 ～ 120 公分。

圓錐花序緊縮成線形

熱帶鼠尾粟

屬名　鼠尾粟屬
學名　*Sporobolus tenuissimus* (Mart. *ex* Schrank) Kuntze

一年生，稈叢生，直立，纖細，高 20 ～ 50 公分。葉身線形，長 5 ～ 15
公分，寬 2 ～ 3 公釐，表面無毛；葉舌膜狀，具短纖毛，長 0.2 ～ 0.3 公釐。
圓錐花序開展，長 10 ～ 30 公分；小穗單生，略側扁壓，長 0.8 ～ 1 公釐，
具 1 朵小花；外穎橢圓形，長 0.3 ～ 0.4 公釐，膜質；內穎橢圓形，長 0.6
公釐，膜質；外稃卵圓形，長 1 公釐，膜質；內稃橢圓形，膜質，長 1 公釐；
花藥 3，長 0.1 ～ 0.3 公釐。

　　原產於美洲，台灣歸化於南部之低海拔地區。

小穗單生，略側扁壓。

圓錐花序開展，長 10 ～ 30 公分。

鹽地鼠尾粟

屬名　鼠尾粟屬
學名　*Sporobolus virginicus* (L.) Kunth

多年生，具發達地下走莖，稈直立或斜生，纖細，高 15～30 公分。葉身線形，內捲成針狀，長 3～10 公分，寬 1～3 公釐，表面無毛，堅硬；葉舌由一排纖毛組成，長 0.2 公釐。圓錐花序緊縮成狹圓柱形，長 3～10 公分；小穗單生，略側扁壓，長 2.5 公釐，具 1 朵小花；外穎披針形，長 2～2.5 公釐，膜質；內穎寬披針形，長 2～2.5 公釐，膜質；外稃寬披針形，長 2 公釐，膜質；內稃卵圓形，膜質，長 2 公釐；花藥 3，長 1～1.5 公釐。

　　分布於熱帶地區，台灣生於全島海岸之河口處。

小穗單生，略側扁壓。

稈直立或斜生，纖細，高 15～30 公分。

圓錐花序緊縮成狹圓柱形

草沙蠶屬 TRIPOGON

植物體矮小，稈纖細，叢生。葉身線狀披針形，葉鞘上端開口被絲狀毛。單生穗狀花序，頂生，長 5～6 公分；小穗側扁，具花 3 朵；外穎與穗軸緊靠；外稃先端 2 裂，裂片之間具芒。

　　台灣產 1 種。

中華草沙蠶

屬名　草沙蠶屬
學名　*Tripogon chinensis* Hack.

多年生，稈叢生，直立或斜生，纖細，高 10～30 公分。葉身細絲狀，長 5～15 公分，寬 1～2 公釐；葉舌膜狀，具短纖毛。總狀花序長 6～15 公分，穗軸堅韌；小穗單生，略側扁壓，長 4～6 公釐，具 3～5 朵小花；外穎披針形，長 1.5～2.5 公釐，紙質；內穎披針形，長 3～4.5 公釐，紙質，中肋明顯；小花基本同型；外稃橢圓形，長 3 公釐，紙質，表面無毛，頂端具 2 齒，齒隙間延伸 1～2 公釐直芒；內稃橢圓形，紙質，長 2～2.5 公釐，背側兩脊具狹翅膜，被短纖毛。穎果橢圓形，長約 1.2 公分。

　　分布於中國及西伯利亞東部；台灣生長於南部低海拔之乾旱河床或山坡地，不常見。

小穗單生，略側扁壓。

稈叢生，直立或斜生，纖細。

結縷草屬 ZOYSIA

多年生草本，具地下莖或走莖。葉片線形。總狀花序，短於 3 公分；小穗側扁，自小穗柄頂端脫落，無芒，具 1 朵兩性花；外穎無；內穎與小穗等長，革質。

台灣產 4 種。

結縷草

屬名	結縷草屬
學名	*Zoysia japonica* Steud.

多年生，具發達地下走莖，呈墊形，稈纖細，高 5 ～ 20 公分。葉身線狀，扁平或邊緣內捲，長 2.5 ～ 6 公分，寬 2 ～ 4 公釐；葉舌膜狀，具短纖毛，背側具長毛。總狀花序單生，長 2 ～ 4 公分，穗軸堅韌；小穗單生，兩側扁壓，長 2.5 ～ 3.5 公釐，具 1 朵小花；外穎退化缺如；內穎寬卵圓形，長 2.5 ～ 3.5 公釐，革質，近基部癒合，頂端鈍形具短纖毛；外稃舟狀，長 2 ～ 2.5 公釐，膜質；內稃退化缺如。

分布於中國、日本、韓國及台灣；在台灣生長於全島海岸邊之草生地。

具發達地下走莖，成墊形。

總狀花序單生，長 2 ～ 4 公分。

生長於全島海岸邊草生地（林家榮攝）

馬尼拉芝

屬名 結縷草屬
學名 *Zoysia matrella* (L.) Merr.

多年生，具發達地下走莖，呈墊形，稈直生，纖細，高 5 ～ 30 公分。葉身線狀，扁平或邊緣內捲，長 3 ～ 8 公分，寬 2 ～ 4 公釐；葉舌膜狀，具短纖毛，背側具長毛。總狀花序單生，長 2 ～ 4 公分，穗軸堅韌；小穗單生，兩側扁壓，長 2.5 ～ 3 公釐，具 1 朵小花；外穎退化缺如或微小；內穎寬卵圓形，長 2.5 ～ 3 公釐，革質，近基部癒合，頂端鈍形具短纖毛；外稃披針形，長 2 ～ 2.5 公釐，膜質；內稃披針形，約外稃 0.5 倍長，質地薄而透明。

　　廣泛分布於熱帶亞洲，在台灣生長於全島海岸邊之沙地。

小穗單生，兩側扁壓。

總狀花序單生，長 2 ～ 4 公分。（江某攝）

具發達地下走莖，呈墊形。

高麗芝

屬名 結縷草屬
學名 *Zoysia pacifica* (Goudswaard) M. Hotta & S. Kuroki

多年生，具發達地下走莖，呈墊形，稈直生，纖細，高 5 ～ 10 公分。葉身線形，內捲成針狀，長 4 ～ 6 公分，寬 1 公釐；葉舌膜狀，具短纖毛。總狀花序單生，長 1 ～ 1.5 公分，穗軸堅韌；小穗單生，兩側扁壓，長 2.5 ～ 3 公釐，具 1 朵小花；外穎退化缺如；內穎寬卵圓形，長 2.5 ～ 3 公釐，革質，近基部癒合，頂端鈍具短纖毛；外稃披針形，長 2 ～ 2.5 公釐，膜質；內稃退化缺如。

　　分布於日本、中國、菲律賓及玻里尼西亞；在台灣生長於全島海岸邊之草生地。

總狀花序單生，長 1 ～ 1.5 公分。

具發達地下走莖，呈墊形。

生長於全島海岸邊之草生地

中華結縷草

屬名　結縷草屬
學名　*Zoysia sinica* Hance

多年生，具發達地下走莖，呈墊形，稈直生，高 10～30 公分。葉身線形，扁平或邊緣內捲，長 4～6 公分，寬 2～4 公釐；葉舌膜狀，具短纖毛。總狀花序單生，長 2.5～5 公分，穗軸堅韌；小穗單生，兩側扁壓，長 4 公釐，具 1 朵小花；外穎退化缺如；內穎橢圓形，長 4 公釐，革質，近基部癒合，頂端鈍形；外稃披針形，長 2.5～3 公釐，膜質；內稃退化缺如。

分布於中國及台灣，在台灣生長於全島海岸邊之草生地。

葉身線形，扁平或邊緣內捲。（林家榮攝）　　　總狀花序單生，長 2.5～5 公分。（林家榮攝）

生長於全島海岸邊之草生地

稻亞科 EHRHARTOIDEAE

山澗草屬 CHIKUSICHLOA

本屬共有山澗草和無芒山澗草 2 種，分布於東亞。屬之特徵，可參考種之描述。台灣產 1 種。

無芒山澗草

屬名	山澗草屬
學名	*Chikusichloa mutica* Keng

多年生草本，稈叢生，直立，高 60 ～ 100 公分。葉身扁平或對摺，無毛，長 20 ～ 50 公分，寬 1.5 ～ 2.5 公分，基部收窄或略呈心形，邊緣的刺狀齒朝向葉片尖端，平行脈間具橫格脈；葉鞘壓扁，背部具脊，平滑，長於其節間；葉舌膜質，長約 4 公釐。頂生圓錐花序，長 15 ～ 40 公分，緊縮或開展，分支細長，基部主分支長 7 ～ 15 公分；小穗披針形，長 5 ～ 7 公釐，內含 1 朵小花；穎退化成長約 2 公釐的鱗片狀；基盤柄狀，長 1 ～ 2 公釐，與其小穗柄近等長，被短糙毛；外稃長約 2.5 公釐，具 5 脈，脈上生微刺毛，頂端漸尖而無芒；內稃稍短於外稃，窄披針形，具 3 脈，脈上具微刺；雄蕊 1，花藥長約 2 公釐。穎果深棕色，長約 2 公釐。

分布於亞洲東部及南部，台灣苗栗及南投山區有採集記錄。

小穗披針形，內含 1 朵小花。

稈叢生，高 60 ～ 100 公分。

水禾屬 HYGRORYZA

具走莖之多年生水生草本。葉卵形、卵狀長橢圓形至長橢圓形；葉鞘膨大，平行脈間具橫脈。小穗疏鬆排列成球形之圓錐花序；穎無；外稃 1 枚；小花兩性，1 朵。

台灣產 1 種。

水禾

屬名	水禾屬
學名	*Hygroryza aristata* (Retz.) Nees *ex* Wight & Arn.

多年生，水生性漂浮草本，具走莖，節上生長羽狀鬚根。葉身卵狀披針形，長 3 ～ 8 公分，寬 1 ～ 2 公分，先端鈍形，基部圓，具短柄；葉鞘膨大，平行脈間具橫脈。圓錐花序，長 4 ～ 8 公分，小穗排列疏鬆，基部為頂生葉鞘所包圍；小穗披針形，具 1 朵小花，穎不存在，基盤柄狀，長 7 ～ 12 公釐；外稃披針形，長 8 ～ 10 公釐，頂端具芒，表面光滑，脈上微具刺毛；內稃與外稃相近，無芒。

分布於亞洲熱帶地區；台灣原產於蘇澳，各地普遍栽植。

葉鞘膨大

植株漂浮於水面（林家榮攝）

李氏禾屬 LEERSIA

多年生草本，稀一年生，濕生性，具匍匐莖或走莖，節膨大，密被短毛。葉身線形；葉舌膜質，先端截形，與葉耳相連。圓錐花序開展，分支為穗狀花序；小穗側扁，具兩性小花1朵；外稃紙質至革質，5脈；內稃窄於外稃，3脈；雄蕊1或2或3或6。

台灣產1種。

李氏禾

屬名　李氏禾屬

學名　*Leersia hexandra* Sw.

多年生草本，濕生性，匍匐莖發達，稈細長，橫臥地面，於節處生根，直立部分高35～70公分，光滑，節部膨大且密被倒生短毛。葉鞘光滑，短於節間；葉舌膜質，長1～3公釐，先端截形，與葉耳相連。圓錐花序開展，長5～10公分；小穗具1朵小花，長3～4公釐，寬1～1.5公釐，狹橢圓形；穎不存；外稃舟狀，長3～4公釐，5脈，亞革質，脊及脈上具刺毛或纖毛，先端聚縮成一短尖；內稃披針形，與外稃等長，略窄，3脈，亞革質，脈上具刺毛或纖毛；花藥長約2公釐。

分布於全世界熱帶地區，台灣全島低海拔濕地常見。

圓錐花序開展

小穗具1朵小花

常成片生長

稻屬 ORYZA

　　年生或多年生草本，稈叢生。葉身線形至狹披針形。圓錐花序通常具如總狀花序的主軸；小穗側扁；孕性小花 1 朵，外稃緊包住內稃，下方另具 2 不孕性外稃；孕性及不孕性稃均革質；雄蕊 6。

台灣產 2 種。

野生稻

屬名	稻屬
學名	*Oryza rufipogon* Griff.

一年生或多年生草本。葉莖生，線形，長 27 ～ 60 公分，寬 7 ～ 25 公釐；葉舌三角形，長（4.5）9 ～ 38 公釐，下延至葉鞘邊緣。圓錐花序緊縮，排列疏鬆，於果期時下垂；小穗橢圓形，側扁狀，長 7.3 ～ 11.4 公釐，上方具 1 孕性小花，下方另具 2 不孕性外稃；不孕外稃長 1.2 ～ 4.8 公釐；孕性外稃側扁，舟狀，5 脈，與小穗等長，被粗毛；內稃與外稃等長，3 脈；雄蕊長（3.5）4 ～ 6.2 公釐。果實寬 1.4 ～ 2 公釐。

　　分布於南亞；台灣原產於桃園，但野生族群可能已滅絕，現於各地研究單位試驗栽植中。

小穗具長芒　　　　　各地研究單位試驗栽植中

圓錐花序緊縮，排列疏鬆。

稻

屬名	稻屬
學名	*Oryza sativa* L.

一年生或短期多年生。葉莖生，線形，長 25 ～ 80 公分，寬 5 ～ 30 公釐；葉舌卵形至披針形，長 1 ～ 2 公分，下延至葉鞘邊緣。圓錐花序開展，排列疏鬆，於果期時下垂；小穗橢圓形，側扁狀，長 6 ～ 10 公釐，上方具 1 孕性小花，下方另具 2 不孕性外稃；不孕外稃長 2 ～ 4 公釐；孕性外稃 5 脈，與小穗等長，被粗毛；內稃與外稃等長，3 脈；花藥長 0.8 ～ 2.2（2.5）公釐。果實寬 2.2 ～ 3.8 公釐。

　　發源於東南亞地區之馴化種，現為世界重要的糧食作物，台灣全島栽種。

本種為世界重要的糧食作物　　小穗橢圓形，側扁狀。（林家榮攝）　　圓錐花序開展，排列疏鬆，於果期時下垂。

菰屬 ZIZANIA

具有粗大地下莖之高大草本，稈直立。葉片寬 1 ～ 3 公分，上表面被糙毛；葉舌三角形，膜質，長約 1.5 公分；葉鞘變厚。圓錐花序，長達 50 公分，上部小花雌性，下部者雄性；小穗具 1 朵小花；穎微小；外稃與內稃披針形。果實線狀長橢圓形。台灣具 1 廣泛栽植種。

菰（茭白筍）

屬名	菰屬
學名	*Zizania latifolia* (Griseb.) Turcz. *ex* Stapf

高大草本，具有粗大地下莖，稈直立，叢生，高可達 2 公尺以上，直立幼莖因感染真菌而膨大。葉片扁平，帶狀披針形，長 30 ～ 100 公分，寬 1 ～ 3 公分，先端漸尖形，上表面被糙毛，下表面光滑；葉鞘厚，葉舌三角形，膜質，長約 1.5 公分。圓錐花序長 30 ～ 60 公分，上部分支為雌性小穗，下部為雄性小穗；雌性小穗長 1.5 ～ 2 公分，穎小，外稃披針形，5 脈，脈上具糙毛，外稃頂端具長芒；內稃披針形，與外稃等長；雄性小穗長約 1 公分，穎小，外稃具短芒；雄蕊 6。

　　分布於東亞及南亞；在台灣各地廣泛栽植於水田中。

水生高大草本　　　　葉片扁平，帶狀披針形。

小草亞科 MICRAIROIDEAE

柳葉箸屬 ISACHNE

多年生或一年生植物，稈中空。葉身披針形或線狀披針形，常具疣狀毛；葉舌為一束毛或退化。圓錐花序，花序分支與小穗柄有時具黃色腺體環；小穗球形，具 2 朵小花，背腹扁壓，於穎上脫落；穎易脫落，與小穗等長至約 3/4 長，5 ～ 9 脈；下位外稃上位外稃質地接近；上位外稃圓形至寬卵形；雄蕊 3。植株生長方式與大小，葉身形態，植株上腺體有無，小穗之上、下位小花為同型或異型為本屬物種主要的鑑別特徵。

台灣產 7 種。

白花柳葉箸

| 屬名 | 柳葉箸屬 |
| 學名 | *Isachne albens* Trin. |

多年生，稈纖細，高 30 ～ 100 公分。葉身狹披針形，長 7 ～ 15 公分，寬 4 ～ 10 公釐，邊緣具纖毛，葉舌長 1 ～ 2 公釐。圓錐花序開展，長 10 ～ 20 公分，穗軸不具腺體；小穗長 1 ～ 1.5 公釐，淡綠色；穎 5 ～ 7 脈，無毛或上半部多少具剛毛；外穎與小穗等長，內穎長度略短；兩朵小花相似，上位小花略短於下位小花；外稃明顯厚凸鏡形，長 1 ～ 1.2 公釐革質，被短毛或近無毛。

廣泛分布於東南亞，台灣常見於中海拔林緣。

小穗長 1 ～ 1.5 公釐。

常見於中海拔林緣，稈纖細。

圓錐花序開展，長 10 ～ 20 公分。

本氏柳葉箸

| 屬名 | 柳葉箸屬 |
| 學名 | *Isachne clarkei* Hook. |

一年生，稈平行，高 10 ～ 30 公分。葉身線狀披針形，長 2 ～ 6 公分，寬約 5 公釐，光滑或粗糙，有時被微毛；葉舌為一圈毛，長 1 ～ 1.5 公釐。花序卵形，長 3 ～ 8 公分；小穗單一，近球形，綠色或紫色，長 1 ～ 1.5 公釐，小穗柄有時具腺體；穎片多少被剛毛，稍呈圓鼓狀，5 ～ 7 條脈；兩朵小花相似，上位小花略小於下位小花；外稃厚凸鏡形，長 1 ～ 1.2 公釐，密被短毛。

分布於東南亞及中國南部；台灣生長於南部及中部低海拔之林緣較潮濕處，少見。

小穗單一，近球形，兩朵小花相似。

花序卵形，長 3 ～ 8 公分。

生長於林緣較潮濕處，稈高 10 ～ 30 公分。（許天銓攝）

柳葉箬

屬名　柳葉箬屬
學名　*Isachne globosa* (Thunb.) Kuntze

多年生，稈直立或平行，纖細，高 30 ～ 60 公分，節下經常有一圈腺體環。葉身線狀披針形，長 2 ～ 10 公分，邊緣具纖毛，葉舌長 1 ～ 2 公釐。花序卵形，長 4 ～ 10 公分，花序分支與穗軸上具腺體；小穗單一，近球形，長 1.5 ～ 2 公釐，綠色或帶紫的棕色；穎與小穗等長或略短，5 ～ 7 脈；兩朵小花些許不同，下位小花較上位小花稍大及稍薄；下位外稃薄凸透鏡形，長 1.5 ～ 1.8 公釐，表面無毛，邊緣光滑；上位外稃厚凸透鏡形，長 1 ～ 1.5 公釐，表面無毛或被短毛，邊緣具纖毛。

　　廣泛分布於東南亞、日本至澳洲；在台灣為全島平地水田常見雜草。

小穗單一，近球形，綠色或帶紫的棕色。（林家榮攝）

稈直立或平行，纖細，高 30 ～ 60 公分。

花序卵形，長 4 ～ 10 公分。

荏弱柳葉箬

屬名　柳葉箬屬
學名　*Isachne myosotis* Nees

小穗少數，近球形。

一年生，個體小，常成地毯狀，基部節處生根但不成匍匐莖，稈高約 10公分。葉身披針形，長 1～2公分，寬 3～5公釐，被柔毛；葉舌長 1～1.5公釐。花序三角狀卵形，長 1.5～3公分，不具腺體；小穗少數，近球形，長 1～1.5公釐，泛紫色；穎與小穗長幾乎等長，5 條脈，上半部被剛毛；兩朵小花相似，上位小花略小於下位小花；外稃厚凸透鏡形，長 1～1.4公釐，被短毛。

　　分布於中國南部及菲律賓；台灣生長於低海拔之潮濕地、新開地及溝渠旁。

個體小，常生長成地毯狀。

稈高約 10 公分，花序長 1.5～3 公分。

日本柳葉箬

屬名　柳葉箬屬
學名　*Isachne nipponensis* Ohwi

一年生，常成地毯狀，節處生根，稈纖細，高 10～15公分。葉身卵狀披針形，長 1～4公分，寬 4～8公釐，基部截形，密被毛，邊緣加厚；葉舌為一圈短毛，長 1～2公釐。圓錐花序卵形，長 3～5公分；小穗少數，寬橢圓形或近球形，長 1.2～1.5公釐，通常綠色；穎與小穗幾乎等長，先端表面具剛毛；外穎 3～5脈；內穎 5～7脈；兩朵小花相似，上位小花略小於下位小花；外稃厚凸鏡形，長 1～1.2 公釐，表面疏被短毛。

　　分布於日本南部及中國，台灣生長於北部及東部低海拔之陰濕地。

圓錐花序卵形，長 3～5 公分。小穗少數，寬橢圓形或近球形。

常生長成地毯狀

異花柳葉箬

屬名	柳葉箬屬
學名	*Isachne pulchella* Roth

一年生，稈纖細，高 10～25 公分，節被毛，節下具腺體環。葉身卵形至披針形，長 2～3 公分，寬約 1 公分，粗糙，葉基具纖毛；葉舌為一圈毛，長約 2 公釐。花序長橢圓形，長 2.5～5 公分，花序分支與穗軸上具腺體；小穗橢圓形，長 1.5～1.8 公釐，灰綠色或帶紫的綠色；穎略短於下位小花，外穎 5 脈，內穎 7 脈；小花顯著兩型，下位小花扁平，上位小花厚凸透鏡形；下位外稃草質，長約 1.5 公釐，表面光滑；上位外稃革質，長約 1.2 公釐，表面被毛。

分布於印度熱帶地區、東南亞至澳洲；台灣生長於南部低海拔之林緣潮濕地。

稈纖細，高 10～25 公分。

小穗橢圓形，長 1.5～1.8 公釐。

肯氏柳葉箬

屬名	柳葉箬屬
學名	*Isachne repens* Keng

一年生，具匍匐莖，稈高 10～25 公分，節處被毛。葉片披針形至卵狀披針形，長 1.5～3 公分，寬 7～9 公釐，邊緣加厚；葉舌為一圈毛，長 1～2 公釐。花序卵形，長 3～5 公分，不具腺體；小穗寬橢圓形，長 2～2.5 公釐，綠色；穎與小穗等長，密被剛毛；外穎略窄，7～9 條脈；內穎 9～11 條脈；兩朵小花相似，上位小花略小於下位小花；外稃薄凸鏡形，長約 2 公釐，表面無毛或邊緣微被短毛。

分布於中國東南部及日本琉球群島，台灣生長於低海拔之林緣潮濕地及沼澤。

小穗寬橢圓形，長 2～2.5 公釐，穎表面密被剛毛。（林家榮攝）

具匍匐莖，稈高 10～25 公分。（林家榮攝）

花序卵形，長 3～5 公分。

稃藎屬 SPHAEROCARYUM

一年生植物，稈傾臥，基部諸節具不定根。葉卵狀心形，抱莖，具不明顯之橫隔小脈；葉鞘被毛；葉舌短，邊緣撕裂狀。圓錐花序；小穗極小，具 1 朵小花；小穗柄具腺體；穎早落，先端鈍形，膜質；外稃膜質，1 脈，被微毛；內稃與小穗等長；雄蕊 3。

台灣產 1 種。

稃藎

屬名	稃藎屬
學名	*Sphaerocaryum malaccense* (Trin.) Pilg.

水生禾草，稈纖細，高 30 公分。葉片長 1 ～ 2 公分，寬 5 ～ 12 公釐，毛狀鋸齒緣；葉舌為一束毛。花序開展，外觀卵形，長 2 ～ 5 公分，分支極細，延長，花序分支與小穗柄上具腺體；小穗長約 1 公釐，橢圓形，腹背扁壓；外穎長約為小穗之 2/3；內穎幾乎與小穗等長，1 條脈；外稃與小穗等長，被短毛，內稃與外稃相似；花藥長 0.3 公釐。

分布於印度、東南亞至中國南部；台灣生長於低海拔之水田、水溝、池塘及低窪地有水處。

生長於低海拔之水田、水溝、池塘及低窪地有水處。（林家榮攝）

小穗長約 1 公釐，橢圓形，腹背扁壓。（林家榮攝）

花序開展，外觀卵形，長 2 ～ 5 公分，分支極細。

黍亞科 PANICOIDEAE

毛穎草屬 ALLOTEROPSIS

葉舌為一圈毛。指狀總狀花序；小穗具 2 朵小花，於穎下脫落；穎微凸至短芒，草質；內穎與上位外稃背向穗軸；上位外稃紙質，邊緣內捲，半透明，具短芒。

台灣產 1 種。

毛穎草

屬名	毛穎草屬
學名	*Alloteropsis semialata* (R. Br.) Hitchc.

多年生。葉身線形，扁平，長 10 ～ 30 公分。指狀總狀花序長 4 ～ 12 公分；小穗長 5 ～ 6 公釐，具 2 朵小花；外穎寬卵圓形；內穎寬批針形，邊緣被長纖毛；下位小花不孕，膜質；外稃邊緣上部被長纖毛，內稃發育良好；上位小花可孕，披針形，亞革質；花藥 3，長 2 公釐。

分布於中國、印度、馬來半島、澳洲、太平洋諸島及熱帶非洲；台灣生長於西半部紅土地帶之丘陵地。

指狀總狀花序長 4 ～ 12 公分（林家榮攝）

生長於西部紅土丘陵地（林家榮攝）

小穗具 2 朵小花（林家榮攝）

水蔗草屬 APLUDA

多年生植物。葉線形，兩面粗糙，葉基柄狀，葉舌膜質。圓錐花序，由多數單生之總狀花序及伴隨在總狀花序下的佛焰苞所組成；每一總狀花序具 1 無柄小穗及 2 有柄小穗；小穗柄膨大，與其相鄰之外穎形成三角盒包住無柄小穗；無柄小穗兩側扁壓，具 1 膨大的基盤；外穎革質；具下位內稃；上位外稃深 2 裂，常具一芒自凹處伸出；有柄小穗之一極度退化。
台灣產 1 種。

水蔗草

屬名	水蔗草屬
學名	*Apluda mutica* L.

多年生，稈膝曲斜上，高可達 130 公分，於基部節處生根，節處常被白粉。葉片長可達 30 公分，葉鞘光滑，葉舌長 1 ~ 2 公釐。圓錐花序長 10 ~ 40 公分，每一總狀花序長 0.7 ~ 1 公分；無柄小穗長 4 ~ 5 公釐；外穎革質，長 3 ~ 4 公釐；內穎舟狀，革質，長 3 ~ 4 公釐；下位小花不孕，下位外稃長 3 ~ 4 公釐，下位內稃與外稃等長；上位外稃長 3 ~ 4 公釐，上位內稃約為外稃之 1/3 長；雄蕊 3，花藥長 1 ~ 1.5 公釐；有柄小穗之一極度退化，另一者略等長於無柄小穗。

分布於亞洲熱帶地區及澳洲；台灣常見於低海拔河岸、圍籬灌叢、溝渠及林緣。

無柄小穗長 4 ~ 5 公釐

圓錐花序長 10 ~ 40 公分，由多數總狀花序及伴隨在其下的佛焰苞所組成。　稈膝曲斜上，高可達 130 公分。

蓋草屬 ARTHRAXON

一年生或多年生植物，稈纖細，多節，常傾斜延伸，基部節處生根。葉披針形，基部邊緣通常被長纖毛；葉舌膜質，上緣具纖毛。近指狀排列之總狀花序，稀單一總狀花序，頂生；穗軸纖細，易斷落；小穗通常成對，兩型，一有柄，另一無柄；無柄小穗兩側扁壓；外穎表面常粗糙；內穎舟狀，先端銳形；下位小花退化，僅剩一透明外稃，下位內稃缺如；上位外稃由背面基部伸出一膝曲長芒；雄蕊 2 ~ 3；有柄小穗退化，常缺如、退化成柄，或似無柄小穗
台灣產 2 種。

蓋草

屬名	蓋草屬
學名	*Arthraxon hispidus* (Thunb.) Makino

一年生，稈膝曲斜上，纖細，高可達 60 公分，叢生。葉身長 2 ~ 5 公分，葉基邊緣具纖毛；葉舌膜質，上緣具纖毛。近指狀之總狀花序 3 ~ 10 支，略緊縮，長可達 4 公分；無柄小穗披針形，長 3 ~ 5 公釐；外穎亞革質，與小穗等長；內穎紙質，與小穗等長；下位外稃長 2 公釐；上位外稃長 2 ~ 2.5 公釐，半透明，具一膝曲扭轉之芒自背面基部伸出，芒長 5 ~ 7 公釐；雄蕊 2，花藥長 0.7 ~ 1 公釐；有柄小穗退化成柄。

廣泛分布於歐亞大陸，常見於台灣較潮濕之草地或農地。

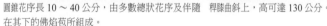

無柄小穗披針形，長 3 ~ 5 公釐，外穎粗糙。

生長於較潮濕的草地或農地　　近指狀之總狀花序 3 ~ 10 支，略緊縮。

小葉藎草

屬名　藎草屬
學名　*Arthraxon lancifolius* (Trin.) Hochst.

一年生，稈膝曲斜昇，纖細，高可達 30 公分，叢生。葉身長 0.5 ～ 4 公分，葉基邊緣具粗糙毛；葉舌膜質，光滑。近指狀之總狀花序 1 ～ 3 支，略緊縮，長 1 ～ 2.5 公分；無柄小穗披針形，長約 4.5 公釐；外穎紙質，與小穗等長；內穎紙質，與小穗等長；下位外稃長 2 公釐；上位外稃長 1.5 ～ 2 公釐，半透明，具一膝曲扭轉之芒自背面基部伸出，芒長 8 ～ 10 公釐；雄蕊 2，花藥長約 0.5 公釐；有柄小穗不孕，披針形，長約 3 公釐。

原產於亞洲熱帶、副熱帶地區及東非；台灣為新歸化種，於中部山區有採集紀錄。

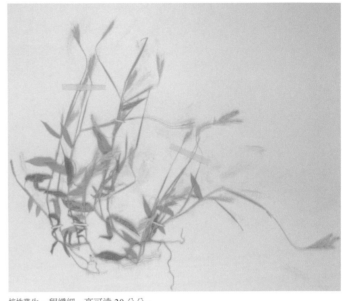

無柄小穗披針形，長約 2.～ 3.3 公釐，穗軸被毛。

近指狀之總狀花序 1 ～ 3 支，長 1 ～ 2.5 公分。

植株叢生，稈纖細，高可達 30 公分。

野古草屬 ARUNDINELLA

　　年生或多年生植物，有時具根莖。葉線形或披針狀線形，葉舌短膜狀或纖毛狀。圓錐花序；小穗成對，皆具柄，紫色，圓筒狀，通常具 2 朵小花，於穎上脫落；穎草質，3 ～ 5 脈，內穎與小穗等長；下位小花之外稃草質，3 ～ 7 脈，基盤無毛，具半透明下位內稃；上位小花之外稃具細皺紋，全緣或 2 齒突，有芒或無芒，有時齒亦延伸為側生芒，基盤有毛。

台灣產 3 種。

野古草

屬名　野古草屬
學名　*Arundinella hirta* (Thunb.) Tanaka

多年生，叢生，具短根莖，稈直立，高可達 100 公分。葉莖生，葉身長 10 ～ 20 公分，表面多少具糙毛。圓錐花序長 10 ～ 20 公分；小穗單一或成對，柄等長，小穗長 3.5 ～ 4 公釐；外穎長約為小穗之 4/5；下位外稃長 3.5 ～ 4 公釐，下位內稃與外稃等長；上位小花基盤具毛，毛長約外稃長之 1/2，上位外稃長 3 公釐，先端微尖，上位內稃與外稃等長；雄蕊 3，花藥長 1.5 公釐。

分布於東亞，台灣生長於中部及北部之潮濕山坡地。

小穗單一或成對，長 3.5 ～ 4 公釐。

圓錐花序長 10 ～ 20 公分。

毛野古草

屬名	野古草屬
學名	*Arundinella pubescens* Merr. & Hack.

多年生，叢生，稈直立，高 15 ～ 35 公分。葉多為基生，邊緣常內捲，葉身長 5 ～ 15 公分，邊緣具矽質微鋸齒，兩面無毛或多少被毛。圓錐花序長 5 ～ 13 公分；小穗成對，一長柄，另一短柄，小穗長約 3.5 ～ 4.5 公釐；外穎長約為小穗之 4/5；下位外稃長 3.5 ～ 4 公釐，下位內稃與外稃等長；上位小花基盤具毛，毛長約外稃長之 1/4，上位外稃長 2 ～ 2.5 公釐，表面光滑，先端2 齒，具一膝曲扭轉之芒自尖端伸出，芒長 2 ～ 3 公釐，上位內稃與外稃等長；雄蕊 3，花藥長 1.5 ～ 2 公釐。

分布於菲律賓及台灣，台灣生長於中海拔之潮濕草原。

小穗成對，一具長柄，另一具短柄，長約 3.5 ～ 4.5 公釐。

見於中海拔潮濕草原，稈高 15 ～ 35 公分。（林家榮攝）

圓錐花序長 5 ～ 13 公分。（林家榮攝）

刺芒野古草

屬名	野古草屬
學名	*Arundinella setosa* Trin.

多年生，叢生，具短根莖，稈直立或膝曲斜上，高 50 ～ 120 公分。葉莖生，邊緣常內捲，葉身長 10 ～ 40 公分，常被疣狀毛。圓錐花序長 10 ～ 30 公分；小穗單一或成對，小穗長 5 ～ 7 公釐，柄等長，小穗柄末端常有長刺毛；外穎長約為小穗之 2/3；下位外稃長 3.5 ～ 4 公釐，下位內稃與外稃等長；上位小花基盤具毛，毛長約外稃長之 1/4 ～ 1/3，上位外稃長 2 ～ 3 公釐，具一膝曲扭轉之芒自尖端伸出，芒長 6 ～ 10 公釐，側生 2 纖細短芒，上位內稃與外稃等長；雄蕊 3，花藥長 1.5 公釐。

分布於東南亞，台灣生長於較乾旱之向陽路旁或崖壁。

小穗單一或成對，長 5 ～ 7 公釐。

生長於較乾旱的向陽路旁或崖壁，稈高 50 ～ 120 公分。

圓錐花序長 10 ～ 30 公分。

地毯草屬 AXONOPUS

多年生植物，稈叢生，植株常成地毯狀。葉鞘強烈脊凸及疊抱狀。總狀花序 2 至多支，略成指狀排列；小穗單生，於穎下脫落，長橢圓形至橢圓形，兩面稍具圓稜，具 2 小花；下位外稃背向穗軸，外穎缺如；內穎及下位外稃與小穗等長；上位外稃亞革質，較穎厚。

　　台灣產 2 種。

地毯草

屬名	地毯草屬
學名	*Axonopus compressus* (Sw.) P. Beauv.

多年生。葉身披針形，葉舌膜狀。2 ～ 5 支總狀花序排列成指狀；小穗長 2 ～ 2.5 公釐，具 2 朵小花；外穎退化；內穎膜質，披針形，長 2 ～ 2.5 公釐，不具明顯中肋；下位小花不孕，外稃膜質，披針形，2 ～ 4 脈，不具中肋，內稃退化缺如；上位小花可孕，革質。

　　原產於熱帶美洲，現引種至世界各地；台灣生長於全島中、低海拔之潮濕陰涼處。

經常生長於潮濕處

小穗具 2 朵小花

總狀花序排列為指狀

類地毯草

屬名	地毯草屬
學名	*Axonopus fissifolius* (Raddi) Kuhlm.

多年生。葉身線形，葉舌膜狀。2 ～ 4 支總狀花序排列成指狀；小穗長 1.5 ～ 2 公釐，具 2 朵小花；外穎退化缺如；內穎卵圓形，長 1.5 ～ 2 公釐，不具明顯中肋；下位小花不孕，外稃膜質，卵圓形，2 ～ 4 脈，不具中肋；內稃退化缺如；上位小花可孕，革質。

　　原產於熱帶美洲，台灣可見於北部低海拔草原。

小穗具 2 朵小花

見於北部低海拔草原

葉片線形

孔穎草屬 BOTHRIOCHLOA

多年生植物，稈叢生。葉線形，邊緣幼時內捲；內鞘口常具疣毛；葉舌膜質，先端截形，具纖毛。花序頂生，指狀總狀、複總狀或圓錐狀；穗軸與小穗柄纖細，具有縱向溝紋；小穗成對，兩型，一無柄，另一具柄；無柄小穗腹背扁壓；基盤鈍形，密被毛；外穎軟骨質，先端銳形，有時具 1～3 深孔紋；內穎舟狀；下位小花退化僅剩一半透明外稃；上位外稃全緣，具膝曲芒；雄蕊 3；有柄小穗似無柄者，或較小，通常不孕，僅具雄蕊或雄、雌蕊皆缺。

台灣產 3 種與 1 變種。

臭根子草

屬名 孔穎草屬
學名 *Bothriochloa bladhii* (Retz.) S. T. Blake var. *bladhii*

多年生，叢生，稈高 50～130 公分。葉身線形，長 10～40 公分，葉緣粗糙。圓錐花序長 7～20 公分；無柄小穗披針形，長 3～3.5 公釐；外穎紙質，背面不具凹陷紋孔，表面無毛或基部疏被毛，與小穗等長；內穎紙質，表面無毛，與小穗等長；下位外稃半透明，長 2 公釐；上位外稃線形，長 1.5 公釐，具一膝曲扭轉之芒，芒長 8～15 公釐；上位內稃微小；雄蕊花藥長 1 公釐；有柄小穗不孕，長 2～3 公釐。

分布於亞洲、非洲熱帶地區及澳洲；台灣生長於向陽坡面及廢耕地。

植株叢生，高 50-130 公分。（謝佳倫攝）

圓錐花序長 7～20 公分，花序分支多不分歧。（謝佳倫攝）

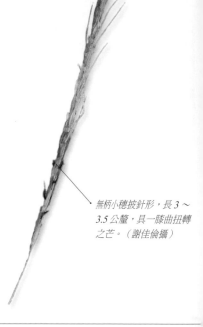

無柄小穗披針形，長 3～3.5 公釐，具一膝曲扭轉之芒。（謝佳倫攝）

孔穎臭根子草

屬名 孔穎草屬
學名 *Bothriochloa bladhii* (Retz.) S. T. Blake var. *punctata* (Roxb.) R. R. Stewart

多年生，叢生，稈高 100～130 公分。葉身線形，長 20～40 公分，葉緣光滑。圓錐花序長 10～20 公分；無柄小穗披針形，長 3～3.5 公釐；外穎紙質，背面具 1～3 個凹陷孔紋，表面無毛或疏被毛，與小穗等長；內穎紙質，表面無毛，與小穗等長；下位外稃半透明，長 2 公釐；上位外稃線形，長 1.5 公釐，具一膝曲扭轉之芒，芒長 8～15 公釐；上位內稃微小；雄蕊花藥長 1～1.5 公釐；有柄小穗不孕，長 2～3 公釐。

分布於亞洲、非洲熱帶地區及澳洲；台灣生長於向陽坡面及廢耕地。

本種與承名變種（臭根子草，見本頁）的差別在於本種的外穎背面具 1~3 個凹陷紋孔，而前者則無。

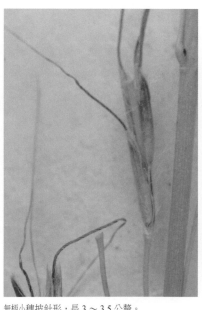

無柄小穗披針形，長 3～3.5 公釐。

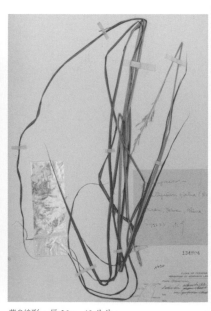

葉身線形，長 20～40 公分。

歧穗臭根子草

屬名　孔穎草屬
學名　*Bothriochloa glabra* (Roxb.) A. Camus

多年生，叢生，稈高 100 ～ 130 公分。葉身線形，長 10 ～ 40 公分，葉緣粗糙。圓錐花序長 10 ～ 20 公分，分支多數；無柄小穗披針形，長 3 ～ 3.5 公釐；外穎紙質，表面無毛，與小穗等長；內穎紙質，表面無毛，與小穗等長；下位外稃半透明，長 2 公釐；上位外稃線形，長 1.5 公釐，具一膝曲扭轉之芒，芒長 8 ～ 15 公釐；上位內稃微小；雄蕊花藥長 1.2 公釐；有柄小穗不孕，長 2 ～ 3 公釐。

　　分布於印度及馬來半島；台灣南部常見，生長於山坡地及路旁。

無柄小穗披針形，長 3 ～ 3.5 公釐，具一膝曲扭轉之芒。

常見於山坡地及路旁，總狀花序多分支。

白羊草

屬名　孔穎草屬
學名　*Bothriochloa ischaemum* (L.) Keng

多年生，叢生，稈高 25 ～ 70 公分。葉身線形，長 5 ～ 15 公分，葉緣粗糙。似指狀排列之總狀花序，總狀花序 3 ～ 10 支排列於稈頂，花序長 3 ～ 7 公分；無柄小穗披針形，長 3 ～ 4 公釐；外穎紙質，表面無毛或基部疏披毛，與小穗等長；內穎紙質，表面無毛，與小穗等長；下位外稃半透明，長 3 公釐；上位外稃線形，長 1.5 公釐，具一膝曲扭轉之芒，芒長 1 ～ 1.5 公分；上位內稃微小；雄蕊花藥長 2 公釐；有柄小穗不孕，長 3 公釐。

　　分布於歐亞大陸、北非及北美；台灣南部常見，生長於路邊或貧瘠、乾旱地。

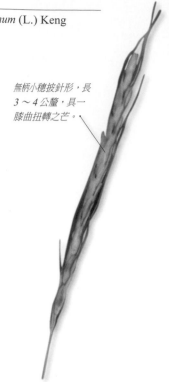

無柄小穗披針形，長 3 ～ 4 公釐，具一膝曲扭轉之芒。

南部常見，生長於路邊或貧瘠、乾旱地。數枚總狀花序似指狀排列於稈頂。

臂形草屬 BRACHIARIA

葉身線形至卵狀披針形，葉舌為一圈毛。穗狀花序成總狀排列；小穗 1 或 2，具 2 朵小花，於穎下脫落；穎草質；外穎與下位外稃背向穗軸；上位外稃邊緣內捲，亞革質。

　　台灣產 3 種。

巴拉草

屬名　臂形草屬
學名　*Brachiaria mutica* (Forssk.) Stapf

多年生。葉身線形，表面密被長毛；葉舌膜狀，具纖毛。10 ～ 20 支總狀花序排列成複總狀花序，長 7 ～ 20 公分；小穗兩性，長 2.5 ～ 3.5 公釐，具 2 朵小花；外穎三角狀，長 0.8 ～ 1 公釐；內穎寬披針形，長 2.5 ～ 3.5 公釐；下位小花不孕，外稃寬披針形，長 2.5 ～ 3.5 公釐；內稃發育良好約等長於下位外稃；上位小花可孕，革質。

　　原產於熱帶非洲及熱帶美洲，現歸化於台灣全島低海拔之開闊陰涼處及沼澤地。

小穗兩性，長 2.5 ～ 3.5 公釐。

植株叢生

歸化於台灣全島低海拔之開闊陰涼處及沼澤地（林家榮攝）

四生臂形草

屬名　臂形草屬
學名　*Brachiaria subquadripara* (Trin.) Hitchc.

一年生或多年生。葉身披針形；葉舌膜狀。複總狀花序，長 3 ～ 10 公分；小穗均兩性，長 3 ～ 4 公釐，具 2 朵小花；外穎寬卵圓形，長 1.5 ～ 2 公釐；內穎寬披針形，長 3 ～ 4 公釐；下位小花不孕，外稃寬披針形，長 3 ～ 4 公釐，內稃發育良好；上位小花可孕，革質。

　　分布於熱帶亞洲、澳洲及太平洋諸島；台灣生長於全島低海拔之荒地、旱田、路旁或潮濕地。

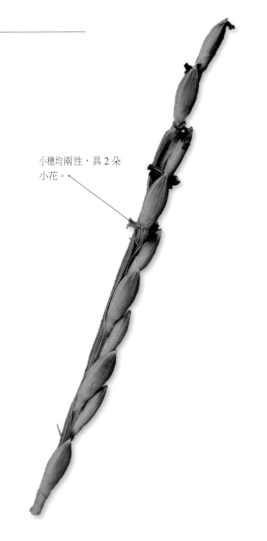

小穗均兩性，具 2 朵小花。

複總狀花序

見於全島低海拔荒地、旱田、路旁或潮濕地。

毛臂形草

屬名	臂形草屬
學名	*Brachiaria villosa* (Lam.) A. Camus

一年生。葉身寬披針形；葉舌膜狀，具纖毛。4～8支總狀花序排列成複總狀花序，長3～7公分；小穗均兩性，長2～2.5公釐，具2朵小花；外穎寬卵圓形，長0.8～1公釐；內穎卵圓形，長1.8公釐；下位小花不孕，外稃卵圓形，長2～2.5公釐，內稃發育良好約等長於下位外稃；上位小花可孕，革質。

　　分布於非洲、印度及東南亞；台灣生長於全島低海拔之空曠地及丘陵地。

穗軸及小穗被毛（林家榮攝）

植株叢生，稈斜生或膝曲，纖細，高10～40公分。（林家榮攝）

細柄草屬 CAPILLIPEDIUM

多年生植物。葉線狀披針形，基部常具疣毛；葉舌膜質，截形，上端有纖毛。頂生圓錐花序，疏生，開展；花序分支小穗柄極細且延長；花序分支末梢為一短總狀花序，總狀花序具一至數對成對小穗；穗軸具關節；穗軸及小穗柄纖細；節間及小穗柄中央部分透明至半透明，邊緣加厚；小穗成對，兩型；無柄小穗腹背扁壓；基盤鈍形，被短毛；成熟時無柄小穗、穗軸、有柄小穗之小穗柄一起脫落；外穎軟骨質，先端銳形至鈍形；內穎舟狀；下位小花退化僅剩半透明外稃，下位內稃缺如；上位外稃全緣，具膝曲芒；雄蕊3；有柄小穗不孕，僅具雄蕊或雄、雌蕊皆缺，似無柄小穗，無芒。

　　台灣產4種。

硬稈子草

屬名	細柄草屬
學名	*Capillipedium assimile* (Steud.) A. Camus

多年生，稈傾臥，硬質，似竹，稈高1～2公尺，叢生。葉身長5～15公分。開展之圓錐花序長5～12公分；無柄小穗披針形，長2～3公釐；外穎亞革質，與小穗等長，側部具2縱溝，背部有時具長纖毛；內穎亞革質，與小穗等長，邊緣長毛狀；下位外稃長1～1.5公釐；上位外稃長1.5公釐，具一膝曲扭轉之芒，芒長1～1.5公分；雄蕊花藥長1.5公釐；有柄小穗不孕，狹披針形，長度為無柄小穗之1.5～2倍。

　　分布於南亞、馬來半島與東亞；台灣生長於低海拔山邊向陽地。

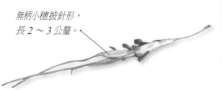

無柄小穗披針形，長2～3公釐。

圓錐花序開展，5-12公分長，花序分支極細且延長。

見於低海拔山邊向陽地，稈高1～2公尺。

綠島細柄草

屬名　細柄草屬
學名　*Capillipedium kwashotense* (Hayata) C. C. Hsu

多年生，具根莖，稈直立或膝曲斜上，叢生，草質，稈高 15 ～ 30 公分，節處無毛。葉身長 5 ～ 10 公分。開展之圓錐花序長 4 ～ 8 公分；無柄小穗披針形，長 3 ～ 3.5 公釐；外穎亞革質，側部具 2 溝槽，與小穗等長；內穎亞革質，與小穗等長，邊緣長毛狀；下位外稃長 2 公釐，邊緣毛狀；上位外稃長 2 公釐，具一膝曲扭轉之芒，芒長 1 ～ 1.5 公分；雄蕊花藥長 1.8 公釐；有柄小穗不孕，披針形，長度通常較無柄小穗略短。

　　產於琉球群島；台灣分布於東部、綠島及蘭嶼，生長於近海山坡地及珊瑚礁岩上。

錐花序開展，4-8 公分長。（林家榮攝）

無柄小穗披針形，長 3 ～ 3.5 公釐，具一膝曲扭轉之芒伸出。（林家榮攝）

生長於近海山坡地及珊瑚礁岩上，稈高 15 ～ 30 公分。（林家榮攝）

細柄草

屬名	細柄草屬
學名	*Capillipedium parviflorum* (R. Br.) Stapf

多年生，稈直立，叢生，草質，稈高 50 ～ 120 公分，節處光滑或被毛。葉身長 10 ～ 30 公分，葉基部常被長毛。開展之圓錐花序長 8 ～ 20 公分；無柄小穗披針形，長 3 ～ 4 公釐；外穎亞革質，表面常疏被粗毛，與小穗等長；內穎亞革質，與小穗等長，邊緣常毛狀；下位外稃長 2 公釐，邊緣平滑；上位外稃長 1.5 公釐，具一膝曲扭轉之芒，芒長 1 ～ 1.5 公分；雄蕊花藥長 1 ～ 1.5 公釐；有柄小穗不孕，披針形，長度通常較無柄小穗略短。

　　廣泛分布於舊世界熱帶地區，台灣生長於向陽坡地。

無柄小穗披針形，長 3 ～ 4 公釐，具一膝曲扭轉之芒伸出。

圓錐花序開展，8-20 公分長，花序分支極細且延長。（林家榮攝）　生長於向陽坡地，稈高 50 ～ 120 公分。

多節細柄草

屬名	細柄草屬
學名	*Capillipedium spicigerum* S. T. Blake

多年生，稈直立，叢生，草質，稈高 100 ～ 150 公分，節處被毛。葉身長 10 ～ 30 公分，葉基部常被長毛。開展之圓錐花序，長 10 ～ 20 公分；無柄小穗披針形，長 3 ～ 4 公釐；外穎亞革質，表面常疏被粗毛，與小穗等長；內穎亞革質，與小穗等長，邊緣毛狀；下位外稃長 2 公釐，邊緣平滑；上位外稃長 1.5 公釐，具一膝曲扭轉之芒，芒長 1 ～ 1.5 公分；雄蕊花藥長 1.2 ～ 1.5 公釐；有柄小穗不孕，披針形，長度通常較無柄小穗略短。

　　分布於中國、印尼、日本琉球及菲律賓；台灣生長於向陽坡面。

無柄小穗披針形，長 3 ～ 4 公釐，具一膝曲扭轉之芒伸出。

圓錐花序開展，10 ～ 20 公分長。

蒺藜草屬 CENCHRUS

稈 稍扁，基部膝曲生根。葉舌為一圈毛。單一總狀花序，但形似穗狀；小穗為總苞狀剛毛所包，兩者一起掉落。台灣產2種。

水牛草

屬名	蒺藜草屬
學名	*Cenchrus ciliaris* L.

多年生。葉身寬線形，長10～50公分，寬4～8公釐；葉舌膜狀，具纖毛。圓錐花序長3～15公分，花序分支退化成小穗群，由總苞狀剛毛包覆；每一總苞含1～4小穗，隨小穗掉落；小穗均兩性，長3～5公釐，具2朵小花；外穎卵圓形，長1.5～2.5公釐；內穎卵圓形，長2公釐；下位小花不孕，外稃寬披針形，長3～5公釐，內稃發育良好；上位小花可孕，亞革質。

　　原產於印度、亞洲西南部及非洲；在台灣引進為牧草用，現歸化於南部。

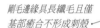

剛毛邊緣具長纖毛且僅
基部癒合不形成刺殼

花序分支退化成小穗群，呈圓錐狀。　　稈叢生，直立或斜生，高50～100公分。

蒺藜草

屬名	蒺藜草屬
學名	*Cenchrus echinatus* L.

一年生。葉身寬線形，長5～20公分，寬3～8公釐；葉舌膜狀，具纖毛。圓錐花序長3～10公分，花序分支退化成小穗群，由總苞狀剛毛包覆；每一總苞含1～4小穗，剛毛彼此癒合形成刺殼，隨小穗掉落；小穗均兩性，長4.5～7公釐，具2朵小花；外穎橢圓形，長2～2.5公釐；內穎披針形，長4.5～5.5公釐；下位小花不孕，外稃披針形，長4.5～5.5公釐，內稃發育良好約等長於下位外稃；上位小花可孕，革質。

　　原產於美洲熱帶地區；台灣常見於全島中、低海拔之路旁、荒地及空曠地。

花序分支退化成小穗群，由總苞狀剛毛包覆。
（楊師昇攝）　　　　葉舌具纖毛（楊師昇攝）　　　植株高達60公分，莖傾斜向上而後直立，常分枝，全年皆可見花果。

金鬚茅屬 CHRYSOPOGON

多年生植物，叢生或具長根莖，稈直立或斜倚。葉身線形，葉舌短膜狀或為一圈毛。圓錐花序，主要分支輪生，每一分支為單一之總狀花序，具 2 ～ 10 對小穗；無柄小穗兩側扁壓狀；基盤鈍形或銳形，圓錐形；外穎紙質至革質，常被長刺毛；內穎常具短芒；下位小花退化，常僅一半透明下位外稃；上位外稃透明質，2 齒突，具有纖長的芒；雄蕊 3；有柄小穗腹背扁壓狀，不孕，僅具雄蕊或雄、雌蕊皆缺。

　　台灣產 2 種。

竹節草

屬名　金鬚茅屬
學名　*Chrysopogon aciculatus* (Retz.) Trin.

多年生，具長根莖與匍匐莖，稈直立、纖細，高 20 ～ 50 公分。葉多為基生，葉身長 3 ～ 5 公分；葉鞘長於節間；葉舌短膜狀，長 0.1 ～ 0.3 公釐，邊緣毛狀。開展的圓錐花序長 5 ～ 10 公分，每一花序分支頂端為成群之三支小穗，小穗 1 無柄，2 有柄；無柄小穗披針形，長 3.5 ～ 4 公釐；基盤長 4 ～ 6 公釐，被金色毛；外穎與小穗等長，上部具 2 脊；內穎與小穗等長，邊緣膜質，具短芒尖；下位外稃長 2.5 公釐；上位外稃長 2 ～ 3 公釐，具一直立芒自尖端伸出，芒長 2 ～ 3 公釐；上位內稃長 1.5 公釐；雄蕊花藥長 1 公釐；有柄小穗長 4 ～ 6 公釐，小穗柄長約 3 公釐，小花退化或缺如。

　　分布於熱帶亞洲；台灣常見於低海拔之空曠地、坡地、河堤及近海岸地區。

每一花序分支頂端為成群之三支小穗，其中 1 無柄另 2 有柄，無柄小穗披針形。

見於低海拔之空曠地、坡地、河堤及近海岸地，具長根莖與匍匐莖。

開展的圓錐花序長 5 ～ 10 公分，花序分支輪生。

培地茅

屬名　金鬚茅屬
學名　*Chrysopogon zizanioides* (L.) Roberty

多年生，叢生，稈粗壯，高 100 ～ 250 公分。葉莖生，葉身長 30 ～ 90 公分，邊緣粗糙；葉舌長 0.5 ～ 1 公釐，邊緣毛狀。圓錐花序長 20 ～ 30 公分；基部花序分支長 5 ～ 20 公分，具 5 ～ 13 對成對小穗，小穗一有柄，另一無柄；無柄小穗長 4 ～ 5 公釐；外穎與小穗等長，脈上具疣刺；內穎與小穗等長，中肋脊狀，脊上具剛毛，先端漸尖形；下位外稃長 4 ～ 5 公釐；上位外稃 4 ～ 5 公釐，幾乎無芒；上位內稃 1.5 公釐；雄蕊花藥長 1.5 公釐；有柄小穗長 4 公釐，小穗柄長約 2 ～ 4 公釐，小花退化或缺如。

　　原產於印度，現分布舊世界熱帶地區；台灣為栽培種，於海邊沙地處偶見逸出。

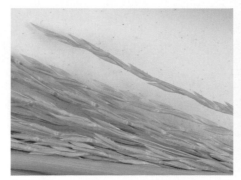

花序分支具 5 ～ 13 對成對小穗，無柄小穗披針形，穎的脈上具疣刺。

圓錐花序長 20 ～ 30 公分（陳志豪攝）

薏苡屬 COIX

一年生或多年生植物，稈直立，單一。葉身披針形，寬大；葉舌膜質，短。雌雄同株異花；花序腋生於植株上半部，具明顯總梗；雌總狀花序包在一堅硬的球狀總苞內，具 1 無柄小穗及 2 有柄小穗；無柄小穗孕性；穎薄膜質；下位小花退化，僅剩一寬大的外稃；上位小花之外稃與內稃半透明；柱頭伸展至球狀總苞外；有柄小穗不孕，粗壯；雄總狀花序在球狀總苞上方，與雌者相隔一先出葉，具 1 有柄小穗及 1 無柄小穗，通常二者皆具雄蕊；外穎通常具翅；內穎舟狀；兩小花皆具 3 雄蕊。

　　台灣產 1 種。

薏苡

屬名	薏苡屬
學名	*Coix lacryma-jobi* L.

一年生，叢生，稈直立，高 100 ～ 300 公分。葉身長 10 ～ 40 公分，寬 2 ～ 5 公分，葉基心形，邊緣粗糙，具明顯中肋；葉舌膜質，長 0.5 ～ 1 公釐。總狀花序，雌性總狀花序被包覆在硬質球狀的總苞中，總苞光滑，長 7 ～ 11 公釐；雄總狀花序長 1.5 ～ 4 公分；雄性小穗成對，同型，小穗長 6 ～ 9 公釐；外穎與小穗等長，具 2 脊，脊具翅；下位及上位小花相等，與小穗等長；雄蕊花藥長 4 ～ 5 公釐。

　　原產於熱帶亞洲，現廣泛分布於全球熱帶地區；在台灣為栽培種，偶見逸出。

雄性總狀花序

雌性總狀花序包覆在硬質球狀的總苞中

圓錐花序大型

植株高大，可達 300 公分。

香茅屬 CYMBOPOGON

多年生，常具香味，稈叢生。葉身線形；葉舌截形，有時撕裂，上緣具緣毛或無毛。總狀花序成對，多數成對之總狀花序聚合成圓錐花序，外有葉鞘變態而成的佛焰苞；小穗成對，兩型，一無柄，另一有柄；下位小穗無柄，背腹扁壓狀；外穎亞革質，背面凹入，具精油腺，並具 2 脊，先端之脊常具翅；下位小花退化，僅具一半透明外稃；上位外稃 2 齒突，常具膝曲芒自凹處伸出；上位內稃常缺如；雄蕊 3；有柄小穗背面不凹入，不孕，僅具雄蕊或雄、雌蕊皆缺，無芒。

　　台灣產 1 種。

扭鞘香茅

屬名　香茅屬
學名　*Cymbopogon tortilis* (Presl) A. Camus

多年生，叢生，稈直立，高 50 ～ 150 公分，節處被毛。葉身長 20 ～ 60 公分，葉舌長 2 ～ 3 公釐。多數具佛焰苞的成對總狀花序聚合成圓錐花序，花序長 15 ～ 30 公分；總狀花序長 1 ～ 2 公分，具 2 ～ 3 對成對小穗；無柄小穗長 3.5 ～ 4.5 公釐；基盤有毛，長約 0.5 公釐；外穎與小穗等長，兩脊上部具翅；內穎舟狀，與小穗等長，中肋脊狀，脊上有翅，翅邊緣有纖毛；下位外稃長 2.5 ～ 3 公釐；上位外稃具 2 齒突，長 1.5 公釐，具一膝曲扭轉之芒自兩齒凹處伸出，芒長 7 ～ 10 公釐；雄蕊花藥長 2 公釐；有柄小穗長 3 ～ 4 公釐。

　　分布於中國南部、越南、菲律賓及台灣；在台灣生長於低海拔之乾燥山坡地，常見於紅土區。

叢生，稈直立，高 50 ～ 150 公分，圓錐花序長 15 ～ 30 公分。

總狀花序長 1 ～ 2 公分，具 2 ～ 3 對成對小穗，花序外有佛焰苞。

生長於低海拔之乾燥山坡地

弓果黍屬 CYRTOCOCCUM

稈多少傾臥性。葉舌膜質。圓錐花序開展，分枝極細且延長；小穗兩側扁壓狀，不對稱，於穎下脫落，具 2 朵小花；穎較小穗短；內穎及下位外稃先端鈍形；上位外稃兩側扁壓狀，背部圓凸。

台灣產 1 種及 1 變種。

弓果黍

屬名	弓果黍屬
學名	*Cyrtococcum patens* (L.) A. Camus var. *patens*

一年生。葉身披針形，長 4 ～ 12 公分，寬 4 ～ 8 公釐；葉舌膜狀，長 1 ～ 1.5 公釐。圓錐花序開展；小穗均兩性，長 1.5 公釐，具 2 朵小花；外穎卵圓形，長 0.7 公釐，基部合生環抱小穗；內穎舟狀，背脊突起，長 1.2 公釐；下位小花不孕，外稃橢圓形，長 1.5 公釐，內稃退化缺如；上位小花可孕，革質，外稃背脊突起呈脊冠狀。

分布於東南亞及波里尼西亞，在台灣生長於低海拔之林下及溪谷。

小穗柄極細、延長，具膨大圓盤狀頂端。

稈纖細，蔓生性，高 15 ～ 50 公分。

圓錐花序開展，葉身披針形。

散穗弓果黍

屬名	弓果黍屬
學名	*Cyrtococcum patens* (L.) A. Camus var. *latifolium* (Honda) Ohwi

一年生，蔓生性。葉身披針形，長 7 ～ 15 公分，寬 1 ～ 2 公分；葉舌膜狀，長 1 ～ 2 公釐。圓錐花序開展；小穗均兩性，略側扁壓狀，長 1.3 公釐，具 2 朵小花；外穎卵圓形，長 0.7 公釐，基部合生環抱小穗；內穎舟狀，背脊突起，長 1.2 公釐；下位小花不孕，外稃橢圓形，長 1.3 公釐，內稃退化缺如；上位小花可孕，革質，外稃背脊突起呈脊冠狀。

分布於東南亞及印度；在台灣生長於低海拔之開闊地、相思林下及較潮濕陰涼處。

本變種與承名變種（弓果黍，見本頁）的差異在於較大的葉片及大型開展的圓錐花序 (16 ～ 30 公分 vs. 7 ～ 15 公分)。

小穗柄極細、延長，具膨大圓盤狀頂端。

生長於為開闊地、林下等潮濕陰涼處。

稈高不及 60 公分，圓錐花序開展。

雙花草屬 DICHANTHIUM

多年生植物，稈扁壓狀。葉片多為莖生，線形；葉舌膜狀，上緣微撕裂。似指狀之總狀花序，花序基部常具數對同型之不孕小穗，小穗覆瓦狀排列於穗軸上，穗軸具關節；小穗成對，兩型，一有柄，一無柄；下位小穗無柄，具鈍形基盤；外穎紙質至軟骨質，背部扁平，兩側內折，邊緣形成具翅之脊；下位小花退化，僅具一半透明內稃；上位外稃全緣，具膝曲長芒；上位內稃缺如；雄蕊 3；有柄小穗近似無柄小穗，雄性或不孕，無芒，外穎紙質。

台灣產 2 種。

雙花草 | 屬名　雙花草屬
| 學名　*Dichanthium annulatum* (Forssk.) Stapf

多年生，稈高 30 ～ 100 公分，叢生。葉身長 5 ～ 10 公分，上表面被毛。似指狀之總狀花序 2 ～ 8 支，長 3 ～ 5 公分，灰紫色，穗軸無毛；無柄小穗長橢圓形，長 3 ～ 4 公釐；外穎與小穗等長，5 ～ 9 脈，具 2 脊，脊上具窄翅，背部下方具纖毛；內穎與小穗等長，背面具 1 脊；下位小花退化，下位外稃長 2.5 公釐；上位外稃長 2 公釐，芒長 1.2 ～ 1.6 公分；雄蕊花藥長 2 公釐；有柄小穗長 3 ～ 4 公釐，不孕。

原分布於印度、緬甸及北非；台灣歸化於低海拔之向陽坡地及廢耕地。

似指狀之總狀花序 2 ～ 8 支，花序光滑。

稈高 30 ～ 100 公分，叢生。

毛梗雙花草 | 屬名　雙花草屬
| 學名　*Dichanthium aristatum* (Poir.) C. E. Hubb.

多年生，稈高 20 ～ 60 公分，叢生。葉身長 3 ～ 10 公分，兩面常密被纖毛。似指狀之總狀花序 1 ～ 4 支，長 2 ～ 5 公分，穗軸被毛；無柄小穗長橢圓形，長 3 ～ 4 公釐；外穎與小穗等長，8 ～ 10 脈，具 2 脊，脊上具窄翅，背部及邊緣密被纖毛；內穎與小穗等長，背面具 2 縱溝；下位小花退化，下位外稃長 3 公釐；上位外稃長 3 公釐，芒長 1.2 ～ 2 公分；雄蕊花藥長 1 公釐；有柄小穗長 3 ～ 4 公釐，不孕。

原分布於印度，現歸化於非洲、澳洲及美洲等地；台灣生長於南部低海拔山坡地，常見於岩石之間。

似指狀之總狀花序 1 ～ 4 支，花序被毛。

生長於低海拔山坡地

常成片生長，稈高 20 ～ 60 公分。

馬唐屬 DIGITARIA

葉 身線形至披針形，平直；葉鞘通常疏離於稈；葉舌膜質。指狀總狀花序；小穗通常 2～3 一群，通常被毛，於穎下脫落，具 2 朵小花，小穗柄通常不等長；外穎缺如至長約小穗之 1/4；下位外稃通常與小穗約略等長；內穎與上位外稃背向穗軸；上位外稃具半透明邊緣，銳形至漸尖形。植株上毛被物，穗軸形態，小穗為同型或兩型，小穗長度，外穎退化程度，內穎長度，下位外稃上的脈間距為本屬物種主要鑑別特徵。

台灣產 13 種。

升馬唐

屬名	馬唐屬
學名	*Digitaria ciliaris* (Retz.) Koeler

一年生草本。葉身線狀披針形，長 5～20 公分，寬 3～10 公釐；葉舌膜狀。3～8 支總狀花序排列成指狀；總狀花序長 5～15 公分，斜生，穗軸具狹中肋，兩側具薄翅，邊緣具明顯鋸齒；小穗柄頂端截形；小穗成對生，同型或兩型：下位者具較短柄，無毛或近無毛，上位者具長柄，明顯被毛；小穗長 2.5～3.5 公釐，具 2 朵小花；外穎退化成小三角狀；內穎披針形，長 1.5～2 公釐；下位小花不孕，外稃披針形，長 2.5～3.5 公釐，脈光滑，脈間約等距，內稃退化缺如；上位小花可孕，革質，長 2～3 公釐。

分布於全世界熱帶及溫帶地區；台灣全島低海拔耕地、路邊及開闊地普遍可見。

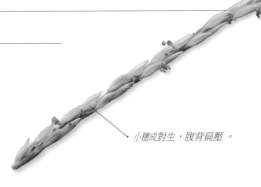

小穗成對生，腹背扁壓。

稈膝曲，纖細，高 30～100 公分。

分布全島低海拔耕地、路邊及開闊地。

佛歐里馬唐 **特有種**

屬名	馬唐屬
學名	*Digitaria fauriei* Ohwi

一年生草本。葉身披針形，長 2～10 公分，寬 2～5 公釐；葉舌膜狀，長 0.5～1 公釐。2～4 支總狀花序排列成指狀；總狀花序長 3～5 公分，斜生，穗軸中肋低而圓，兩側具薄翅；小穗柄頂端膨大圓盤狀；小穗腹背扁壓，長 1.2～1.5 公釐，具 2 朵小花，表面密被棒狀毛，毛邊緣顆粒突起；外穎退化缺如；內穎卵圓形，短於 0.5 倍小穗長；下位小花不孕，外稃橢圓形，長 1.2～1.5 公釐，紙質，內稃退化缺如；上位小花可孕，革質，長 1.2～1.5 公釐，深褐色。

特有種，分布於台灣北部海邊之向陽地。

3 朵同型小穗群生於同一節，具長度不一柄。

內穎卵圓形，短於 0.5 倍小穗長。

稈叢生，直立或斜生，纖細，高 10～20 公分。

亨利馬唐

屬名　馬唐屬
學名　*Digitaria henryi* Rendle

多年生草本。葉身線狀披針形，長 3 ～ 8 公分，寬 2 ～ 5 公釐，表面無毛或散生疣狀刺毛；葉舌膜質。3 ～ 9 支總狀花序排列成指狀；總狀花序長 3 ～ 5 公分，直生，穗軸中肋狹，兩側具薄翅，邊緣具明顯鋸齒；小穗柄頂端截形；小穗成對生，均具柄，同型，長 2.2 ～ 2.8 公釐，具 2 朵小花；外穎退化成小三角狀；內穎披針形，長 1 ～ 1.5 公釐，表面脈間密被絨毛；下位小花不孕，外稃披針形，長 2 ～ 2.8 公釐，紙質，脈間距以中段最寬，側脈間密被貼伏短毛，內稃退化缺如；上位小花可孕，革質，長 2 ～ 2.5 公釐。

　　分布於全世界熱帶及亞熱帶地區（非洲除外）；台灣生於全島低地路旁、草原及山野，尤多見於臨海地區。

小穗成對生，腹背扁壓。

稈叢生，伏地生長，纖細，高 20 ～ 50 公分。

總狀花序直生形成緊縮指狀花序

粗穗馬唐

屬名　馬唐屬
學名　*Digitaria heterantha* (Hook. f.) Merr.

多年生草本。葉身線形或線狀披針形，長 5 ～ 15 公分，寬 3 ～ 6 公釐，表面近無毛；葉舌膜狀，長 1.5 ～ 3 公釐。2 ～ 4 支總狀花序排列成指狀；總狀花序長 5 ～ 15 公分，斜生或下垂，穗軸中肋呈三角狀，邊緣具明顯鋸齒；小穗柄頂端截形；小穗成對生，兩型；無柄小穗長 3.5 ～ 4.5 公釐，具 2 朵小花；外穎退化成小三角狀；內穎披針形，長 3 ～ 4 公釐，表面無毛；下位小花不孕，外稃披針形，長 3.5 ～ 4.5 公釐，紙質，具 9 ～ 11 明顯脈，脈間距均等寬，內稃退化缺如；上位小花可孕，革質，長 3 ～ 3.5 公釐；有柄小穗近似無柄者，但明顯被毛。

　　分布於全世界熱帶及亞熱帶地區，台灣中部及南部臨海地區路旁可見。

穗軸中肋粗壯，兩側具不明顯薄翅。（陳志豪攝）

具匍匐走莖，高 30 ～ 100 公分。（陳志豪攝）

葉身線形或線狀披針形，表面無毛或散生疣狀刺毛。（陳志豪攝）

止血馬唐

屬名　馬唐屬
學名　*Digitaria ischaemum* (Schreb.) Schreb. *ex* Muhl.

一年生草本。葉身披針形，長 3 ～ 10 公分，寬 4 ～ 8 公釐，表面無毛或散生疣基長毛；葉舌膜狀，長 1.5 ～ 2 公釐。2 ～ 4 支總狀花序排列成指狀；總狀花序長 2 ～ 9 公分，斜生，穗軸中肋低而圓，兩側具薄翅，寬 0.8 ～ 1 公釐；小穗柄頂端膨大圓盤狀；小穗腹背扁壓，長 1.8 ～ 2.2 公釐，具 2 朵小花，表面脈間密被棒狀毛，毛邊緣顆粒突起；外穎退化缺如或微小；內穎橢圓形，長 1.5 ～ 2 公釐，約 0.8 倍小穗長；下位小花不孕之外稃橢圓形，長 1.8 ～ 2.2 公釐，膜質，內稃退化缺如；上位小花可孕，革質，長 1.5 ～ 1.8 公釐，深褐色。

　　分布於溫帶及亞熱帶地區，台灣生長於北部及東北部低海拔荒地。

總狀花序長 2 ～ 9 公分

小穗腹背扁壓，長 1.8 ～ 2.2 公釐。

稈叢生，直立或斜生，纖細，高 10 ～ 40 公分。

叢立馬唐

屬名　馬唐屬
學名　*Digitaria leptalea* Ohwi

多年生草本。葉身線狀披針形，長 2 ～ 5 公分，寬 2 ～ 4 公釐，表面被短毛並散生疣基長毛；葉舌膜狀。2 ～ 3 支總狀花序排列成指狀；總狀花序長 2 ～ 7 公分，斜生，穗軸中肋低而圓，兩側薄翅狹而不明顯；小穗柄細管狀，頂端膨大圓盤狀；小穗腹背扁壓，長 1.2 ～ 1.5 公釐，具 2 朵小花，表面脈間密被貼伏棒狀毛，毛邊緣顆粒突起；外穎退化缺如或微小；內穎橢圓形，長 1.2 ～ 1.5 公釐，膜質；下位小花不孕，外稃橢圓形，長 1.2 ～ 1.5 公釐，膜質，內稃退化缺如；上位小花可孕，革質，長 1 ～ 1.2 公釐，深褐色。

　　分布於琉球及台灣，台灣生長於中部及北部較乾燥之紅土及沙地。

3 朵同型小穗群生於同一節，具長度不一柄。（陳志豪攝）。

2 ～ 4 枝總狀花序排列成指狀

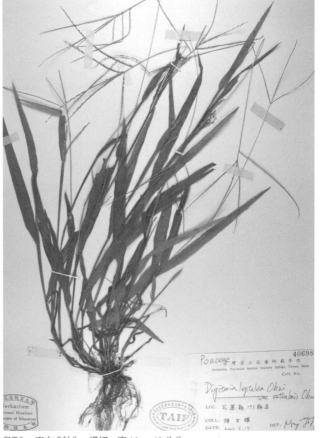
稈叢生，直立或斜生，纖細，高 10 ～ 40 公分。

長花馬唐

屬名　馬唐屬

學名　*Digitaria longiflora* (Retz.) Pers.

一年生或短期多年生草本。葉身線狀披針形，長 2 ～ 5 公分，寬 2 ～ 4 公釐，表面被疣基長毛；葉舌膜狀，長 1 ～ 1.5 公釐。2 ～ 3 支總狀花序排列成指狀；總狀花序長 2 ～ 5 公分，斜生，穗軸中肋低而圓，兩側薄翅明顯，寬 0.5 ～ 1 公釐；小穗柄短，頂端膨大圓盤狀；小穗腹背扁壓，長 1.2 ～ 1.5 公釐，具 2 朵小花，表面脈間密被貼伏毛，毛邊緣顆粒突起；外穎退化缺如；內穎橢圓形，長 1.2 ～ 1.5 公釐，約等長於小穗，膜質；下位小花不孕，外稃橢圓形，長 1.2 ～ 1.5 公釐，膜質，內稃退化缺如；上位小花可孕，革質，長 1 ～ 1.2 公釐，灰色。

　　分布於熱帶亞洲及美洲，台灣全島低海拔之路旁及山野可見。

3 朵同型小穗群生於同一節，具長度不一柄。（鄭謙遜攝）

具明顯走莖，纖細，高 10 ～ 40 公分。（鄭謙遜攝）

植株節於基部者生根

絨馬唐

屬名　馬唐屬

學名　*Digitaria mollicoma* (Kunth) Henrard

一年生或短期多年生草本。葉身披針形或線狀披針形，長 2 ～ 6 公分，寬 3 ～ 5 公釐，表面無毛至密被長毛；葉舌膜狀，長 1 ～ 3 公釐。2 ～ 3 支總狀花序排列成指狀；總狀花序長 3 ～ 9 公分，斜生，穗軸中肋低而圓，兩側薄翅明顯；小穗柄短，頂端膨大圓盤狀；小穗腹背扁壓，長 1.7 ～ 2.3 公釐，具 2 朵小花，表面脈間密被絨毛；外穎退化缺如；內穎橢圓形，長 1.7 ～ 2.3 公釐，約等長於小穗，膜質；下位小花不孕，外稃橢圓形，長 1.7 ～ 2.3 公釐，膜質，內稃退化缺如；上位小花可孕，革質，長 1.7 ～ 2.3 公釐，灰色。

　　分布於印尼、馬來西亞、菲律賓及台灣等太平洋島嶼；台灣生長於海邊林地附近。

2 ～ 3 支總狀花序排列成指狀

3 朵同型小穗群生於同一節，具長度不一柄。（鄭謙遜攝）

具明顯走莖，纖細，高 20 ～ 50 公分。（鄭謙遜攝）

小馬唐

屬名　馬唐屬
學名　*Digitaria radicosa* (J. Presl) Miq.

一年生草本。葉身披針形，長 2 ～ 6 公分，寬 3 ～ 7 公釐，表面無毛至密被長毛；葉舌膜狀，長 1 ～ 2 公釐。2 ～ 4 支總狀花序排列成指狀；總狀花序長 3 ～ 10 公分，斜生，穗軸具狹中肋，兩側具薄翅，邊緣光滑或具微鋸齒；小穗柄短，頂端截形；小穗成對生，同型，均具柄，腹背扁壓，長 2.8 ～ 3 公釐，具 2 朵小花；外穎退化成小三角狀；內穎披針形，長 1.5 ～ 2 公釐，膜質，表面脈間疏至密被絨毛；下位小花不孕，外稃狹披針形，長 2.8 ～ 3 公釐，紙質，表面側脈間密被絨毛，中段脈間距最寬，內稃退化缺如；上位小花可孕，革質，長 2 ～ 2.5 公釐。

　　分布於亞洲東部至南部，台灣生長於低海拔陰濕處。

小穗對生，下位者具較短柄，上位者具長柄。

蔓生性，稈纖細，高 20 ～ 50 公分。

葉身披針形或線狀披針形，扁平，表面無毛至密被長毛。

馬唐

屬名　馬唐屬
學名　*Digitaria sanguinalis* (L.) Scop.

一年生草本。葉身披針形或線狀披針形，長 5 ～ 20 公分，寬 4 ～ 12 公釐，表面無毛或疏至密被短毛；葉舌膜狀，長 1 ～ 3 公釐。3 ～ 12 支總狀花序排列成指狀；總狀花序長 5 ～ 15 公分，斜生，穗軸具狹中肋，兩側具薄翅，邊緣具明顯鋸齒；小穗柄頂端截形；小穗成對生，同型，均具柄，腹背扁壓，長 3 ～ 3.5 公釐，具 2 朵小花；外穎退化成小三角狀；內穎披針形，長 1.5 ～ 1.7 公釐，膜質，表面脈間疏至密被貼伏短毛，頂端鈍形；下位小花不孕，外稃披針形，長 3 ～ 3.5 公釐，紙質，表面側脈間密被貼伏短毛，脈上具朝頂鋸齒，中段脈間距最寬，內稃退化缺如；上位小花可孕，革質，長 3 公釐。

　　分布於全球溫帶及亞熱帶；台灣歸化於全島之田野、路邊及荒地。

稈直立、斜生或膝曲，纖細，高 10 ～ 80 公分。（陳志豪攝）

穗軸兩側薄翅具明顯鋸齒緣（陳志豪攝）

絹毛馬唐 特有種

屬名	馬唐屬
學名	*Digitaria sericea* (Honda) Honda

一年生草本。葉身披針形或線狀披針形，長4～8公分，寬3～6公釐，表面密被短毛並散被疣基長毛；葉舌膜狀，長1～2公釐。2～3支總狀花序排列成指狀；總狀花序長2.5～5公分，斜生，穗軸具狹中肋，兩側具薄翅，邊緣具明顯鋸齒；小穗柄頂端截形；小穗成對生，同型，均具柄，腹背扁壓，長3～4公釐，具2朵小花，表面脈間密被絨毛；外穎退化成小三角狀；內穎披針形，長1.5～2.5公釐，紙質；下位小花不孕，外稃寬披針形，長3～4公釐，紙質，中段脈間距最寬，內稃退化缺如；上位小花可孕，革質，長2.5～3公釐。

　　特有種，生長於台灣海邊林地附近之沙地。

小穗成對生，同型，下位者具較短柄，上位者具長柄。（鄭謙遜攝）

稈叢生，直立或斜生，纖細，高30～50公分。（鄭謙遜攝）

2～3支總狀花序排列成指狀

短穎馬唐

屬名	馬唐屬
學名	*Digitaria setigera* Roth

一年生草本。葉身線狀披針形，長5～20公分，寬3～10公釐，表面無毛或疏至密被短毛並散被疣基長毛；葉舌膜狀，長1～2公釐。3～12支總狀花序排列成指狀；總狀花序長5～15公分，斜生，穗軸具狹中肋，兩側具薄翅，邊緣具明顯鋸齒；小穗柄頂端截形；小穗成對生，同型均具柄，腹背扁壓，長2～3公釐，具2朵小花，表面脈間密被貼伏絨毛；外穎退化缺如；內穎橢圓形，長0.8～1公釐，短於0.35倍小穗長，紙質；下位小花不孕，外稃披針形，長2～3公釐，紙質，中段脈間距最寬，內稃退化缺如；上位小花可孕，革質，長2～3公釐。

　　分布於全球熱帶至溫帶地區；台灣普遍生長於全島低海拔之廢耕地、路邊、荒地等較潮濕處。

小穗成對生，同型，下位者具較短柄，上位者具長柄。

稈叢生，膝曲，粗壯，高30～100公分。

3～12支總狀花序排列成指狀

紫果馬唐

屬名　馬唐屬
學名　*Digitaria violascens* Link

2或3支同型小穗群生於同一節，具長度不一柄。

一年生草本。葉身線狀披針形，長5～15公分，寬2～8公釐，表面無毛；葉舌膜狀，長1～2公釐。3～7支總狀花序排列成指狀；總狀花序長3～10公分，斜生，穗軸中肋低而圓，兩側具薄翅；小穗柄短，頂端膨大圓盤狀；小穗均兩性，2或3支同型小穗群生於同一節，均具柄，腹背扁壓，長1.2～1.5公釐，具2朵小花，表面脈間密被貼伏短毛，毛邊緣顆粒突起；外穎退化缺如；內穎橢圓形，長1～1.3公釐，約0.8倍小穗長；下位小花不孕，外稃橢圓形，長1.2～1.5公釐，膜質，內稃退化缺如；上位小花可孕，革質，長1.2～1.5公釐，深褐色。

　　分布於全球熱帶地區，台灣生長於全島向陽之耕地及路旁荒地。

稈叢生，直立或斜生，纖細，高20～60公分。

3～7支總狀花序排列成指狀

觸茅屬 DIMERIA

一年生或多年生植物，稈纖細，常蔓生。葉身線形；葉舌短膜狀，上緣具短纖毛。指狀排列的單邊總狀花序，2～4支，穗軸堅韌；小穗單生，具短柄，兩側扁壓；外穎草質或薄紙質，具1脊；下位小花退化，不孕，僅具一半透明外稃；上位外稃長橢圓形，2裂，具長芒；上位內稃缺如；雄蕊2。

　　台灣產2種。

鎌形觸茅

屬名　觸茅屬
學名　*Dimeria falcata* Hack.

穗軸扁平，邊緣具窄翅，毛狀。

多年生，叢生，稈直立，高20～70公分。葉身長10～15公分，表面被毛。總狀花序2～3支，花序長2～7公分；穗軸扁平，邊緣具窄翅，毛狀；小穗長約3.5公釐；外穎與小穗等長，邊緣半透明，表面被毛；內穎與小穗等長，邊緣半透明，表面被長毛；下位外稃倒披針形，長2.5公釐，上端邊緣毛狀；上位外稃倒披針形，長2.5公釐，具一膝曲直立之芒自先端小凹陷伸出，芒長7～10公釐；雄蕊花藥長1.7～2公釐。

　　分布於中國南部至越南；台灣生長於低海拔之潮濕坡地、湖邊或溪河旁濕地，罕見。

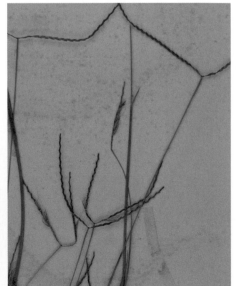

小穗長約3.5公釐，穎表面被長毛，具一膝曲直立芒伸出。

總狀花序2～3支

觿茅

屬名　觿茅屬

學名　*Dimeria ornithopoda* Trin.

一年生，叢生，稈直立或膝曲斜上，高10～40公分。葉身長2～5公分，基部表面疏被長毛。總狀花序2～3支，長3～6公分；穗軸截面三角形，邊緣粗糙；小穗長2.5～3公釐；外穎與小穗等長，邊緣半透明，近無毛；內穎與小穗等長，邊緣半透明；下位外稃線形，長1～1.5公釐，上緣多少有纖毛；上位外稃披針形，長1.5～2公釐，具一膝曲直立之芒自先端伸出，芒長4～6公釐；雄蕊花藥長0.5公釐。

　　分布於印度、東亞至澳洲；台灣生長於潮濕草原及溪流邊。

小穗長2.5～3公釐，穎表面近無毛，具一膝曲直立之芒伸出。

總狀花序2～3支（林家榮攝）

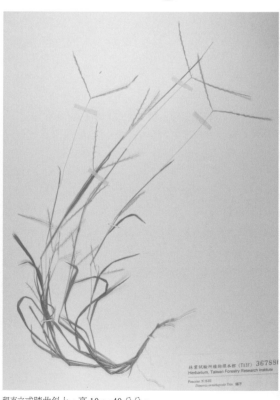

稈直立或膝曲斜上，高10～40公分。

稗屬 ECHINOCHLOA

葉身線形，葉舌為一圈毛或缺如。圓錐花序，組成之總狀花序常形似穗狀花序；小穗成對或成 4 支之小總狀花序單位，狹橢圓形至近圓形，通常圓凸及微被粗毛，具 2 朵小花，於穎下脫落；穎先端銳形至漸尖形，外穎長約為小穗之 1/3；內穎與上位外稃背向穗軸；下位外稃常具芒；上位外稃邊緣內捲，頂端具膜質鳥嘴狀凸出。

台灣產 2 種。

芒稷

屬名	稗屬
學名	*Echinochloa colona* (L.) Link

一年生。葉身線形，扁平，長 3 ～ 20 公分，寬 3 ～ 7 公釐，表面無毛，葉舌缺如。複總狀花序，長 5 ～ 10 公分；總狀花序長 1 ～ 2 公分，直立或斜生，彼此距離遠，不互相重疊，穗軸中肋粗壯，兩側薄翅不明顯；小穗柄短，頂端膨大圓盤狀；小穗成對生，同型，均具柄，腹背扁壓，長 2 ～ 3 公釐，具 2 朵小花；外穎寬卵圓形，長 1 ～ 1.5 公釐，膜質，基部合生環抱小穗；內穎卵圓形，長 2 ～ 3 公釐，紙質；下位小花不孕，外稃卵圓形，長 2 ～ 3 公釐，紙質，無芒，內稃發育良好，約等長於下位外稃；上位小花可孕，革質，長 1.5 ～ 2 公釐，表面光滑。

分布於亞洲熱帶地區及非洲；台灣生長於全島中、低拔之路旁、耕地及空曠地稍乾旱處。

總狀花序長 1 ～ 2 公分，直立或斜生，彼此距離遠，無重疊。

稈叢生，直生或斜生，纖細，高 20 ～ 60 公分。

總狀花序排列成複總狀

稗

屬名	稗屬
學名	*Echinochloa crus-galli* (L.) P. Beauv.

一年生。葉身線形，扁平，長 5 ～ 40 公分，寬 2 ～ 15 公釐，表面無毛或被短毛，葉舌缺如。複總狀花序長 5 ～ 20 公分；總狀花序長 2 ～ 10 公分，直立或斜生，彼此距離近，互相重疊，穗軸中肋粗壯，兩側薄翅不明顯；小穗柄短，頂端膨大圓盤狀；小穗成對生或群生，同型，具不等長柄，腹背扁壓，長 2.5 ～ 4 公釐，具 2 朵小花；外穎寬卵圓形，長 1 ～ 1.2 公釐，膜質，基部合生環抱小穗；內穎舟狀，背脊突起，長 2.5 ～ 4 公釐，紙質；下位小花不孕，外稃卵圓形，長 2.5 ～ 4 公釐，紙質，無芒或具 5 ～ 15 公釐長芒，內稃發育良好，約等長於下位外稃；上位小花可孕，革質，長 2 ～ 3 公釐，表面光滑。

泛世界溫暖地區分布；台灣為全島耕地常見雜草，亦見於村鎮附近較潮濕處。

總狀花序排列成複總狀

總狀花序長 2 ～ 10 公分，直立或斜生，彼此距離近，互相重疊。

稈叢生，直立或斜生，粗壯，高 50 ～ 150 公分。

蜈蚣草屬 **EREMOCHLOA**

多年生，叢生，稈纖弱，具匍匐莖或根莖。葉身線形，多為基生；葉鞘多少扁平；葉舌短膜狀。總狀花序單一，扁平，頂生，具關節；小穗排列於花序同一側，相互交疊；穗軸之節間棍棒狀；小穗成對，兩型，一無柄，另一有柄；無柄小穗長於穗軸節間；外穎邊緣兩脊，具短刺；內穎中肋脊狀；下位小花雄性，具內稃；上位外稃無芒；雄蕊 3；有柄小穗極度退化，僅剩單一小穗柄。

　　台灣產 2 種。

蜈蚣草

屬名	蜈蚣草屬
學名	*Eremochloa ciliaris* (L.) Merr.

多年生，叢生，稈直立，高 10 ～ 25 公分，被毛。葉身長 5 ～ 8 公分，寬約 2 公釐，疏生長毛。總狀花序長約 3 公分；無柄小穗卵形，長 3.5 ～ 4 公分；外穎卵形，與小穗等長，表面被毛，具 2 脊，脊上刺突出小穗之外，刺與外穎等長；內穎與小穗等長，表面被毛；下位小花退化，半透明，下位外稃長 3 公釐，下位內稃與下位外稃等長；上位外稃長 2 公釐，先端凹；上位內稃與上位外稃等長；有柄小穗極度退化。

　　分布於印度、馬來半島及中國南部；台灣中部及金門有採集紀錄。

花序長約 3 公分，無柄小穗脊上具突出小穗之外的刺。

多年生，叢生，稈直立，高 10 ～ 25 公分。

假儉草

屬名	蜈蚣草屬
學名	*Eremochloa ophiuroides* (Munro) Hack.

多年生，具匍匐莖，常生長成如地毯之草皮，稈高 15 ～ 30 公分。葉身長 3 ～ 10 公分，寬約 3 公釐，表面常無毛。花序長 4 ～ 6 公分；無柄小穗橢圓形，長 3.5 ～ 4 公釐；外穎長橢圓形，與小穗等長，表面無毛，具 2 脊，先端之脊具寬翅，翅邊緣撕裂狀，基部之脊具短小刺；內穎與小穗等長，光滑；下位小花退化，下位外稃膜質，長 3 公釐，下位內稃與下位外稃等長；上位外稃長 2.5 公釐，先端撕裂狀，上位內稃與下位外稃等長；雄蕊花藥長 1.5 公釐；有柄小穗極度退化，小穗柄寬橢圓形棒狀，扁平。

　　分布於中國南部及越南，生長於平原及低山路旁，台灣常作為草皮草。

具匍匐莖，常生長成如地毯之草皮，常作為草皮草種。

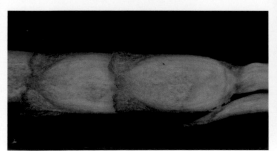

無柄小穗橢圓形，長 3.5 ～ 4 公釐，先端之脊具寬翅。

稈高 15 ～ 30 公分，花序長 4 ～ 6 公分。

野黍屬 ERIOCHLOA

葉片線形，葉舌為一圈毛。圓錐花序，偶為單一之總狀花序；小穗橢圓形，稍稜鏡狀，於穎下脫落，基部具發達之球形基盤，具 2 朵小花；外穎極度退化，與下位外稃背對穗軸；內穎約與小穗等長，常具芒；上位外稃通常微凸。

台灣產 2 種。

總狀花序長 3 ～ 7 公分，直立或斜生。

高野黍

屬名	野黍屬
學名	*Eriochloa procera* (Retz.) C. E. Hubb.

一年生或短期多年生。葉身線形，扁平，長 8 ～ 20 公分，寬 2 ～ 8 公釐，表面無毛；葉舌膜狀，長 0.5 ～ 1 公釐，具長纖毛。複總狀花序長 10 ～ 20 公分；總狀花序長 3 ～ 7 公分，直立或斜生，穗軸中肋狹，兩側翅不明顯；小穗柄頂端膨大成圓盤狀；小穗成對生或群生，同型，具不等長柄，長 3 ～ 4 公釐，基盤膨大如球狀，具 2 朵小花；外穎退化缺如或微小；內穎披針形，長 3 ～ 4 公釐，表面被長毛；下位小花不孕，外稃披針形，長 3 ～ 4 公釐，表面疏被長毛，內稃退化缺如；上位小花可孕，革質，長 2 公釐。

分布於印度、東南亞及澳洲；台灣生長於南部及東部低海拔之水田及溝邊。

稈叢生，直立或斜生，高 30 ～ 150 公分。

總狀花序排列成複總狀，長 10 ～ 20 公分。

野黍

屬名	野黍屬
學名	*Eriochloa villosa* (Thunb.) Kunth

一年生。葉身線形，長 5 ～ 25 公分，寬 5 ～ 15 公釐，表面密被短毛；葉舌膜狀，具長纖毛，長 1 公釐。複總狀花序長 7 ～ 15 公分；總狀花序長 1.5 ～ 4 公分，直立或斜生，穗軸中肋低而圓，兩側翅明顯；小穗柄短，頂端膨大成圓盤狀，邊緣被散生絨毛；小穗單生，長 4.5 ～ 5 公釐，基盤膨大如球狀，具 2 朵小花；外穎退化缺如或微小；內穎卵圓形，長 4.5 ～ 5 公釐，表面被短軟毛；下位小花不孕，外稃卵圓形，長 4.5 ～ 5 公釐，表面被短軟毛，內稃退化缺如；上位小花可孕，革質，長 3.5 ～ 4 公釐。

分布於俄羅斯東部、日本、韓國至越南；台灣生長於北部、中部及東部低海拔之向陽山坡地及河床地。

總狀花序長 1.5 ～ 4 公分，直立或斜生。

總狀花序排列成複總狀，長 7 ～ 15 公分。（林家榮攝）

稈叢生，直立或斜生，高 30 ～ 100 公分。

金茅屬 EULALIA

多年生，稈叢生，通常直立。葉身線形；葉舌短膜狀，上緣具纖毛。頂生指狀總狀花序，偶另有一至少數總狀花序近頂端著生，稀單一總狀花序；穗軸纖細，明顯有毛，具關節，成熟時與小穗一同脫落；小穗成對，同型，腹背扁壓，一有柄，另一無柄，下位者無柄；基盤短，密被毛；外穎軟骨質至亞革質，無明顯中肋，具 2 脊，先端截形或齒狀，被長毛；內穎舟狀，具 1 脊；下位小花退化，常僅剩一半透明外稃；上位外稃 2 齒突，齒緣具纖毛，由中陷處伸出一膝曲長芒；上位內稃微小或缺如；雄蕊 3。

　　台灣產 3 種。

細稈金茅

屬名	金茅屬
學名	*Eulalia leschenaultiana* (Decne.) Ohwi

多年生，稈基部多少匍匐，稈高 30～70 公分。葉身長 5～10 公分；葉鞘表面無毛，葉鞘與葉身連結處密披毛；葉舌膜質，邊緣撕裂狀，長 0.5～1 公釐。總狀花序 1～3 支，長 3～5 公分；穗軸被黃褐色長纖毛；小穗長 3～4 公釐；外穎長橢圓形，與小穗等長，先端截形，邊緣撕裂狀，背面被長毛；內穎與小穗等長，先端鈍形，被長毛；下位小花無明顯外稃及內稃；上位小花外稃長 1 公釐，先端 2 齒突，具一膝曲扭轉芒，芒長 8～15 公釐，芒基部被毛；上位內稃微小。

　　分布於印尼、馬來西亞、菲律賓及中國南部等；台灣生長於恆春半島之乾燥向陽山坡地。

小穗外穎長橢圓形，表面被長毛。

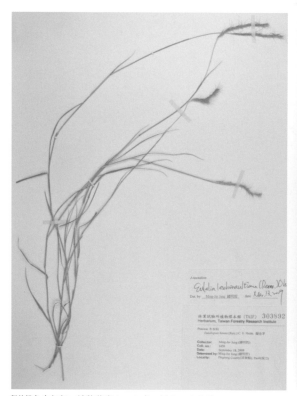

稈基部多少匍匐，總狀花序 1～3 支，長 3～5 公分。

生長於恆春半島之乾燥向陽山坡地，稈高 30～70 公分。（許天銓攝）

四脈金茅

屬名 金茅屬
學名 *Eulalia quadrinervis* (Hack.) Kuntze

多年生，叢生，具短之鱗狀根莖，稈硬質，直立，高 60 ～ 120 公分。葉身長 10 ～ 40 公分；葉鞘密被毛；葉舌膜質，長 1 ～ 1.5 公釐。總狀花序通常 3 ～ 4 支，長 10 ～ 15 公分；穗軸被白毛；小穗長 4.5 ～ 6 公釐；外穎與小穗等長，脊上具纖毛，先端脈間具有橫向小脈連結，基部表面被長毛；內穎與小穗等長，先端微尖，邊緣撕裂狀；下位外稃革質，長 4 ～ 4.5 公釐；上位外稃長 3.5 公釐，先端 2 齒突，具一膝曲扭轉芒，芒長 1.2 ～ 2 公分，芒邊緣被毛；上位內稃長 2 公釐。

分布於印度、尼泊爾、緬甸、菲律賓、中國及日本等；台灣生長於低海拔之向陽山坡地。

小穗長 4.5 ～ 6 公釐，表面被長毛。（許天銓攝）

生長於低海拔之向陽山坡地，高 60 ～ 120 公分。（許天銓攝）

總狀花序通常 3 ～ 4 支，長 10 ～ 15 公分。

金茅

屬名　金茅屬

學名　*Eulalia speciosa* (Debeaux) Kuntze

多年生，叢生，稈堅硬，直立，高70～200公分。葉身長25～50公分；葉鞘基部膨大，被金色毛；葉舌膜質，長0.5～1公釐。總狀花序通常5～8支，長10～15公分；穗軸被金褐色長毛；小穗長4.5～5.5公釐；外穎與小穗等長，先端鈍形，上部具2脊，表面與邊緣具長毛，脈不明顯；內穎與小穗等長，表面被毛，邊緣撕裂狀；下位外稃長4.5～5公釐；上位外稃長2公釐，先端2齒突，具一膝曲扭轉之芒，芒長1.5～2公分；上位內稃長0.8公釐，邊緣撕裂狀。

　　分布於印度、泰國、菲律賓、中國、韓國至日本；台灣生長於低海拔丘陵，尤常見於火燒地。

總狀花序通常5～8支，長10～15公分。

外穎與小穗等長，表面與邊緣具長毛。

生長於低海拔丘陵，叢生，稈堅硬，高70～200公分。

亥氏草屬 HACKELOCHLOA

一年生，稈直立或斜上。葉身線狀披針形；葉舌短膜狀，上緣具短纖毛。單一具長花序梗的總狀花序被一佛焰狀葉包覆，多個該花序複合成更大之圓錐花序；總狀花序腋生，穗軸膨大；小穗成對，兩型，一有柄，另一無柄，柄與穗軸癒合形成一空腔；無柄小穗緊貼於穗軸；外穎通常具方格狀凹穴，堅硬；內穎較外穎狹長且短，陷於穗軸之空腔中；下位小花不孕，且無內稃；上位外稃與上位內稃較小，半透明質；雄蕊 3；有柄小穗明顯不同於無柄小穗，狹卵形，具狹翅，雄性。

台灣產 1 種。

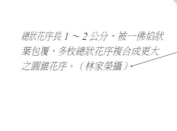

亥氏草

屬名	亥氏草屬
學名	*Hackelochloa granularis* (L.) Kuntze

叢生，稈直立，高 30 ～ 60 公分。葉身長 5 ～ 15 公分，兩面被長伏毛，邊緣粗糙，葉鞘兩側扁壓，葉舌長 1 ～ 2 公釐。總狀花序長 1 ～ 2 公分；無柄小穗球形，長 1 ～ 1.5 公釐；外穎與小穗等長，革質，表面布滿凹穴；內穎緊貼穗軸，與小穗等長，3 條脈；下位外稃半透明，長 0.8 ～ 1 公釐；上位外稃長 0.8 ～ 1 公釐；上位內稃卵形，與上位外稃等長；花藥長 0.5 公釐；有柄小穗長 1.5 公釐，外穎與小穗等長，兩脊具翅；內穎舟狀，中肋脊狀；小花退化。

分布於熱帶地區；在台灣生長於低海拔丘陵地，不多見。

總狀花序長 1 ～ 2 公分，被一佛焰狀葉包覆，多枚總狀花序複合成更大之圓錐花序。（林家榮攝）

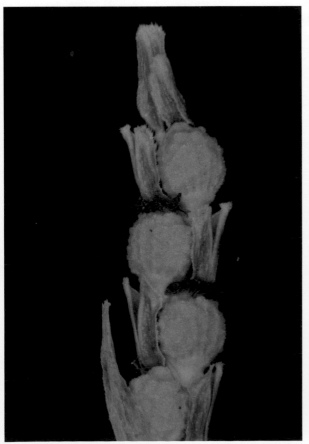

無柄小穗球形，有柄小穗狹卵形，兩者明顯不同。

生長於低海拔丘陵地，不多見。（林家榮攝）

牛鞭草屬 HEMARTHRIA

多年生，稈斜倚，基部分支生根。葉身線形，葉舌為一圈短纖毛。總狀花序腋生，單一，稀少數；穗軸膨大，節間有凹陷入穗軸的洞，軸節不容易斷落，掉落時斜向斷落；小穗成對，兩型，一有柄，另一無柄，小穗柄與穗軸癒合，形成穗軸的洞；無柄小穗位於穗軸洞內，基盤鈍形或銳形；外穎革質，邊緣兩脊先端具翅；內穎緊貼穗軸；下位小花不孕，下位外稃小，下位內稃常缺如；上位外稃無芒；雄蕊 3；有柄小穗似無柄者，但基部截形，基盤與小穗柄癒合。

台灣產 1 種。

扁穗牛鞭草

屬名	牛鞭草屬
學名	*Hemarthria compressa* (L. f.) R. Br.

多年生，具匍匐莖，稈高 60 ～ 100 公分。葉身長 5 ～ 10 公分，無毛，葉舌長 0.5 ～ 1 公釐。總狀花序長 5 ～ 10 公分；無柄小穗長 3 ～ 5 公釐；外穎與小穗等長；內穎舟狀，與小穗等長，邊緣半透明，緊貼穗軸；下位小花退化，下位外稃長 2.5 ～ 3 公釐；上位外稃長 2.5 ～ 3 公釐，上位內稃微小；花藥長 1.5 ～ 2 公釐。有柄小穗與無柄小穗相似，長 3 ～ 5 公釐。

分布於南亞、東南亞至中國及日本；台灣生長於低海拔之水田、池塘、溝渠及低窪濕地，喜群生。

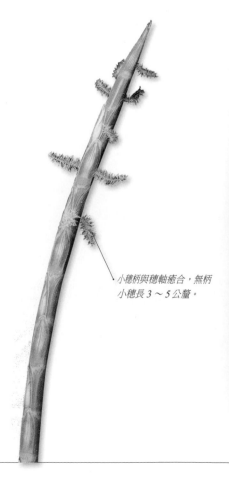

小穗柄與穗軸癒合，無柄小穗長 3 ～ 5 公釐。

稈高 60 ～ 100 公分，總狀花序長 5 ～ 10 公分。

黃茅屬 HETEROPOGON

　　一年生或多年生植物，稈叢生。葉身線形；葉舌硬膜狀，截形，上具纖毛；葉鞘扁平，具脊。總狀花序單生，線形；小穗成對，兩型，覆瓦狀排列；花序基部小穗皆無柄，不孕；花序上方者則為一具短柄，另一無柄，有柄者不孕；花序基部之不孕小穗披針狀長橢圓形，腹背扁壓，草質；孕性之無柄小穗圓筒形；基盤長而突出，密被毛；外穎革質；下位小花退化僅剩一外稃；上位外稃全緣，具邊緣披毛的長膝曲芒；有柄小穗與花序基部之不孕小穗相似，具纖細似柄的基盤，原小穗柄退化成一小截。

　　台灣產 1 種。

黃茅

屬名	黃茅屬
學名	*Heteropogon contortus* (L.) P. Beauv. *ex* Roem. & Schult.

　　多年生，稈高 50 ～ 100 公分，叢生。葉身粗糙，長 10 ～ 20 公分，有時被柔毛；葉舌長 1 公釐。單生總狀花序長 3 ～ 7 公分，花序基部具同型不孕小穗 3 ～ 10；無柄小穗 5 ～ 7 公釐，深棕色；基盤長 2 公釐，被金色毛；外穎與小穗等長，表面被長剛毛；內穎與小穗等長，表面被長剛毛；下位小花僅剩微小之外稃；上位外稃線形，芒長 6 ～ 10 公分，芒被毛；雄蕊 3，花藥長 1.5 公釐；不孕之有柄小穗長 6 ～ 8 公釐；外穎與小穗等長，綠色，兩側脊上之翅不等寬，外觀歪斜，表面被長毛；內穎與小穗等長。

　　分布於全世界熱帶與副熱帶地區；台灣生長於中、低海拔之乾旱坡地，不常見。

不孕之有柄小穗長 6 ～ 8 公釐，外表綠色，表面被長毛。

生長於中、低海拔之乾旱坡地。（林家榮攝）

稈高 50 ～ 100 公分，單生總狀花序長 3 ～ 7 公分。

膜稃草屬 HYMENACHNE

多年生植物，稈海綿質，粗大，斜上，基部各節生根。圓錐花序緊縮，形似穗狀；小穗具 2 朵小花，於穎下脫落；外穎長為內穎之半；內穎與小穗等長；小花無柄；下位外稃先端銳形、漸尖形至具短芒；上位外稃膜質，銳形，包住內稃下方而上方離生。

台灣產 1 種。

膜稃草

屬名	膜稃草屬
學名	*Hymenachne amplexicaulis* (Rudge) Nees

多年生，半水生。葉身線形，長 15 ～ 40 公分，寬 1 ～ 3 公分，表面無毛；葉舌膜狀，長 1 ～ 2 公釐。圓錐花序緊縮；小穗柄短，頂端膨大成圓盤狀，邊緣被散生絨毛；小穗腹背扁壓，長 4.5 ～ 6 公釐，具 2 朵小花；外穎卵圓形，長 1.8 公釐，質地薄而透明，基部合生環抱小穗；內穎披針形，長 3 ～ 4 公釐，紙質；下位小花不孕，外稃狹披針形，長 4.5 ～ 6 公釐，紙質，內稃退化缺如；上位小花可孕，亞革質，長 3 ～ 3.5 公釐。

分布於印度、東南亞及台灣；在台灣生長於全島低海拔之水溝、池塘、沼澤及溪流邊，近年少見。

小穗腹背扁壓，長 4.5 ～ 6 公釐。

圓錐花序緊縮

稈叢生，膝曲，肉質而粗大，高 1 ～ 2 公尺。（林家榮攝）

距花黍屬 ICHNANTHUS

一年生或多年生。葉鞘常掉落，葉舌膜狀。圓錐花序，通常開展。小穗兩側扁壓，於穎下脫落；穎膜質，具脊，3 ～ 5 脈；外穎長為小穗之 1/2 ～ 3/4，先端銳形至漸尖形；上位小花基盤半圓形至長橢圓形，側面膨大成 2 外稃基部之膜狀翅狀物，脫落成凹痕；上位外稃亞革質。

台灣產 1 種。

距花黍

屬名	距花黍屬
學名	*Ichnanthus pallens* (Swartz) Munro *ex* Bentham var. *major* (Nees) Stieber

一至多年生。葉身卵圓形或披針形，長 3 ～ 8 公分，寬 1 ～ 2.5 公分；葉舌膜狀，具長纖毛，長 1 ～ 2 公釐。圓錐花序開展，長 5 ～ 10 公分；小穗略側扁壓，長 3.5 ～ 5 公釐，具 2 朵小花；外穎披針形，長 2.5 ～ 3.5 公釐，基部合生環抱小穗；內穎寬披針形，長 3.5 ～ 5 公釐；下位小花不孕，外稃寬披針形，長 3.5 ～ 5 公釐，內稃發育良好，約 0.7 倍外稃長；上位小花革質，長 2 ～ 2.5 公釐，表面光滑。

分布於印度、東南亞、大洋洲、西非及南美；台灣生長於全島中、低海拔之林地遮蔭處。

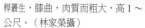

小穗略側扁壓，長 3.5 ～ 5 公釐；外穎披針形，0.7 倍小穗長。

稈蔓生，纖細，高 15 ～ 50 公分。

葉身卵圓形或披針形，表面無毛。

白茅屬 IMPERATA

多年生植物，長根莖，密被鱗片；稈直立或斜昇，叢立，通常具 2 ～ 3 節。葉多為基生，葉身披針形，邊緣通常內捲，基部有毛；葉舌短膜狀，先端形。總狀花序多數，聚集成緊縮的圓錐花序；小穗成對，同型，皆具柄，柄不等長；小穗圓筒狀，為基盤和穎的白色長絹毛所包住；穎膜質，被長毛；下位小花退化僅剩一外稃；上位外稃全緣；鱗被缺如；雄蕊 1 ～ 2。

台灣產 1 種。

白茅

屬名	白茅屬
學名	*Imperata cylindrica* (L.) P. Beauv. var. *major* (Nees) C. E. Hubb.

多年生，具發達的長根莖，稈高 30 ～ 120 公分，叢生。葉身長 10 ～ 100 公分，邊緣粗糙；葉舌膜質，長 1 ～ 2 公釐。緊縮之圓錐花序，長 5 ～ 10 公分；小穗長約 3 公釐，基盤被白色絲狀長毛，毛為小穗之 3 ～ 4 倍長；外穎及內穎與小穗等長，5 ～ 9 脈，表面疏被絲狀長毛；下位外稃長 1.5 公釐；上位外稃長 1.5 公釐；上位內稃與上位外稃等長；雄蕊 2，花藥長 2.5 公釐。

分布於亞洲、澳洲、東非及南非之溫暖地區；台灣常見於低、中海拔之開闊地、路旁及山腰，常成群。

小穗長約 3 公釐，基盤被白色絲狀長毛。

緊縮之圓錐花序，長 5 ～ 10 公分。

具發達的長根莖，常成片生長。

鴨嘴草屬 ISCHAEMUM

　　一年生或多年生植物，稈直立、斜升或斜倚。葉身線形至披針形；葉舌膜質，上緣無毛或具纖毛。總狀花序頂生及腋生，成對或多數，成對者常緊貼在一起，小穗通常排列於單邊；穗軸及小穗柄肥大，常在花序中方以 U 形或 V 形短段落出現，小穗柄短時則小穗緊密相接；小穗成對，一有柄，另一無柄；無柄小穗背腹扁壓；外穎背面圓，常具皺紋，通常下半部質地堅硬，邊緣內捲或具 2 脊；下位小花雄性，具明顯下位內稃；上位外稃先端常深 2 裂，常具一膝曲芒自凹處伸出；雄蕊 3；有柄小穗大小似無柄者，通常不對稱。小穗上有無芒伸出，無柄小穗長度與外穎形態為本屬物種主要的鑑別特徵。

　　本書介紹 5 種及 1 變種。另紀錄有黃金鴨嘴草 (*Ischaemum aureum*)，但資訊缺乏，無法介紹。

芒穗鴨嘴草

屬名	鴨嘴草屬
學名	*Ischaemum aristatum* L. var. *aristatum*

　　多年生，稈疏叢生，直立或膝曲斜上，高 40 ～ 80 公分。葉身長 5 ～ 20 公分，寬約 3 公釐，下表面有時疏被毛；葉舌先端圓形，長 2 ～ 3 公釐。總狀花序對生，長 5 ～ 10 公分；穗軸與小穗柄外緣常具纖毛；無柄小穗長 5 ～ 6 公釐，倒卵形；外穎與小穗等長，革質，頂端紙質，5 ～ 7 脈，上方 2 脊，脊上具翅，表面偶爾具數條橫皺紋，通常無毛；內穎與小穗等長，中肋具脊；下位外稃及內稃長 5 公釐；上位外稃長 5 公釐，先端 2 深裂，一膝曲扭轉芒自凹處伸出，長可達 1.2 公分；上位內稃與外稃等長；花藥長 2.5 公釐；有柄小穗與無柄小穗相似但較短，腹背扁壓，歪斜，無芒伸出。

　　分布於東亞地區；台灣生長於低海拔之草地及山坡地，常見於近海草原及岩壁上。

總狀花序對生

無柄小穗長 5 ～ 6 公釐，具一芒伸出

見於近海草原及岩壁上

鴨嘴草

屬名　鴨嘴草屬
學名　*Ischaemum aristatum* L. var. *glaucum* (Honda) Koyama

多年生，稈疏叢生，直立或膝曲斜上，高 40 ～ 80 公分。葉身長 4 ～ 15 公分，葉舌長 2 ～ 3 公釐。總狀花序對生，長約 7 公分；穗軸與小穗柄外緣粗糙或被短纖毛；無柄小穗長 6 ～ 8 公釐，倒披針形；外穎與小穗等長，革質，頂端紙質，上方 2 脊，脊上具窄翅，表面光滑；內穎與小穗等長，中肋具脊；下位外稃與內稃長 5 公釐；上位外稃長 5 公釐，先端 2 深裂，一短直立芒自凹處伸出，或芒不明顯，芒長 1 ～ 3 公釐；上位內稃與外稃等長；有柄小穗與無柄小穗相似但較短，腹背扁壓，歪斜，無芒伸出。

　　分布於中國、日本、韓國及越南等地；台灣生長於近海沙地。

　　本變種與芒穗鴨嘴草的差別在於無柄小穗的芒缺如或不顯著，不伸出小穗外。

無柄小穗長 6 ～ 8 公釐，
芒不明顯。

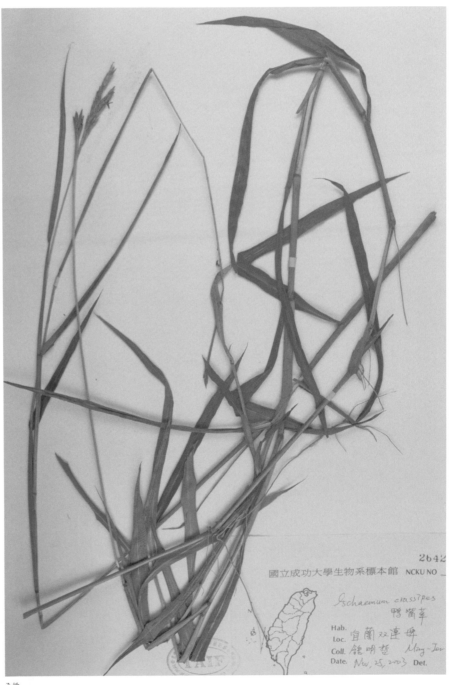

全株

瘤鴨嘴草

屬名 鴨嘴草屬
學名 *Ischaemum barbatum* Retz.

多年生，叢生，稈直立或膝曲斜上，高 30 ～ 100
公分。葉身長 5 ～ 30 公分，寬 5 ～ 10 公釐；葉
舌舌狀，長 2 ～ 3 公釐，上緣撕裂狀，背面有毛。
總狀花序對生，長 4 ～ 8 公分；穗軸膨大，外緣
具纖毛；無柄小穗長 5 ～ 7 公釐；外穎革質，與
小穗等長，歪斜，基部表面邊緣具 2 ～ 4 對瘤狀
橫紋，有時連結成橫向淺稜脊，表面有時被毛，
兩側脊先端上具翅，翅不等寬；內穎與小穗等長，
中肋脊狀具窄翅；下位外稃與內稃長 5 公釐；上
位外稃長 5 公釐，先端 2 深裂，具一膝曲扭轉長
芒自先端凹處伸出，芒長 1 ～ 1.5 公分；上位內稃
與外稃等長；花藥長 2.2 公釐；有柄小穗與無柄小
穗相似，腹背扁壓，歪斜，有時具芒伸出。

　　分布於印度、東南亞、中國、澳洲及西非；
台灣生長於低海拔之水田、溝渠旁。

總狀花序對生

小穗長 5 ～ 7 公釐，
外穎表面具 2 ～ 4
對瘤狀橫紋，歪斜。
（林家榮攝）

稈直立或膝曲斜上，高 30 ～ 100 公分。

印度鴨嘴草

屬名　鴨嘴草屬
學名　*Ischaemum ciliare* Retz.

多年生，稀疏叢生，稈直立或膝曲斜上，節處密被長鬚毛。葉身長可達 20 公分；葉舌半圓形，長 1 ～ 2 公釐，上緣具纖毛。總狀花序對生，長 3 ～ 5 公分；穗軸膨大，邊緣被纖毛；無柄小穗長 4 ～ 6 公釐，卵形或長橢圓形；外穎與小穗等長，基部革質，先端紙質，表面平滑，具 2 脊，翅狀，邊緣具剛毛，先端 2 岔；內穎與小穗等長，先端具短芒尖；下位外稃與內稃長 3.5 ～ 4 公釐；上位外稃長 3 公釐，先端 2 深裂，具一膝曲扭轉芒自先端凹處伸出，芒長 1 ～ 1.5 公分；上位內稃與外稃等長；花藥長 2 公釐；有柄小穗與無柄小穗相似，兩側扁壓，具芒伸出。

　　分布於印度及東南亞；在台灣常見於低海拔之路邊、山坡、開闊草地。

無柄小穗長 4 ～ 6 公釐，先端具 2 脊，翅狀，邊緣具剛毛。

總狀花序對生

於低海拔之路邊、山坡、開闊草地。

田間鴨嘴草

屬名　鴨嘴草屬
學名　*Ischaemum rugosum* Salisb.

一年生，叢生，稈直立或平行，高 20 ～ 50 公分，節處被長鬚毛。葉身長 4 ～ 20 公分，被柔毛；葉舌先端圓形，長 2 公釐。總狀花序對生，長 3 ～ 5 公分；穗軸膨大，邊緣具纖毛；無柄小穗長 4 ～ 6 公釐；外穎革質，上端紙質，與小穗等長，具 4 ～ 7 條稜脊突出的橫向皺紋，邊緣具 2 脊翅，其上有毛；內穎與小穗等長，中肋具脊；下位小花不孕，下位外稃長 3.5 ～ 5 公釐，先端毛狀；下位內稃與外稃等長；上位外稃長 3 ～ 4 公釐，2 深裂，具一膝曲扭轉芒自先端凹處伸出，芒長 1.5 ～ 2 公分；上位內稃與外稃等長；有柄小穗常明顯退化而短小，腹背扁壓，無芒。

　　生長於印度、東南亞、中國及澳洲；台灣生長於中南部低海拔水田、溝渠及池塘邊。

總狀花序對生（江某攝）

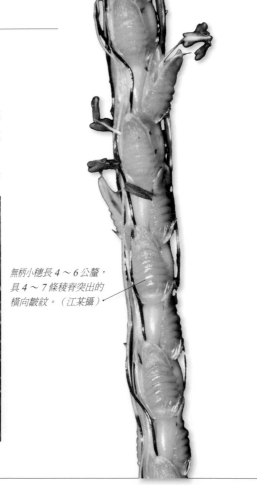

無柄小穗長 4 ～ 6 公釐，具 4 ～ 7 條稜脊突出的橫向皺紋。（江某攝）

小黃金鴨嘴草 特有種

屬名 鴨嘴草屬
學名 *Ischaemum setaceum* Honda

多年生，具匍匐莖，稈膝曲斜上，高 15 ～ 25 公分，節處光滑或被毛。葉身長 3 ～ 6 公分，寬 6 ～ 7 公釐；葉舌長 1 ～ 1.5 公釐，圓頭，撕裂狀，背面有毛。總狀花序對生，長 2 ～ 5 公分；穗軸黃色，密被毛；無柄小穗長 5 ～ 7 公釐，披針形；外穎基部革質，先端紙質，與小穗等長，表面光滑，具 2 脊，邊緣具翅，先端 2 齒突；內穎與小穗等長，中肋具脊，先端具短芒尖；下位外稃與內稃長 4 公釐；上位外稃長 4 公釐，先端 2 深裂，具一膝曲扭轉芒自先端凹處伸出，芒長 1.2 ～ 1.5 公分；上位內稃與外稃等長；花藥長 1.5 公釐；有柄小穗與無柄小穗相似，稍兩側扁壓，具芒伸出。

無柄小穗長 5 ～ 7
公釐，外穎具 2 脊，
邊緣具翅。

　　特有種，產台灣東南部海岸、綠島及蘭嶼，生長於臨海之山坡地、草原或礁岩地。

生長於臨海之山坡地、草原或礁岩地。

稈膝曲斜上

竹葉茅屬 LEPTATHERUM

　　　年生，稈纖弱，從下部節上生根。葉身無假葉柄，葉緣粗糙，先端銳形；葉鞘表面無毛，邊緣有毛；葉舌膜質。指狀總狀花序，穗軸堅韌，無縱向溝紋；小穗成對，同型，背腹壓扁，穎托短，有毛；下位小穗披針形，無柄或有短柄，單獨脫落；外穎披針形，背部下凹，表面及邊緣無毛，先端無芒，4 ～ 6 脈；內穎橢圓形，無毛，3 脈，中脈無毛；下位小花發達；上位外稃線形，先端芒彎曲；雄蕊 2；有柄小穗之小穗柄不與穗軸癒合，線形，圓筒狀，邊緣無毛。穎果無溝紋，臍短。

　　本屬原併入莠竹屬（*Microstegium*，見 113 頁），筆者根據分子親緣證據，恢復其獨立屬之地位。台灣有 3 種。

日本莠竹

屬名 竹葉茅屬
學名 *Leptatherum boreale* (Ohwi) C. H. Chen, C. S. Kuoh & Veldkamp

一年生，稈纖弱，從下部節上生根。葉身卵形至披針形，葉緣粗糙，先端銳形；葉鞘表面無毛，邊緣有毛；葉舌膜質。指狀總狀花序，長 4 ～ 6 公分，穗軸圓柱形；小穗成對，同型，背腹壓扁；下位小穗披針形，長 3 ～ 4 公釐，有短柄，單獨脫落，有柄小穗之小穗柄長 2 ～ 3 公釐，不與穗軸癒合，側面線形，橫切面圓筒狀，無毛；外穎披針形，與小穗等長，先端漸尖形，表面及邊緣無毛，先端無芒，4 ～ 6 脈；內穎橢圓形，3 脈，中肋無毛，先端無芒；下位小花發達，無芒；上位外稃線形，先端芒彎曲，長 6 ～ 14 公釐。

　　分布於日本、韓國及台灣；台灣生長於全島中海拔之林下向光處。

小穗成對，略同型，皆有柄惟長短不同。

指狀總狀花序 3 ～ 7 枚

稈纖弱，平臥，節間生根。

竹葉茅

屬名　竹葉茅屬
學名　*Leptatherum nudum* (Trin.) C. H. Chen, C. S. Kuoh & Veldkamp

一年生，稈纖弱，從下部節上生根。葉身披針形，長約 5 公分，葉基明顯葉柄狀；葉鞘表面無毛，邊緣有毛；葉舌膜質。總狀花序 3～4 支，長約 4 公分，穗軸圓柱形；小穗成對，同型，背腹壓扁；無柄小穗披針形，長 2.5～5 公釐；有柄小穗小穗柄長 2～3 公釐；小穗柄不與穗軸癒合，線形，圓筒狀，邊緣無毛；外穎披針形，與小穗等長，先端漸尖形，表面及邊緣無毛，脊上有纖毛，先端無芒；內穎橢圓形，3 脈，中肋無毛，先端無芒；下位外稃長 3～4 公釐，上位外稃線形，先端芒彎曲，長 6～23 公釐。

　　分布於東亞、東南亞及印度至非洲及澳洲；台灣生長於全島中海拔之林下向光處。

總狀花序 3～4 枚（江某攝）

小穗成對，略同型，一無柄一有柄。

葉身披針形，長約 5 公分。

相馬蕘竹 特有種

屬名　竹葉茅屬
學名　*Leptatherum somae* (Hayata) C. H. Chen, C. S. Kuoh & Veldkamp

一年生，稈纖弱，斜倚，從下部節上生根。葉身卵形至披針形，長 3～4 公分，光滑，葉鞘表面無毛，葉舌膜質。指狀總狀花序 3～7 支，長 3～8 公分，穗軸圓柱形；小穗成對，同型，背腹壓扁；下位小穗披針形，長 4～5 公釐，有短柄，單獨脫落，有柄小穗小穗柄長 2.5～3 公釐，不與穗軸癒合，圓筒狀線形，邊緣無毛；外穎披針形，與小穗等長，先端漸尖形，先端無芒；內穎橢圓形，3 脈，中肋無毛，先端具芒；下位小花發達，下位外稃披針形，具芒；上位外稃線形，先端芒彎曲，長 8～16 公釐。

　　特有種，分布於台灣北部低、中海拔及中部中海拔林下。

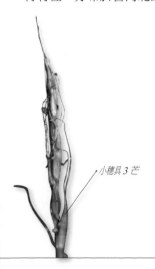

小穗具 3 芒

指狀總狀花序 3～7 支

稈纖弱，斜倚。

糖蜜草屬 MELINIS

稈 常基部傾臥，上部直立，全株被絨毛狀腺毛，具糖蜜味。葉身線形；葉舌小，膜狀；葉鞘密生絨毛。圓錐花序，開展；小穗具 2 朵小花，於穎下脫落；內穎均勻膜質至紙質，明顯 7 脈；上位外稃兩側扁壓。

台灣產 2 種。

糖蜜草

屬名	糖蜜草屬
學名	*Melinis minutiflora* P. Beauv.

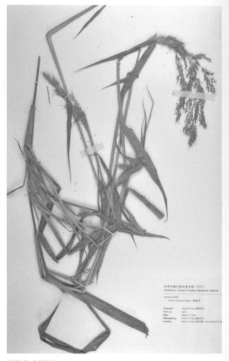

多年生，。葉身線形，長 5～20 公分，寬 5～15 公釐，表面密被腺毛；葉舌由一排毛組成，長 1～2 公釐。圓錐花序長 10～20 公分；小穗略側扁壓，長 1.7～2.2 公釐，具 2 朵小花，下位小花退化，上位者可孕；外穎退化，微小；內穎橢圓形，長 1.7～2.2 公釐，紙質；下位小花不孕，外稃橢圓形，長 1.7～2.2 公釐，紙質，頂端具 2 齒，齒隙間延伸 5～10 公釐長芒，內稃退化缺如；上位小花可孕，亞革質，長 1.5 公釐，表面光滑。

牧用禾草，原產於非洲，台灣歸化於牧場附近。

小穗略側扁壓，長 1.7～2.2 公釐，具 2 朵小花，具明顯長芒。　稈叢生，斜生，粗壯，高 50～150 公分。（江某攝）　圓錐花序開展

紅毛草

屬名	糖蜜草屬
學名	*Melinis repens* (Willdenow) Zizka

一年生或多年生。葉身線形，長 5～20 公分，寬 2～5 公釐，表面無毛；葉舌由一排毛組成，長 0.5～1 公釐。圓錐花序長 8～20 公分；小穗略側扁壓，長 2～5 公釐，具 2 朵小花；外穎退化，微小；內穎舟狀，背脊突起，長 3 公釐，紙質，表面中部以下被絨毛，邊緣具長纖毛，頂端具 2 齒，齒隙間延伸約 1 公釐長芒；下位小花不孕，外稃背脊突起，長 3 公釐，紙質，表面密被絨毛，邊緣具長纖毛，頂端具 2 齒，齒隙間延伸長芒，內稃發育良好約等長於小穗；上位小花可孕，亞革質，長 2 公釐，表面光滑。

原產於非洲；台灣原歸化於南部乾旱地區，現已擴散分布於全島。

小穗略側扁壓，長 2～5 公釐；基部及邊緣被長毛。　稈叢生，直立或斜生，高 50～150 公分。

莠竹屬 MICROSTEGIUM

一年生或多年生植物，稈斜倚。葉身披針形至寬線形；葉舌膜質，圓頭、全緣或稍撕裂。總狀花序 1 至數支，有時呈指狀；穗軸纖細，線形或梨形，通常邊緣有毛；小穗成對，近同型，通常一有柄，另一無柄，有柄小穗常退化不孕；無柄小穗之外穎革質至亞革質，背面有深溝，邊緣內捲，具 2 脊；內穎舟狀，常具芒；下位小花退化不孕，通常僅存外稃，有時有雄蕊；上位小花兩性可孕，外稃先端通常 2 裂，有芒。

台灣產 3 種及 1 變種。

剛莠竹

屬名	莠竹屬
學名	*Microstegium biaristatum* (Steud.) Keng

一年生蔓性草本，稈斜倚，長 30 ～ 160 公分，從下部節上生根。葉身線形至披針形，長 3 ～ 15 公分，兩面被疏伏毛；葉鞘光滑無毛；葉舌膜狀，全緣或具纖毛。花序複總狀至指狀總狀，分支 2 ～ 20，長 3 ～ 10 公分；穗軸柔弱，線形，橫切面半圓形，具緣毛；有柄小穗之柄扁平，邊緣有短柔毛；小穗成對，無柄小穗長圓形至披針形，長 2 ～ 5 公釐，成熟後與穗軸一起掉落，基盤有毛；有柄小穗略小於無柄小穗；外穎革質，背面有深溝，邊緣內捲；內穎舟狀，常具短芒；下位小花退化不孕，有時具雄蕊；上位外稃具 6 ～ 15 公釐長芒。

分布於中國南部、印度及東南亞；台灣見於全島中、低海拔之林下及林緣，常於山壁大面積生長。

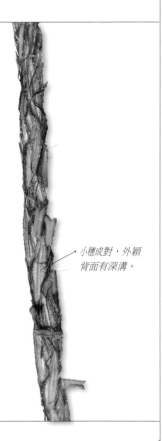

小穗成對，外穎背面有深溝。

見於全島中、低海拔之林下及林緣，常於山壁大面積生長。

花序複總狀至指狀總狀，分支 2 ～ 20 枚。

法利莠竹 特有種

屬名	莠竹屬
學名	*Microstegium fauriei* (Hayata) Honda var. *fauriei*

一年生蔓性草本，稈長 50 ～ 100 公分，從下部節上生根。葉身披針形，長 5 ～ 20 公分，葉緣粗糙，表面無毛；葉鞘無毛；葉舌光滑膜狀，全緣。花序近指狀總狀，長 5 ～ 13 公分，分支之總狀花序 4 ～ 10 支；穗軸柔弱，線形，具緣毛；有柄小穗之柄扁平，邊緣有短柔毛；小穗成對，略同型，無柄小穗披針形，長 4.5 ～ 5 公釐，成熟後與穗軸一起掉落，基盤有毛；外穎革質，背面有深溝，先端銳形；內穎橢圓形，具長 0.3 ～ 1.5 公釐之芒；下位小花退化不孕，上位外稃具 16 ～ 37 公釐長芒。

特有變種，分布於台灣中海拔山區之林下透光處。

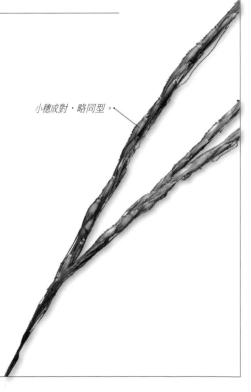

小穗成對，略同型。

見於中海拔山區之林下透光處

膝曲莠竹

屬名　莠竹屬
學名　*Microstegium fauriei* (Hayata) Honda var. *geniculatum* (Hayata) C. H. Chen, C. S. Kuoh & Veldk.

除葉身兩面密被毛之外，其餘形態與承名變種（法利莠竹，見 113 頁）相同。
　　分布於中國南部及台灣，台灣生長於中海拔之林下及林緣。

稈長 50 ～ 100 公分

小穗成對，略同型。

柔枝莠竹

屬名　莠竹屬
學名　*Microstegium vimineum* (Trin.) A. Camus

一年生蔓性草本，稈斜倚，長 30 ～
160 公分，從下部節上生根。葉身橢圓
形或長圓形，長 5 ～ 10 公分，葉緣粗
糙，兩面被伏毛；葉鞘無毛；葉舌膜
狀，全緣。總狀花序 1 ～ 5 支，長 3 ～
9 公分，穗軸柔弱，線形，具緣毛；有
柄小穗之柄扁平，邊緣有短柔毛；小
穗成對，略同型，無柄小穗橢圓形至
披針形，長 4.5 ～ 5 公釐，成熟後與
穗軸一起掉落，基盤光滑或有柔毛；
外穎革質，背面有深溝，脊矽質，粗
糙，有纖毛，先端鈍或銳形；內穎舟狀；
下位小花完全或退化；上位外稃具膝
曲芒，芒長 4 ～ 9 公釐。

　　分布於東亞、中國、東南亞至伊
朗；台灣生長於全島中海拔林下潮濕
處及溝渠旁。

小穗成對，略同型。

稈斜倚，長 30 ～ 160 公分，總狀花序分支 1 ～ 5 枚。

芒屬 MISCANTHUS

多年生，稈粗壯，叢生，具根莖。葉開展。圓錐花序大型，具多數總狀花序，重複分支；小穗成對，同型，皆具柄，柄不等長；小穗披針形，有芒，基盤具白色或淡棕色長毛；外稃略革質，下位外稃透明膜質，無下位內稃；上位外稃全緣或具 2 齒突，具長或短芒，稀無芒；上位內稃略短，透明膜質，無脈。

台灣產 2 種，全島中低海拔開闊地常見。

五節芒

屬名	芒屬
學名	*Miscanthus floridulus* (Labill.) Warb. *ex* K. Schum. & Lauterb.

多年生，稈直立，叢生，高 1.5 ～ 4 公尺。葉莖生，線形，長 20 ～ 100 公分；葉鞘長於節間，表面無毛，邊緣無毛或在小枝附近有毛；葉舌膜狀，長 1 ～ 3 公釐，邊緣纖毛狀。花序疏鬆複總狀，長 25 ～ 50 公分，分支之總狀花序長 10 ～ 20 公分；小穗成對，同型，皆可孕，披針形，長 3 ～ 4 公釐，基盤具柔毛，小花 2 朵；下位小穗具短柄；有柄小穗小穗柄線形，壓扁，邊緣粗糙；外穎披針形，與小穗等長，亞革質，表面有毛；內穎披針形，與小穗等長，亞革質，中肋脊狀；下位小花退化不孕，無芒；上位小花可孕，具長 5 ～ 6 公釐之芒。

分布於中國及東南亞，台灣生於全島低至中海拔之開闊地及破壞地。

生於全島低至中海拔之開闊地及破壞地

小穗成對，同型。

稈直立，叢生，高 1.5 ～ 4 公尺，花序常呈紅色。

芒

屬名	芒屬
學名	*Miscanthus sinensis* Anders.

多年生，稈直立，叢生，高 30 ～ 150 公分。葉莖生，線形，長 20 ～ 40 公分；葉鞘長於節間，表面無毛，邊緣無毛；葉舌膜狀，長 1 ～ 2 公釐，邊緣纖毛狀。花序疏鬆複總狀，長 10 ～ 35 公分，分支之總狀花序長 10 ～ 25 公分；小穗成對，同型，皆可孕，披針形，長 4 ～ 6 公釐，基盤具柔毛，約與小穗等長，小花 2 朵；下位小穗具短柄；有柄小穗小穗柄線形，壓扁，邊緣粗糙；外穎披針形，與小穗等長，紙質，表面有毛；內穎披針形，與小穗等長，亞革質，中肋脊狀；下位小花退化不孕，無芒，上位小花可孕，具長約 1 公分之曲折長芒。

分布於日本、中國及台灣；台灣生長於全島之開闊處及破壞地，高海拔地區亦可見。

基盤具柔毛，讓成熟穎果可隨風飄散。

生長於全島之開闊處及破壞地，高海拔地區亦可見。

稈直立，叢生，高 30 ～ 150 公分。

假蛇尾草屬 MNESITHEA

多年生植物，稈直立，叢生。葉身線形；葉鞘兩側壓扁，脊狀；葉舌膜質，圓或截形。花序單一，穗狀，穗軸膨大，圓柱形，節間有陷入穗軸的凹洞，小穗位於凹洞內；小穗成對；有柄者退化不孕，僅餘柄，柄與穗軸癒合；無柄小穗兩性，可孕，具2朵小花，外穎與小穗等長，脈間有細孔；上位小花兩性，可孕，下位小花中性，退化不孕。

台灣產1種1變種。

其昌假蛇尾草 特有種

屬名　假蛇尾草屬
學名　*Mnesithea laevis* (Retzius) Kunth var. *chenii* (C. C. Hsu) de Koning & Sosef

多年生，稈斜上，叢生，高15～30公分。葉基生，線形，長10～20公分，寬3～5公釐，邊緣粗糙，先端鈍形，表面無毛；葉鞘側扁，表面及邊緣無毛；葉舌膜質，長0.5～1公釐，有緣毛。花序總狀，圓柱形，長5～10公分；小穗成對，兩型，一有柄，另一無柄，腹背壓扁；無柄小穗兩性，可孕，橢圓形，長4～5公釐，位於節間陷入穗軸的凹洞內，成熟後與穗節齊落；有柄小穗退化不孕，小穗柄與穗軸癒合；外穎寬卵形，與小穗等長，革質，脈間有細小窩點，脊上部具狹翅；內穎膜質，具橫脈，中肋脊狀；小花2朵，下位小花退化不孕，僅存外稃；上位小花兩性，可孕，外稃透明，先端2裂。

特有種，僅分布於恆春半島海邊之草生地。

稈斜上，叢生。

花序總狀，圓柱形，無柄小穗陷入穗軸節間的凹洞內，成熟後與穗節齊落。

小穗成對，兩型，有柄小穗退化。

假蛇尾草

屬名　假蛇尾草屬
學名　*Mnesithea laevis* (Retzius) Kunth var. *cochinchinensis* (Lour.) de Koning & Sosef

多年生，稈直立或斜上，叢生，高20～70公分。葉基生，線形，長5～20公分，寬1～3公釐，邊緣粗糙，先端鈍形，表面無毛；葉鞘兩側壓扁，脊狀，表面及邊緣無毛；葉舌膜質，有緣毛。總狀花序單一，圓柱形，長5～10公分，節間有陷入穗軸的凹洞，小穗位於凹洞內；小穗成對，兩型，長約3公釐，一有柄，另一無柄，腹背壓扁；有柄小穗退化不孕，小穗柄與穗軸癒合；無柄小穗兩性可孕，成熟後與穗節齊落；外穎長橢圓形，與小穗等長，革質，脈間有細小窩點，翅不明顯；內穎披針形，中肋脊狀；小花2朵，下位小花退化不孕，上位小花兩性可孕；下位外稃先端平截或微凹。

分布於印度、東南亞至大洋洲；台灣生長於新竹以南濱海地區之草地。

本變種與上一變種的差異在於植株高度及小穗大小，本變種植株較高但小穗較小。

小穗成對，兩型，無柄小穗陷入穗軸節間的凹洞內，成熟後與穗節齊落，有柄小穗退化。

稈直立或斜上，叢生。

花序總狀，圓柱形。

求米草屬 OPLISMENUS

一年生植物，稈蔓延性。葉身披針形至卵形；葉舌短，膜質，上緣有毛。小穗先叢生或總狀排列，再組合成總狀花序；小穗成對，兩側扁壓，具 2 朵小花，於穎下脫落；穎長為小穗之 1/2 ～ 3/4；外穎或內外穎具頂生芒；下位外稃漸尖形至具短芒；上位外稃背腹扁壓，銳形。

台灣產 2 種及 2 變種。

竹葉草

屬名	求米草屬
學名	*Oplismenus compositus* (L.) P. Beauv. var. *compositus*

一年生。葉身披針形或線狀披針形，長 3 ～ 10 公分，寬 8 ～ 15 公釐，表面疏被刺毛；葉舌膜狀，長 1 ～ 2 公釐，具長纖毛。複總狀花序長 5 ～ 15 公分；總狀花序長 2 ～ 6 公分，直立或斜生；小穗成對生，腹背扁壓，長 3 ～ 3.5 公釐，具 2 朵小花；外穎披針形，長 1.5 ～ 2 公釐，紙質，基部合生環抱小穗，具長芒；內穎寬披針形，長 1.5 ～ 2 公釐，紙質，具 1 ～ 3 公釐長芒；下位小花不孕，外稃寬披針形，長 2.5 ～ 3.5 公釐，紙質，無芒，內稃退化缺如；上位小花可孕，亞革質，長 2 ～ 2.5 公釐，表面光滑；花藥 3，長 1.5 公釐。

分布於熱帶亞洲、東非及大洋洲；台灣全島中、低海拔陰涼處普遍可見。

總狀花序排列成複總狀，長 5 ～ 15 公分。

總狀花序長 2 ～ 6 公分，直立或斜生；小穗成對生。

稈蔓性，高 30 ～ 60 公分。

大屯求米草

屬名	求米草屬
學名	*Oplismenus compositus* (L.) P. Beauv. var. *intermedius* (Honda) Ohwi

一年生。葉身披針形或線狀披針形，長 3 ～ 8 公分，寬 8 ～ 15 公釐，表面密被短毛，散生疣基長毛；葉舌膜狀，長 1 ～ 2 公釐，具長纖毛。複總狀花序長 3 ～ 8 公分，軸密被短毛，散生長硬毛；總狀花序長 1 ～ 3 公分，直立或斜生；小穗成對生，腹背扁壓，長 2 ～ 2.5 公釐，具 2 朵小花；外穎披針形，長 1.5 公釐，紙質，基部合生環抱小穗，具 3 公釐長芒；內穎卵圓形，長 1.5 公釐，紙質，不具芒；下位小花不孕，外稃寬披針形，長 2 ～ 2.5 公釐，無芒，內稃退化缺如；上位小花可孕，亞革質，長 2 ～ 2.5 公釐，表面光滑。

分布於日本、中國、菲律賓及台灣；台灣全島中、低海拔陰涼處普遍可見。

本變種與竹葉草的差異在於，本變種植株及花序明顯被密短毛，散生長硬毛。

複總狀花序長 3 ～ 8 公分，軸密被短毛，散生長硬毛。

稈蔓性，纖細，高 20 ～ 50 公分。

求米草

屬名　求米草屬

學名　*Oplismenus undulatifolius* (Ard.) Roem. & Schult. var. *undulatifolius*

一年生，稈蔓性，纖細，高 20～50 公分。葉身披針形，長 3～10 公分，寬 3～15 公釐，表面無毛或散生刺毛；葉舌膜狀，具長纖毛，長 1 公釐。複總狀花序長 5～15 公分，花序分支退化為密生小穗群；小穗成對生，腹背扁壓，長 3～3.5 公釐，具 2 朵小花；外穎披針形，長 2～2.5 公釐，紙質，基部合生環抱小穗，具 5～10 公釐長芒；內穎寬披針形，長 2～2.5 公釐，紙質，具 1～3 公釐長芒；下位小花不孕，外稃寬披針形，長 3～3.5 公釐，紙質，無芒，內稃退化缺如；上位小花可孕，亞革質，長 2.5～3 公釐，表面光滑。

　　分布於舊世界溫暖地區，台灣生長於全島低海拔林下。

花序上部小穗多單生，下部為密生小穗群。（謝佳倫攝）

稈蔓性，纖細，高 20～50 公分。（謝佳倫攝）

複總狀花序長 5～15 公分，花序分支退化為密生小穗群。（謝佳倫攝）

小葉求米草

屬名　求米草屬

學名　*Oplismenus undulatifolius* (Ard.) Roem. & Schult. var. *microphyllus* (Honda) Ohwi

一年生，稈蔓性，纖細，高 20～50 公分。葉身卵圓形或披針形，長 1～5 公分，寬 3～5 公釐，表面散生刺毛；葉舌膜狀，長 1 公釐。總狀花序單生，長 3～10 公分；小穗成對生，腹背扁壓，長 3～3.5 公釐，具 2 朵小花；外穎披針形，長 2～2.5 公釐，紙質，基部合生環抱小穗，具 5～10 公釐長芒；內穎寬披針形，長 2～2.5 公釐，紙質，具 1～3 公釐長芒；下位小花不孕，外稃寬披針形，長 3～3.5 公釐，紙質，無芒，內稃退化缺如；上位小花可孕，亞革質，長 2～2.5 公釐，表面光滑。

　　分布於菲律賓及台灣，台灣生長於全島低海拔林下。

　　承名變種（求米草，見本頁）的差異在於，本變種的總狀花序單生，小穗成對生，非密生小穗群。

總狀花序單生，小穗成對生，非密生小穗群。

稈蔓性，纖細。

奧圖草屬 OTTOCHLOA

多年生植物，稈蔓性，節多數，基部分支而生根。葉身披針形；葉舌硬質，截形。圓錐花序開展，分支細弱；小穗單生，具 2 朵小花，於穎下脫落；穎近相等，為小穗長之 1/2 ～ 2/3，全緣。
台灣產 1 種。

新店奧圖草

屬名	奧圖草屬
學名	*Ottochloa nodosa* (Kunth) Dandy

多年生。葉身披針形或線狀披針形，長 4 ～ 11 公分，寬 5 ～ 10 公釐，表面無毛；葉舌膜狀，長 0.3 公釐，具短纖毛。圓錐花序開展，長 10 ～ 15 公分；小穗柄頂端膨大圓盤狀小穗集生於短花序分支，腹背扁壓，長 2 公釐，具 2 朵小花；外穎橢圓形，長 1 公釐；內穎卵圓形，長 1 ～ 1.2 公釐；下位小花不孕，外稃卵圓形，長 2 公釐，內稃退化缺如；上位小花可孕，亞革質，長 1.5 公釐，表面光滑；花藥 3，長 0.5 公釐。

分布於非洲、南亞及東南亞至大洋洲；台灣生長於全島低海拔林緣及潮濕草叢。

圓錐花序開展，長 10 ～ 15 公分。

小穗集生於短花序分支

稈蔓性，纖細，高 20 ～ 60 公分。

稷屬 PANICUM

一年生或多年生植物。葉身線形或披針形；葉舌為一邊緣毛狀之短膜，或為一圈短毛。頂生之圓錐花序，通常開展，稀緊縮或成單一總狀花序；小穗具柄，小穗背腹扁壓或偶稍微兩側扁壓，具2朵小花，於穎下脫落；外穎通常較小穗短；內穎與小穗等長，截形至具芒尖；下位小花通常不孕，偶見雄蕊，下位外稃似內穎；上位小花無柄，上位外稃革質至骨質；雄蕊3。小穗長度，穎形態，下位外稃形態，下位內稃有無為本屬物種主要的鑑別特徵。

台灣產12種。

糠稷

屬名 稷屬
學名 *Panicum bisulcatum* Thunb.

一年生，稈分支斜上，稈高30～120公分。葉身線形，長5～30公分，寬4～10公釐，邊緣粗糙；葉舌截形，長0.5～1.5公釐，膜質，先端撕裂成毛狀。圓錐花序卵形或圓錐形，開展，長、寬各為12～40公分，分支細；小穗長2～2.5公釐，暗綠色，有時帶紫色；外穎長約為小穗之1/2，1～3脈；下位內稃缺如；上位小花灰褐色，長1.5～2公釐，表面光滑。

分布於印度、馬來西亞、澳洲、中國及日本；台灣生長於低海拔之森林邊緣。

小穗長2～2.5公釐，暗綠色，外穎長約為小穗之1/2。

圓錐花序卵形或圓錐形，開展，分支細。

稈分支斜上，稈高30～120公分。

短葉黍

屬名 稷屬
學名 *Panicum brevifolium* L.

一年生，稈分支斜生，纖細，高15～100公分，基部節處生根。葉身卵形至卵狀披針形，長5～10公分，寬1～2公分，基部抱莖，邊緣粗糙；葉舌截形，膜質，長約0.2公釐，頂端有纖毛。圓錐花序卵狀，開展，長5～15公分，分支細；小穗長1.5～2公釐，帶紫色；外穎與小穗約等長，3條脈；內穎與小穗等長，5條脈；下位內稃與外稃等長；上位小花白色，長1.2～1.5公釐，光滑。

分布於熱帶非洲及亞洲；台灣生長於低海拔丘陵地附近之林下、灌叢、步道及水田旁。

小穗長1.5～2公釐，帶紫色，外穎與小穗約等長。

稈分支斜生，纖細，高15～100公分。

圓錐花序卵狀，開展，長5～15公分。

洋野黍

屬名　稷屬
學名　*Panicum dichotomiflorum* Michx.

一年生或多年生，具根莖，稈分支，大致直立，叢生。葉身線形，長 15 ～ 40 公分，寬 7 ～ 20 公釐，中肋粗，綠白色，邊緣粗糙；葉舌膜質，長 1 ～ 3 公釐，上緣為一圈長毛。圓錐花序略開展，長達 30 公分；小穗長 3 ～ 4 公釐；外穎長為小穗之 1/5 ～ 1/4；內穎與小穗等長，7 ～ 9 脈；下位內稃明顯或有時缺；上位小花綠色或淺黃色，長 2 ～ 2.5 公釐，表面光滑。

　　分布於新世界熱帶地區、印度及馬來西亞；歸化於台灣中部中海拔村落附近，生長於潮濕地與沼澤。

圓錐花序略開展（林家榮攝）

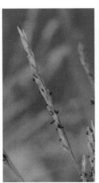

小穗長 3 ～ 4 公釐。（林家榮攝）　歸化於台灣中部中海拔村落附近

水社黍

屬名　稷屬
學名　*Panicum elegantissimum* Hook. f.

多年生，稈直立，叢生，高 25 ～ 60 公分。葉身線形，長 2 ～ 15 公分，寬 2 ～ 4 公釐；葉舌密生一圈毛茸，長 1 ～ 2 公釐。圓錐花序橢圓形，開展，長 10 ～ 20 公分；小穗長 3 ～ 4 公釐；外穎長約為小穗之 1/2 ～ 2/3，3 ～ 5 脈；內穎與小穗等長，7 脈；下位內稃約為外稃之 2/3；上位小花黃棕色，長 2 ～ 2.5 公釐，表面光滑。

　　分布於印度、東南亞及中國南部；台灣生長於中部低山地區之乾旱地及山路旁。

小穗長 3 ～ 4 公釐，外穎長約為小穗之 1/2 ～ 2/3。（林家榮攝）　生長於中部低山地區之乾旱地及山路旁

南亞黍

屬名　稷屬
Panicum humile Nees *ex* Steud.

一年生，稈斜上，高 20 ～ 70 公分。葉身線形，長 3 ～ 12
公分，寬 2 ～ 3 公釐，無毛；葉舌膜質，長 0.5 ～ 1 公釐，
頂端撕裂纖毛狀。圓錐花序開展，卵形，長 5 ～ 15 公分，
分支纖細；小穗長 1.5 ～ 2 公釐；外穎長約為小穗之 1/2 ～
3/4，3 脈；內穎與小穗等長，3 ～ 5 脈；下位內稃與小穗等長；
上位小花灰白色，長 1 公釐，表面光滑。

　　分布於熱帶非洲、印度、東南亞及中國南部；台灣生長
於低海拔之茶園、旱田及開闊荒廢地。

小穗長 1.5 ～ 2 公釐，外穎長約為
小穗之 1/2 ～ 3/4。

圓錐花序開展，卵形。

網脈稷

屬名　稷屬
學名　*Panicum luzonense* J. Presl

一年生，稈直立，叢生，高 30 ～ 60 公分，節及花序下有疣
狀硬毛。葉身線狀披針形，長 5 ～ 12 公分，寬 3 ～ 8 公釐，
葉基散生疣狀毛；葉舌膜質，上緣有一圈長柔毛。圓錐花序
鬆散，開展，長 10 ～ 15 公分，分支纖細；小穗長 2 ～ 2.5
公釐，常帶紫色；外穎長約為小穗之 1/3 ～ 1/2，5 ～ 7 條脈，
脈間有橫隔脈；內穎與小穗等長，9 ～ 11 脈；下位內稃明顯；
上位小花黃色，上位外稃長 1.5 ～ 2 公釐，表面光滑。

　　分布於印度、東南亞及澳洲北部；台灣生長於南部低海
拔開闊之路旁、荒廢地及草生地。

小穗長 2 ～ 2.5 公釐，常帶紫色，
外穎長約為小穗之 1/3 ～ 1/2。

圓錐花序鬆散，開展，長 10 ～ 15 公分。

大黍

屬名　稷屬
學名　*Panicum maximum* Jacq.

多年生，具根莖，稈直立，叢生，高 1～3 公尺。葉身線形，長 30～75 公分，寬 2～3.5 公分；葉舌膜質，長 1～3 公釐，上緣叢生毛。圓錐花序卵形，開展，長 20～35 公分，分支纖細，基部分支輪生；小穗長 3～3.5 公釐，帶紫紅色；外穎長約為小穗之 1/3，脈 1～3 或脈不明顯；內穎與小穗等長，5 脈；下位小花不孕，偶見雄蕊，內稃顯著；上位小花草綠色，長 2～2.5 公釐，表面明顯橫皺紋。

　　原產於熱帶非洲；廣泛歸化於台灣全島之河岸、路旁、原野或廢耕地。

小穗長 3～3.5 公釐，帶紫紅色，外穎長約為小穗之 1/3。

圓錐花序卵形，開展，長 20～35 公分。

稈直立，叢生，高 1～3 公尺。

稷

屬名　稷屬

Panicum miliaceum L.

一年生，稈直立，單一或叢生，高 20～150 公分，節處具鬚。葉身線形，長 10～42 公分，寬 8～20 公釐；葉舌膜質，長 1.5～3 公釐，上緣具一圈長毛。圓錐花序，開展或緊縮，成熟時下垂，長 15～35 公分；小穗長 4～5 公釐；外穎長 2～3 公釐，約為小穗之 1/2～3/4，三角形，5 脈；內穎舟狀，9～13 脈，脈凸出，向先端集中；下位小花不孕，內稃缺如；上位小花黃色，長 3 公釐，表面光滑。

　　原產於中亞；台灣栽，偶見歸化。

小穗長 4～5 公釐，外穎約為小穗之 1/2～3/4。

台灣偶見歸化，稈直立，單一或叢生，高 20～150 公分。

圓錐花序，開展或緊縮，成熟時下垂。

心葉稷

屬名　稷屬
Panicum notatum Retz.

多年生，稈分支，蔓性，稈高 1 ～ 2 公尺。葉身披針形，長 5 ～ 15 公分，寬 1 ～ 2.5 公分，基部心形，邊緣被纖毛；葉舌為一圈毛，長 0.5 公釐。圓錐花序開展，長 10 ～ 30 公分；小穗長 2 ～ 2.5 公釐；外穎與小穗約等長，至少為小穗長之 3/4，3 ～ 5 脈；內穎與小穗等長，3 ～ 5 脈；下位小花中性，外稃 5 脈，內稃缺如；上位小花綠色或黃色，長 2 公釐，表面光滑。

　　分布於熱帶東南亞地區，台灣生長於全島低海拔之向陽稍乾燥處或林緣。

小穗長 2 ～ 2.5 公釐，外穎與小穗約等長。

圓錐花序開展，長 10 ～ 30 公分。

舖地黍

屬名　稷屬
學名　*Panicum repens* L.

多年生，根莖發達，稈直立或斜上，高 30 ～ 130 公分。葉身線形，長 4 ～ 30 公分，寬 3 ～ 9 公釐；葉舌膜狀，長 0.5 ～ 1.5 公釐，具纖毛。圓錐花序開展，長 7 ～ 20 公分；小穗長 2.5 ～ 3 公釐；外穎長約小穗之 1/3，通常 1 脈；內穎與小穗等長，7 ～ 9 脈；下位小花不孕，偶見雄蕊，內稃顯著；上位小花淡黃色，長 2 公釐，表面光滑。

　　泛熱帶分布，台灣生長於全島向陽至稍陰之潮濕處。

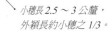

小穗長 2.5 ～ 3 公釐，外穎長約小穗之 1/3。

生長於全島向陽至稍陰之潮濕處，根莖發達，高 30 ～ 130 公分。

圓錐花序開展，長 7 ～ 20 公分。

藤竹草

屬名　稷屬

Panicum sarmentosum Robx.

多年生，稈分支，木質化，蔓性，稈高 1 ～ 1.5 公尺。葉身線狀披針形，長
8 ～ 20 公分，寬 8 ～ 15 公釐，葉基突然變窄似柄；葉舌膜質，長約 0.5 公釐，
上緣一圈毛。圓錐花序開展，長 10 ～ 15 公分；分支圓形，具黏性；小穗長
1.5 ～ 2 公釐；外穎長約小穗之 2/3 ～ 3/4，3 ～ 5 脈；內穎與小穗等長，5 脈；
下位小花中性，內稃顯著；上位小花褐色，長 1.5 公釐，表面光滑。

分布於印度、東南亞、
中國南部及澳洲；台灣生長
於低海拔之林緣，常攀緣於
其他植物上面。

小穗長 1.5 ～ 2 公釐，外穎長約　　圓錐花序開展，長 10 ～ 15 公分。　　稈分支，木質化，蔓性。
小穗之 2/3 ～ 3/4。

細柄黍

屬名　稷屬

學名　*Panicum sumatrense* Roth *ex* Roem. & Schult.

一年生，叢生，稈直立或斜上，節暗褐色。葉身長 20 ～ 60 公分，寬 4 ～ 15 公釐，無毛；葉舌膜質，截形，上緣轉為毛狀，
長約 1 公釐。圓錐花序開展，長 5 ～ 15 公分；小穗長 2.5 ～ 3.5 公釐；外穎長為小穗之 1/4 ～ 1/3，3 脈；內穎與小穗等長，
9 ～ 13 脈；下位小花不孕，內稃有時缺；上位小花黃色或褐色，長 2 ～ 2.5 公釐，表面光滑。

分布於東非、印度、馬來西亞及中國；台灣生長於低海拔之蔗田、茶園及林緣附近。

小穗長 2.5 ～ 3.5 公釐，外穎長為小穗之 1/4 ～ 1/3。　　　　　叢生，稈直立或斜上。

類雀稗屬 PASPALIDIUM

多年生植物，稈斜倚，海綿質，基部各節有根。葉身線形；葉鞘無毛；葉舌短，上緣纖毛狀。數個總狀花序排列成圓錐花序，總狀花序交互排列在寬大的穗軸上，頂生；穗軸頂端針狀分岔；小穗單生，腹背扁壓，具 2 朵小花，於穎下脫落；內穎與上位外稃背向穗軸；穎片膜質至草質；下位小花不孕，僅具雄蕊或雄、雌蕊皆缺，下位外稃近似內穎；上位外稃革質或軟骨質，具橫皺紋；上位內稃與外稃質地接近，邊緣被外稃包覆；雄蕊 3。

台灣產 2 種。

黃穗類雀稗

屬名	類雀稗屬
學名	*Paspalidium flavidum* (Retz.) A. Camus

多年生，乾生，稈高 30 ～ 100 公分。葉身長 5 ～ 30 公分，寬 5 ～ 7 公釐；葉鞘兩側扁壓；葉舌為一圈纖毛，長 0.5 公釐。圓錐花序長 8 ～ 25 公分；總狀花序 6 ～ 10 支，長 1 ～ 2.5 公分，穗軸寬約 0.5 公釐，具窄翅；小穗長 3 ～ 4 公釐；外穎長 1.5 ～ 1.6 公釐，約小穗長之 1/2；內穎長 1 ～ 2 公釐，為小穗長之 2/3 ～ 3/4；下位外稃長 1.5 ～ 2.5 公釐，下位內稃與外稃等長；上位外稃長 1.5 ～ 2.5 公釐，表面具細顆粒紋。

分布於熱帶亞洲；台灣歸化於南部近海之路旁及開闊地。

小穗長 3 ～ 4 公釐

稈高 30 ～ 100 公分（許天銓攝）

圓錐花序長 8 ～ 25 公分；總狀花序 6 ～ 10 支，長 1 ～ 2.5 公分。

類雀稗

屬名	類雀稗屬
學名	*Paspalidium punctatum* (Burm. f.) A. Camus

多年生，濕生，稈直立或膝曲斜上，海棉質，高 50 ～ 100 公分。葉身長 10 ～ 25 公分，寬 5 ～ 8 公釐；葉鞘兩側扁壓；葉舌為一被毛短膜，長 1 ～ 2 公釐。圓錐花序長 15 ～ 35 公分；總狀花序 8 ～ 15 支，長 1 ～ 5 公分；穗軸寬 0.5 ～ 1.5 公釐，具翅；小穗長 2 ～ 3 公釐；外穎長約 0.8 公釐，為小穗長之 1/4；內穎長 1 公釐，為小穗長之 1/4 ～ 1/2；下位外稃長 2 ～ 3 公釐；下位內稃缺如；上位外稃長 2 ～ 3 公釐，表面具細橫皺紋。

分布於熱帶亞洲，台灣生長於南部低海拔池塘及潮濕地方。

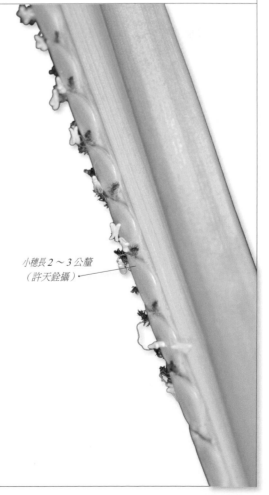

小穗長 2 ～ 3 公釐
（許天銓攝）

生長於南部低海拔池塘及潮濕地方（許天銓攝）

圓錐花序長 15 ～ 35 公分；總狀花序 8 ～ 15 支，長 1 ～ 5 公分。

雀稗屬 PASPALUM

多年生植物，稀一年生。葉身線形；葉舌膜質，截形或撕裂狀。總狀花序似穗狀，2 至多支，總狀排列在中軸上，穗軸通常具翅；小穗腹背扁壓，單生或成對但柄不等長，2 ～ 4 列，具 2 朵小花，於穎下與小穗柄一同脫落；內穎與上位外稃背向穗軸；外穎缺如或甚微小；內穎、下位外稃與小穗約等長；下位內稃缺如；上位外稃通常先端鈍形，革質至硬質；雄蕊 3。植株生長方式，植株上毛被物，總狀花序數目，小穗形態為本屬物種主要的鑑別特徵。

　　台灣產 10 種與 2 變種。

兩耳草

屬名	雀稗屬
學名	*Paspalum conjugatum* Bergius

多年生草本，具長匍匐莖。葉身長 5 ～ 30 公分，寬 4 ～ 15 公釐。總狀花序纖細，2 支（偶 3 支），對生於頂端，長 6 ～ 12 公分；穗軸寬約 0.8 公釐，鋸齒狀；小穗單生，排成二列，長 1.5 ～ 1.8 公釐；內穎及下位稃薄膜質，具長絲狀毛；上位外稃長約 1 公釐，堅硬，表面光滑，先端銳形；花藥黃色。

　　分布於全球熱帶及亞熱帶地區，台灣全島低、中海拔破壞地常見。

小穗長 1.5 ～ 1.8 公釐

全島低、中海拔破壞地常見。

毛花雀稗

屬名　雀稗屬
學名　*Paspalum dilatatum* Poir.

多年生草本，根莖短小，稈叢生。葉身長 10～45 公分，寬 3～12 公釐，無毛，或僅葉鞘下方微被毛，葉舌長 2～4 公釐。總狀花序 2～10 支，長 5～12 公分，穗軸腋間具長柔毛；小穗成對，一有柄，另一無柄，卵形，草綠色，長 3～4 公釐；內穎膜質，具長絲狀毛；上位外稃長約 2 公釐，革質，表面顆粒狀條紋，先端鈍形；花藥紫黑色。

　　原產南美，歸化於全球熱帶及亞熱帶地區；台灣全島低海拔荒廢地常見。

稈叢生

小穗長 3～4 公釐，內穎具長絲狀毛。

總狀花序 2～10 支，長 5～12 公分。

雙穗雀稗

屬名　雀稗屬
學名　*Paspalum distichum* L.

多年生草本，具走莖及匍匐莖，節上具毛，稈高 20～50 公分。葉身長 5～10 公分，寬 3～8 公釐，無毛，邊緣粗糙；葉舌長 2～3 公釐；葉鞘光滑，邊緣具絲狀毛。總狀花序 2 支（偶 3 支），近對生於稈頂端，長 3～7 公分；小穗單生，排成二列，長 3～3.5 公釐，卵狀橢圓形，先端銳形，灰綠色；外穎缺如或窄三角形；內穎膜質，微具短毛；上位外稃長約 2 公釐，軟骨質，表面微被毛，先端銳形；花藥紫黑色。

　　廣布於全球熱帶及暖溫帶地區，台灣全島低海拔潮濕的路邊平野可見。

小穗長 3～3.5 公釐，先端銳形。

全島低海拔潮濕的路邊平野可見

總狀花序 2 支，近對生於稈頂端，長 3～7 公分。

長葉雀稗

屬名　雀稗屬
學名　*Paspalum longifolium* Roxb.

多年生草本，稈直立，叢生，高80～130公分。葉片長10～20公分，寬0.5～1公分，無毛，葉舌長1～2公釐，具毛。總狀花序5～20支，長4～8公分，穗軸略帶紫色，邊緣粗糙；小穗成對，綠色或略帶紫色，寬倒卵形，長2～2.5公釐；內穎及下位外稃膜質，邊緣微被毛；上位外稃長2～2.5公釐，革質，表面孔狀條紋，先端銳形。

　　分布於熱帶亞洲及澳洲北部，在台灣生於中、低海拔潮濕的田野及山坡地上。

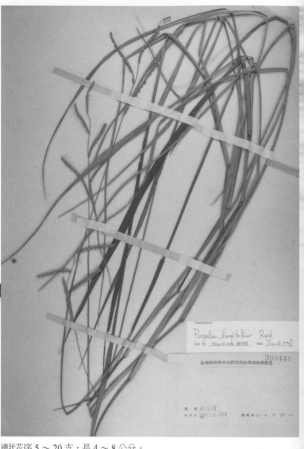

小穗寬倒卵形，長2～2.5公釐。

總狀花序5～20支，長4～8公分。

多穗雀稗

屬名　雀稗屬
學名　*Paspalum paniculatum* L.

多年生，稈叢生，高30～120公分，節具毛。葉片長10～50公分，寬0.5～3公分，被毛，葉緣常呈波狀，基部具白色叢毛；葉鞘邊緣具毛。總狀花序7～30支，長4～12公分；小穗成對，圓形至倒卵形，長1～1.5公釐，成熟時褐色；內穎膜質，微被毛；上位外稃長1.2～1.5公釐，革質，先端鈍形；花藥紫黑色。

　　分布於熱帶地區；台灣歸化於中部低海拔之路旁及草生地。

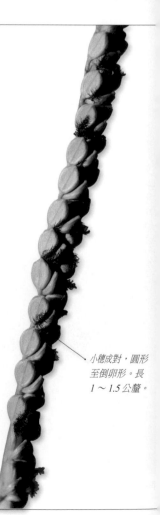

小穗成對，圓形至倒卵形。長1～1.5公釐。

稈叢生，高30～120公分。

總狀花序7～30支，長4～12公分。

鴨草

屬名　雀稗屬

學名　*Paspalum scrobiculatum* L. var. *scrobiculatum*

一年生或多年生，稈叢生，高 30 ～ 90 公分。葉片長 10 ～ 40 公分，寬 4 ～ 12 公釐，無毛，稍粉白色，葉緣粗糙；葉舌長約 1 公釐；葉鞘扁平，光滑。總狀花序 2 ～ 8 支，長 3 ～ 10 公分；小穗單生，排成二列，花序中段有時小穗成對生長；小穗圓卵形，先端鈍，灰綠色，成熟時轉褐色，長 2 ～ 3 公釐，無毛；內穎膜質；下位外稃 5 ～ 9 脈；上位外稃長 2.2 ～ 2.5 公釐，革質，表面細條紋，先端鈍形，成熟時暗褐色；花葯紫黑色。

　　分布於歐亞地區之熱帶及亞熱帶；台灣見於全島低海拔路邊、草地及荒廢地。

小穗圓卵形，先端鈍，長 2 ～ 3 公釐。

稈叢生，高 30 ～ 90 公分。

總狀花序 2 ～ 8 支，長 3 ～ 10 公分。

台灣雀稗

屬名　雀稗屬
學名　*Paspalum scrobiculatum* L. var. *bispicatum* Hackel

多年生草本，稈叢生。葉片長5～10公分，寬3～5公釐，兩面密被軟毛；葉鞘密被毛，短於節間。總狀花序3～6支，長2～6公分；穗軸扁平，具翅，被毛；小穗單生，排成二列，長約2公釐，光滑或被微毛；內穎及下位稃膜質，3～5脈；上位外稃長約2公釐，軟骨質，先端形；花藥及柱頭紫色。

　　分布於舊世界熱帶及亞熱帶，台灣見於平地及低海拔山坡地。

　　本變種與承名變種（鴨草，見131頁）的差別在於葉身常被軟毛。

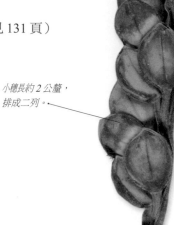

小穗長約2公釐，排成二列。

狀花序3～6支，長2～6公分。

圓果雀稗

屬名　雀稗屬
學名　*Paspalum scrobiculatum* L. var. *orbiculare* (G. Forst.) Hack.

多年生，稈叢生，高30～90公分。葉片長10～20公分，寬5～10公釐，無毛；葉舌長約1.2公釐；葉鞘扁平，光滑。總狀花序2～6支，長3～10公分；小穗單生，排成二列，小穗近圓形，先端鈍，灰綠色，長2～2.2公釐，無毛；內穎膜質；下位外稃3～5脈；上位外稃長約2公釐，革質，先端鈍形，成熟時黃褐色；花藥紫黑色。

　　分布於歐亞地區及澳洲；台灣見於全島低海拔路邊、草地及荒廢地。

　　本變種與承名變種（鴨草，見131頁）的差別在於小穗近圓形，長約2公釐，下位外稃3～5脈。

稈叢生，高30～90公分，見於全島低海拔路邊、草地及荒廢地。

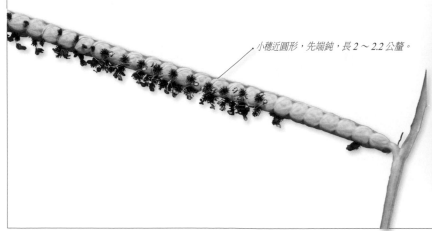

小穗近圓形，先端鈍，長2～2.2公釐。

總狀花序2～6支，長3～10公分。

雀稗

屬名　雀稗屬
學名　*Paspalum thunbergii* Kunth *ex* Steud.

多年生，稈直立，叢生，高 50～100 公分，節光滑或被毛。葉片長 10～25 公分，寬 5～8 公釐，兩面被粗毛；葉舌長 1～1.5 公釐；葉鞘具粗毛。總狀花序 3～6 支，長 3～10 公分，穗軸腋間具長毛；小穗成對，灰綠色，橢圓形至圓形，長 2.5～3 公釐；內穎膜質，邊緣疏生短柔毛；上位外稃長 2.5～2.7 公釐，革質，表面孔狀條紋，先端鈍形；花藥淡黃色。

分布於亞洲，在台灣見於低海拔之潮濕荒地。

小穗成對，橢圓形至圓形，長 2.5～3 公釐。

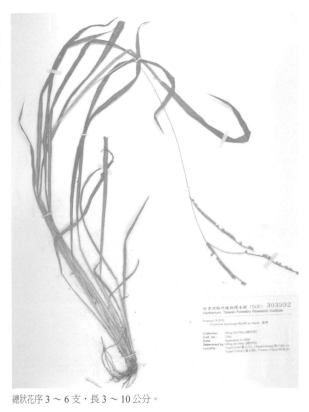

總狀花序 3～6 支，長 3～10 公分。

吳氏雀稗

屬名　雀稗屬
學名　*Paspalum urvillei* Steud.

多年生，根莖短小，稈叢生，高 0.5～2 公尺，稈上無毛。葉片長 15～50 公分，寬 0.5～1.5 公分，基部有時被毛；葉鞘密被剛毛；葉舌長 2～5 公釐。總狀花序 10～25 支，長 4～15 公分；小穗成對，2～3 行排列，長 2～3 公釐，淡綠色稍帶紫色，邊緣密被長絲狀毛；內穎 3 脈，2 側脈與邊緣平行；上位外稃長 1.6～2 公釐，革質，表面條紋狀，先端鈍形；花藥黃色。

原產南美，歸化於全球熱帶及亞熱帶地區；台灣全島低海拔荒廢地常見。

全島低海拔荒廢地常見

小穗成對，長 2～3 公釐，邊緣密被長絲狀毛。

稈叢生，高 0.5～2 公尺，總狀花序 10～25 支，長 4～15 公分。

海雀稗

屬名　雀稗屬
學名　*Paspalum vaginatum* Sw.

多年生草本，單生或叢生，具走莖及匍匐莖，無毛，稈高10～50公分。葉片長2.5～15公分，寬3～8公釐；葉舌長約1公釐；葉鞘光滑。總狀花序通常2支，近對生於稈頂端，長2～5公分；小穗單生，排成二列，長3.5～4公釐，窄卵形，灰綠色；外穎缺如或窄三角形；內穎膜質，光滑無毛；上位外稃長約2.5公釐，軟骨質，先端披短毛，銳形；花藥紫黑色。

　　廣布於全球熱帶及亞熱帶，台灣全島沿海地區可見。

小穗長3.5～4公釐，窄卵形。

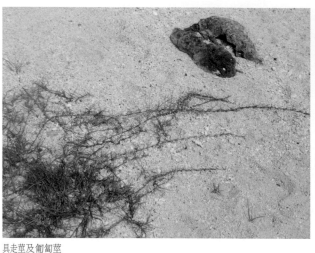

具走莖及匍匐莖

總狀花序通常2支，近對生於稈頂端，長2～5公分。

粗稈雀稗

屬名　雀稗屬
學名　*Paspalum virgatum* L.

多年生，根莖短小，稈叢生，高1～2公尺。葉硬直，長30～70公分，寬1～2.5公分，細鋸齒緣；葉舌長2～3公釐；葉鞘壓扁狀，邊緣具疣狀粗毛。總狀花序5～20支，長5～15公分；小穗成對排成四列，長2.2～3公釐，成熟時褐色，倒卵形；內穎膜質，邊緣及頂端被柔毛；上位外稃長2.2～2.5公釐，革質，表面細孔狀條紋，先端鈍形；花藥紫色。

　　原產牙買加，歸化於全世界各地；台灣北部低海拔荒地偶見。

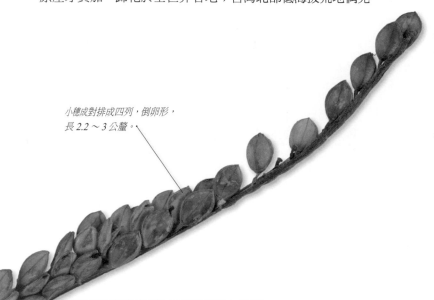

小穗成對排成四列，倒卵形，長2.2～3公釐。

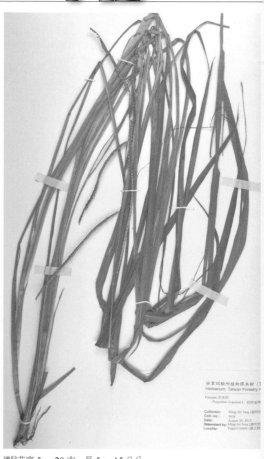

總狀花序5～20支，長5～15公分。

狼尾草屬 PENNISETUM

一年生或多年生植物，稈斜倚至直立，有時匍匐。葉片線形，葉舌為一圈毛。圓錐花序，形似穗狀，圓柱狀，通常頂生；小穗1～4支叢生，基部有剛毛群形成的總苞，剛毛長度超過小穗；剛毛邊緣粗糙或羽毛狀，成熟時剛毛與小穗一起脫落；小穗具2朵小花，穎與稃薄且半透明；下位小花不孕，僅具雄蕊或雄、雌蕊皆缺；雄蕊3。

台灣產4種。

狼尾草

屬名	狼尾草屬
學名	*Pennisetum alopecuroides* (L.) Spreng.

多年生；稈扁壓，叢立，稈高30～120公分。葉片長30～60公分，寬5～8公釐，常內捲，帶粉白色；葉舌長0.5公釐；葉鞘兩側扁壓，具脊。圓錐花序長10～25公分，穗軸被毛；總苞下的小穗柄長2～3公釐；總苞內有1枚小穗，總苞剛毛邊緣短毛狀；小穗長5～8公釐，腹背扁壓；外穎微小；內穎長2.5～3公釐，約小穗長之1/3～1/2；下位小花不孕，外稃與小穗等長，內稃缺；上位小花與小穗等長；花藥長3公釐。

分布於印度、東南亞、中國及日本；台灣生長於平地及低山向陽地。

總苞下明顯具小穗柄，總苞內有1枚小穗，小穗長5～8公釐。

圓錐花序長10～25公分

稈叢立，稈高30～120公分。

牧地狼尾草

屬名 狼尾草屬

學名 *Pennisetum polystachion* (L.) Schult.

一年生或短暫多年生，根莖短小，稈叢生，高 50 ～ 150 公分。葉片長 5 ～ 20 公分，寬 3 ～ 15 公釐，多少有毛；葉舌長 1 公釐。圓錐花序長 10 ～ 25 公分，穗軸邊緣具翅；總苞包住 1 支小穗，剛毛密被羽狀毛；小穗長 3 ～ 4.5 公釐；外穎微小；內穎與小穗等長；下位小花不孕，外稃長 2.5 ～ 3.5 公釐，內稃缺；上位小花長 2 公釐，約小穗長之 2/3；花藥長 1.2 公釐。

　　原產於熱帶美洲及熱帶非洲；歸化於台灣中、南部平地及低山向陽地，常見。

圓錐花序長 10 ～ 25 公分

總苞包住 1 支小穗，剛毛密被羽狀毛，小穗長 3 ～ 4.5 公釐。

象草

屬名　狼尾草屬
學名　*Pennisetum purpureum* Schumach.

多年生，叢生，具根莖，稈直立，高達 3 公尺。葉身長 20 ～ 120 公分，表面疏被伏毛；葉舌長 1.5 ～ 5 公釐。圓錐花序長 10 ～ 30 公分；總苞包住 1 ～ 5 支小穗，內圈剛毛疏被羽狀毛；小穗長 5 ～ 7 公釐；外穎缺；內穎長 1 ～ 3 公釐，約為小穗長之 1/4 ～ 1/2；下位小花不孕，外稃長 2.5 ～ 5 公釐，內稃缺；上位小花與小穗等長；花藥長 2.5 公釐，先端有一叢短毛。

　　原產於熱帶非洲，現歸化於世界各地；在台灣常見於中、南部之平野向陽地。

總苞內圈剛毛疏被羽狀毛，小穗長 5 ～ 7 公釐。

圓錐花序長 10 ～ 30 公分

叢生，具根莖，稈直立，高達 3 公尺。

羽絨狼尾草

屬名　狼尾草屬
學名　*Pennisetum setaceum* (Forssk.) Chiov.

多年生，具根莖，稈叢生，高 50 ～ 130 公分。葉片長 20 ～ 65 公分，兩面密被毛；葉舌長 1 ～ 1.5 公釐。圓錐花序長 15 ～ 20 公分，穗軸邊緣具翅；總苞包住 1 支小穗，剛毛基部密被羽毛狀毛；小穗長 4.5 ～ 5 公釐；外穎微小；內穎與小穗等長；下位小花不孕或雄性，外稃與小穗等長，表面疏被伏毛，內稃顯著；上位外稃長 3 ～ 4.5 公釐，紙質，疏被小剛毛；花藥長 1.5 公釐。

原產於非洲北部及東部、亞洲西南部；台灣為新歸化種，生長於路旁、邊坡及荒廢地。

總苞剛毛基部密被羽毛狀毛，小穗長 4.5 ～ 5 公釐。　圓錐花序長 15 ～ 20 公分　新歸化於路旁、邊坡及荒廢地。

金髮草屬 POGONATHERUM

多年生，稈叢生，節上有鬚。葉鞘表面及邊緣無毛；葉舌短，膜質，有緣毛。總狀花序，單一，腋生；小穗成對，略兩側扁壓，一有柄，另一無柄，兩型；基盤具長鬚毛；外穎紙質，背面圓凸；內穎膜質，具長芒；上位外稃先端 2 裂，具長芒；雄蕊 1 或 2；芒金黃色。

台灣產 2 種。

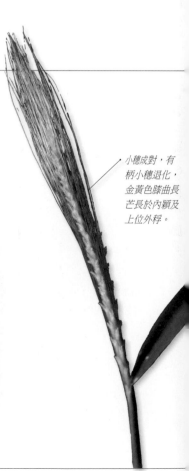

小穗成對，有柄小穗退化，金黃色膝曲長芒長於內穎及上位外稃。

金絲草

屬名　金髮草屬
學名　*Pogonatherum crinitum* (Thunb.) Kunth

多年生，稈纖細，叢生，直立或膝曲式斜上生長，高 10 ～ 30 公分，節上有鬚。葉身線狀披針形，長 1.5 ～ 5 公分，寬 1 ～ 3 公釐；葉鞘表面及邊緣無毛；葉舌短，膜質，有緣毛。總狀花序長 1.5 ～ 3 公分，穗軸有短硬毛；小穗成對，兩型，一有柄，另一無柄，小穗柄線形，扁平，邊緣具微毛；無柄小穗兩性，橢圓形，長 1.5 ～ 2 公釐，成熟時與穗軸及有柄小穗之小穗柄一起掉落，2 小花，下位小花退化不孕，上位小花兩性可孕；外穎長圓形，長 1.5 ～ 1.8 公釐，先端截形；內穎膜質，具 1.5 ～ 2.5 公分長芒；下位外稃長 1.2 公釐，透明，無芒；上位外稃具 1.5 ～ 2.5 公分長芒；雄蕊 1，花藥長約 1 公釐；有柄小穗小於無柄小穗，無芒。

分布於東亞、南亞、東南亞至澳洲；台灣全島之平原坡地及低海拔丘陵地可見。

全島之平原坡地及低海拔丘陵地可見，喜生於水邊。（陳志豪攝）　　總狀花序長 1.5 ～ 3 公分，密生金黃色長芒。

金髮草

屬名　金髮草屬
學名　*Pogonatherum paniceum* (Lam.) Hack.

多年生，稈直立，叢生，有時於山壁懸垂生長，高 30 ～ 60 公分，節上有鬚。葉身線狀披針形，長 2 ～ 5 公分，寬 2 ～ 4 公釐；葉鞘表面及邊緣無毛；葉舌短，膜質，有緣毛。總狀花序直，長 2 ～ 3 公分；小穗成對，兩型，一有柄，另一無柄，小穗柄線形，扁平，邊緣具微毛；無柄小穗兩性，橢圓形，長 2.5 ～ 3 公釐，成熟時與穗軸及有柄小穗之小穗柄一起掉落，2 小花，下位小花退化不孕，上位小花兩性可孕；外穎橢圓形，與小穗等長，有微糙毛，先端截形；內穎膜質，長圓形，具 1.5 ～ 2 公分長芒；下位外稃卵形，長 1.5 公釐，透明，無芒；上位外稃具長 1.5 ～ 2.5 公分之膝曲長芒；雄蕊 2，花藥長約 1.5 公釐；有柄小穗小於無柄小穗，無芒。

　　分布於阿拉伯至南亞、東南亞及澳洲；台灣生長於本島中部及南部之山區及溪流邊，稀有。

小穗成對，有柄小穗退化，金黃色膝曲長芒長於內穎及上位外稃。

生長於本島中部及南部之山區及溪流邊，稀有。

總狀花序密生金黃色長芒

偽針茅屬 PSEUDORAPHIS

多年生，水生或濕生。葉片線狀披針形；葉鞘扁壓；葉舌膜質，撕裂狀。總狀花序，宿存，分散排列在一主軸上而形成圓錐花序；每一總狀花序具 1 至數朵具柄小穗及一近頂端的剛毛；小穗腹背扁壓，具 2 朵小花，於穎下脫落；外穎甚小；內穎與小穗等長，薄革質；下位小花通常為雄性；下位外稃銳形、漸尖形至具芒，抱住一半透明質內稃；上位小花通常為雌性，為小穗長之 1/2，膜質，光滑。

　　台灣產 1 種。

大偽針茅

屬名　偽針茅屬
學名　*Pseudoraphis brunoniana* (Wallich & Griffith) Pilger

多年生水生植物，稈漂浮於水面，稈高 20 ～ 40 公分，節被毛。葉身長 3 ～ 6 公分，寬 2 ～ 4 公釐；葉舌膜質，邊緣撕裂狀，長 1 ～ 2 公釐。圓錐花序長 6 ～ 14 公分；總狀花序具 2 ～ 3 支小穗；小穗單生，長 5 ～ 8 公釐，小穗柄短；外穎長 0.5 公釐，半透明質；內穎與小穗等長，7 ～ 11 條脈，脈上有剛毛；下位小花多為雄性，雄蕊 3 枚，花藥長 1.3 ～ 2 公釐；下位外稃 4.8 ～ 7.8 公釐；下位內稃長約為外稃之 2/3；上位小花雌性，具短柄；上位內稃長 2 公釐。成熟穎果長 1.8 公釐。

　　分布於印度、孟加拉、泰國、越南、菲律賓、中國及台灣等地；在台灣生長於低海拔之水田、溝渠及池塘。

總狀花序頂端具一剛毛，小穗單生，長 5 ～ 8 公釐。

圓錐花序長 6 ～ 14 公分

生長於低海拔之水田、溝渠及池塘，稈高 20 ～ 40 公分。

羅氏草屬 ROTTBOELLIA

一年生，稈直立，叢生，高大，上部分支。葉片線形，表面無毛；葉鞘具基部瘤狀之毛；葉舌短，舌狀。總狀花序頂生或腋生，穗軸膨大成圓筒狀，節間有陷入穗軸的凹洞，小穗位於凹洞內；小穗成對，兩型，一有柄，另一無柄，有柄小穗退化不孕；無柄小穗橢圓形，腹背壓扁；下位小花雄性，上位小花兩性；外穎革質，內穎舟狀，革質。

台灣產 1 種。

羅氏草

屬名　羅氏草屬
學名　*Rottboellia cochinchinensis* (Lour.) Clayton

一年生，稈直立，叢生，高 1 ～ 3 公尺，上部分支。葉片線形，長 20 ～ 50 公分，寬 5 ～ 25 公釐，表面無毛，邊緣粗糙；葉鞘具基部瘤狀之毛，葉鞘和葉片之間無毛；葉舌短，舌狀，上緣具纖毛。總狀花序頂生或腋生，長 6 ～ 15 公分；穗軸膨大成圓筒狀，節間有陷入穗軸的凹洞，小穗位於凹洞內；小穗成對，兩型，一有柄，另一無柄；有柄小穗退化不孕，小穗柄與穗軸癒合，成熟後與穗軸齊落；無柄小穗橢圓形，腹背壓扁，長 4 ～ 5 公釐；下位小花雄性，上位小花兩性；外穎革質並具邊緣窄翅，內穎舟狀，革質，中肋脊狀；下位外稃披針形，長 4 ～ 5 公釐，紙質，無芒；上位外稃膜質透明，長 2 ～ 3 公釐。

分布於中國及東南亞，台灣生長於中部及南部之低海拔開闊地。

小穗成對，有柄小穗退化不孕，無柄小穗陷入穗軸節間的凹洞內，成熟後與穗節齊落。

稈直立，叢生，高 1 ～ 3 公尺。

總狀花序頂生或腋生

甘蔗屬 SACCHARUM

多年生，稈粗大，直立，實心。葉片線形，葉片寬；葉舌舌狀至鈍圓形，上緣具纖毛或微裂。圓錐花序，具多數分支；小穗成對，同型，通常無芒，下位小穗無柄，與穗軸齊落，上位小穗有柄；基盤具長鬚毛；穎紙質或革質，邊緣略內捲，與小穗等長；下位小花不孕，下位外稃膜質，略短於小穗，下位內稃退化；上位小花可孕，上位外稃膜質，具短芒或芒尖。台灣產 4 種。

斑茅

屬名	甘蔗屬
學名	*Saccharum arundinaceum* Retz.

多年生，稈高大，直立，叢生，一般高 2～3 公尺，最高可至 6 公尺，無毛。葉片線形，長 1～2 公尺，寬 1～2 公分；葉鞘表面光滑，邊緣無毛；葉舌膜質，具纖毛。圓錐花序疏鬆，長 30～80 公分，穗軸無毛；小穗成對，同型，一有柄，另一無柄，披針形，長 3～4 公釐，具 2 小花，下位小花退化不孕，上位小花兩性可孕；穎紙質；外穎尖頭，具 2 脊；內穎 5 脈；下位外稃膜質，上半部撕裂狀，先端漸尖形但無芒；上位外稃披針形，膜質，先端具甚短之芒。

分布於印度、中國及東南亞地區；台灣生長於全島低海拔之溪流及河谷地。

稈高大，直立叢生。（鄭謙遜攝）

圓錐花序疏鬆（江某攝）

小穗密被銀白色長柔毛（鄭謙遜攝）

紫台蔗茅（台灣蔗草）

屬名	甘蔗屬
學名	*Saccharum formosanum* (Stapf) Ohwi

多年生，稈粗大，直立，叢生，高 70～150 公分。葉片線形，長 30～100 公分，寬 3～6 公釐，在葉舌邊緣及基部中肋處具長柔毛；葉鞘表面及邊緣無毛；葉舌舌狀，紙質，背部具纖毛。圓錐花序開展，穗軸被柔毛，長 8～15 公分；小穗成對，同型，一有柄，另一無柄，披針形，長 3～3.5 公釐，基盤有毛，短於小穗；下位小穗無柄，與穗節齊落；穎亞革質；外穎先端微 2 齒裂；內穎 3 脈，邊緣撕裂狀；下位外稃下半部紙質，漸往上成膜質且呈撕裂狀；上位外稃具約 7 公釐長芒。

分布於中國華南、華西及海南島；台灣見於全島中低海拔之開闊坡地。

小穗被柔毛，但較斑茅稀疏。（許天銓攝）

圓錐花序開展

稈粗大，直立叢生，植株小於斑茅。（許天銓攝）

河王八

屬名　甘蔗屬

學名　*Saccharum narenga* (Nees *ex* Steud.) Wall. *ex* Hack.

多年生，稈高大，實心，直立，叢生，高 1～2 公尺。葉片線形，長 80～150 公分，寬 6～12 公釐。葉鞘表面光滑；葉舌舌狀，膜質，上緣具纖毛。圓錐花序開展，長 15～30 公分；小穗成對，同型，一有柄，另一無柄，近矩形，長 2.5～3 公釐，通常無芒；基盤具絲毛，略與小穗等長；穎亞革質，長同小穗；具 2 小花，下位小花退化不孕，稃膜質；上位外稃披針形，先端鈍形，邊緣纖毛狀，無芒。

分布於印度至東南亞，台灣生長於中南部低海拔河岸及山坡地近水處。

小穗基盤被柔毛，約與小穗等長。（林家榮攝）

稈高大，直立叢生。（林家榮攝）

圓錐花序稍緊縮（林家榮攝）

甜根子草

屬名　甘蔗屬
學名　*Saccharum spontaneum* L.

多年生，稈直立，叢生，高可達 4 公尺，具根莖，根系發達。葉片線形，長 [5]0 ～ 180 公分，寬 2 ～ 10 公釐；葉鞘長於節間；葉舌膜質，上端微裂具纖毛。圓錐花序鬆散，具多數分支；小穗成對，同型，一有柄，另一無柄，披針形，長 3 ～ 5 公釐，通常無芒，穗節及小穗柄皆具銀白色絲毛，毛長為小穗 3 ～ 4 倍；穎宿存，基部革質，上部膜質；具 2 小花，下位小花退化不孕，稃膜質；上位外稃披針形，先端漸尖形，邊緣纖毛狀，無芒。

　　分布於非洲、西亞至東南亞、東亞及澳洲；台灣全島低海拔之河床及沙質土壤處常見。

稈直立，叢生，常見於低海拔之河床及沙質土壤處。

小穗密被銀白色長柔毛

圓錐花序鬆散，具多數分支。

囊穎草屬 SACCIOLEPIS

　　[一]年生植物，稈叢生。葉片鐮形，葉舌膜質。圓錐花序緊縮，圓筒狀；小穗兩側扁壓，不對稱，2 朵小花，於穎下脫落；穎具明顯突出肋脈；外穎長為小穗之 1/4 ～ 3/4；內穎與小穗等長，背圓凸；下位小花不孕，僅具雄蕊或雄、雌蕊皆缺；下位外稃與內穎等長，背略圓凸；下位內稃常退化；上位外稃背腹扁壓，革質至軟骨質；雄蕊 3。

　　台灣產 1 種。

囊穎草

屬名　囊穎草屬
學名　*Sacciolepis indica* (L.) Chase

一年生，稈膝曲斜上或平行，纖細，高 20 ～ 100 公分。葉身長 4 ～ 12 公分，寬 2 ～ 4 公釐；葉舌為一被毛膜，長 0.2 ～ 0.5 公釐。圓錐花序長 1 ～ 16 公分；小穗長 2 ～ 2.8 公釐，小穗柄頂端盤狀；外穎長 1 ～ 1.5 公釐，約為小穗長之 1/3 ～ 1/2，3 ～ 7 條脈；內穎長 2 ～ 2.8 公釐，7 ～ 11 條脈；下位小花不孕，下位外稃 7 ～ 11 條脈；下位內稃微小；上位外稃長 1.5 公釐，約小穗長之 1/2；上位內稃與小穗等長；花藥長 0.5 公釐。

　　分布於熱帶亞洲及澳洲，台灣常見於低海拔濕地。

小穗長 2 ～ 2.8 公釐

高 20 ～ 100 公分

圓錐花序長 1 ～ 6 公分

裂稈草屬 SCHIZACHYRIUM

一年生或多年生植物，稈中空。葉片線形；葉舌膜質，先端截形，微撕裂。總狀花序，單一，通常腋生；小穗成對，兩型，一有柄，另一無柄，上位有柄者退化，甚小；無柄小穗背腹扁壓，線形至披針形，外穎紙質至亞革質，圓背，常具 2 脊，先端 2 小齒突；內穎與外穎相似，舟狀；下位小花退化，僅具一半透明下位外稃；上位外稃通常 2 深裂，具一膝曲扭轉芒自凹處伸出；芒具毛；雄蕊 3。

台灣產 2 種。

裂稈草

屬名	裂稈草屬
學名	*Schizachyrium brevifolium* (Sw.) Nees *ex* Buse

一年生，叢生，稈直立或平行，纖細，高 10 ～ 60 公分。葉身長 1.5 ～ 4 公分，寬 2 ～ 4 公釐，先端鈍形；葉鞘兩側扁壓狀；葉舌為具一邊緣毛狀之膜，長 0.5 ～ 1 公釐。總狀花序長 1 ～ 2 公分，穗軸與小穗柄光滑；無柄小穗長 2.5 ～ 4 公釐；外穎與小穗等長，先端 2 齒突；內穎與小穗等長，中肋脊狀；下位外稃長 1.5 公釐；上位外稃長 1.5 公釐，接近基部之深裂，芒長 7 ～ 10 公釐；上位內稃微小或缺；有柄小穗極度退化，具長芒。

廣泛分布於舊世界溫暖地區；台灣罕見，生長於低海拔潮濕之山坡地及小溪旁。

生長於低海拔潮濕之山坡地及小溪旁，罕見。（林家榮攝）

總狀花序長 1 ～ 2 公分，穗軸與小穗柄光滑。

稈高 10 ～ 60 公分，葉身先端鈍。

尖葉裂稈草 特有種

屬名	裂稈草屬
學名	*Schizachyrium fragile* (R.Br.) A. Camus var. *shimadae* (Ohwi) C. C. Hsu

一年生，稈叢生，高 10 ～ 30 公分。葉片長達 11 公分，寬約 2 公釐，先端銳形；葉鞘略兩側扁壓，葉舌膜質，長約 0.4 公釐。總狀花序長約 3 公分，穗軸與小穗柄被絹毛；無柄小穗長約 3 公釐；外穎與小穗等長，5 條脈；內穎與小穗等長，中肋脊狀；下位外稃長約 2 公釐；上位外稃長約 2 公釐，接近基部之深裂，芒長約 7 公釐；上位內稃微小或缺；有柄小穗極度退化，具長芒。

特有變種，長於台灣中、南部之低山草地，罕見。

無柄小穗長約 3 公釐

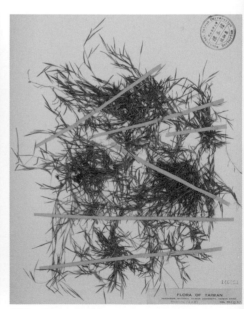

稈叢生，高 10 ～ 30 公分。

狗尾草屬 SETARIA

一年生或多年生植物，稈叢生。葉片線形至披針形；葉舌為一圈叢毛，有時具膜。圓錐花序，常形似穗狀或於分支上緊縮。

小穗具 2 朵小花，多少圓凸，於穎下脫落，小穗基部常具小枝狀剛毛，剛毛粗糙且宿存；穎短於小穗或內穎與小穗等長，膜質至草質；外穎 3 ～ 5 條脈；內穎 5 ～ 9 條脈；下位小花不孕，僅具雄蕊或雄、雌蕊皆缺；上位外稃通常具皺紋；雄蕊 3。葉身形態，花序結構，小穗長度，穎形態與上位小花形態為本屬物種主要的鑑別特徵。

台灣產 10 種。

柔毛狗尾草

屬名	狗尾草屬
學名	*Setaria barbata* (Lam.) Kunth.

一年生，稈叢生，直立或膝曲斜上，高 50 ～ 200 公分。葉身長 10 ～ 20 公分，摺扇狀脈，兩面均勻被基部疣狀長毛；葉鞘密被長毛；葉舌長 1 ～ 2 公釐。圓錐花序疏展，花序長 5 ～ 20 公分，穗軸被短毛；部分小穗下具 1 小枝狀剛毛；小穗腹背扁壓，長 2.5 ～ 3 公釐；外穎長 0.8 ～ 1 公釐，約為小穗長之 1/3；內穎長 2 公釐；下位小花不孕，外稃長 2.5 公釐，具內稃；上位外稃長 2.5 公釐，先段銳形，表面具不明顯皺褶。

原分布於非洲及印度；歸化於台灣中、北部地區。

小穗腹背扁壓，長 2.5 ～ 3 公釐。

稈叢生，直立或膝曲斜上，高 50 ～ 200 公分。

圓錐花序疏展，花序長 5 ～ 20 公分。

法氏狗尾草

屬名	狗尾草屬
學名	*Setaria faberi* R. A. W. Herrm.

一年生，稈直立，叢生，高 40 ～ 100 公分，基部分支。葉片長 10 ～ 30 公分，寬 8 ～ 20 公釐，葉表疏生長毛；葉鞘邊緣具纖毛；葉舌由短毛構成，長約 1.5 公釐。圓錐花序緊縮圓筒狀，長 5 ～ 10 公分，穗軸被纖毛，成熟時下垂；小穗下小枝狀剛毛多數；小穗卵形，長約 2.5 公釐；外穎長約小穗之 1/3 ～ 1/2，寬卵形；上位外稃卵形，先端鈍形，具細橫皺褶。

分布於東亞及南亞區域，台灣生長於全島低海拔之開闊山坡地。

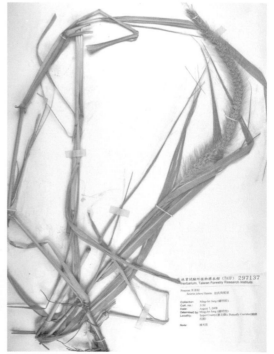

稈直立，叢生，高 40 ～ 100 公分。

小穗卵形，長約 2.5 公釐。

圓錐花序緊縮圓筒狀，長 5 ～ 10 公分。

小米

屬名　狗尾草屬
學名　*Setaria italica* (L.) P. Beauv.

一年生，稈直立，叢生，高可達 1 公尺。穗狀圓錐花序緊縮圓筒狀，長 10 ～ 30 公分，成熟時下垂，穗軸密被毛；小穗下小枝狀剛毛多數，剛毛 與小穗等長；小穗卵形，長約 2.5 公釐；外穎長約小穗之 1/3，內穎約 與小穗等長；上位外稃長橢圓形，先端鈍形，略革質，不具皺褶。

全球可見零散栽植；台灣為栽培種，但常見逸出。

小穗卵形，長約 2.5 公釐。

穗狀圓錐花序緊縮圓筒狀，長 10 ～ 30 公分。

栽培種，稈直立，叢生。（林家榮攝）

棕葉狗尾草

屬名　狗尾草屬
學名　*Setaria palmifolia* (J. König) Stapf

年生，根莖短，稈直立或斜臥，叢生。葉片披針形，長達 45 公分，寬 2 ～ 6.5
公分，革質，摺扇狀脈，下表面被微毛；葉鞘具脊，具疣狀剛毛；葉舌由短
毛構成，長 1.5 ～ 2 公釐。圓錐花序疏鬆，長達 40 公分，穗軸近無毛；部分
小穗下具 1 小枝狀剛毛；小穗卵狀披針形，長 3 ～ 4 公釐；外穎長約小穗之
1/3 ～ 1/2，內穎長約為小穗之半；上位外稃卵形，先端鈍形，革質，表面具
不明顯皺褶。

　　分布於舊大陸熱帶地區，台灣生長於全島低海拔之山邊遮蔭處。

葉片摺扇狀脈，圓錐花序疏鬆。

小穗卵狀披針形，長 3 ～ 4 公釐。（林家榮攝）

生長於低海拔之山邊遮蔭處，叢生。

莠狗尾草

屬名　狗尾草屬
學名　*Setaria parviflora* (Poir.) Kerguélen

一或多年生，地下莖多節，稈直立，叢生，高 40 ～ 100 公分。葉片長 10 ～ 30 公分，寬 8 ～ 20 公釐；葉鞘壓扁狀；葉舌由短毛構成，長約 1 公釐。圓錐花序緊縮圓筒狀，長 2 ～ 10 公分，穗軸密被毛；小穗下小支狀剛毛多數；小穗卵形，長約 2.5 公釐；外穎長約小穗之 1/3 ～ 1/2，內穎長約為小穗之半；上位外稃卵形，先端鈍形，堅硬，表面具細皺褶。

　　分布於美洲熱帶及亞熱帶，台灣歸化於全島低海拔之草地及空曠地。

稈直立，叢生，高 40 ～ 100 公分。

小穗下剛毛多數，小穗卵形長約 2.5 公釐。

圓錐花序緊縮圓筒狀，長 2 ～ 10 公分。

皺葉狗尾草

屬名　狗尾草屬
學名　*Setaria plicata* (Lam.) T. Cooke

多年生，稈直立或斜臥，無毛。葉片狹披針形，長 20 ～ 30 公分，寬 1 ～ 3 公分，無毛，薄革質，具摺扇狀脈；葉鞘脊狀。圓錐花序疏鬆，長 20 ～ 30 公分，穗軸近無毛；部分小穗下具 1 小枝狀剛毛；小穗卵狀披針形，長約 3.5 公釐；外穎長約小穗之 1/4 ～ 1/3，內穎長約為小穗之 2/3 ～ 3/4；上位外稃卵狀長橢圓形，先端銳形，表面具不明顯皺褶。

　　分布於東亞至南亞，台灣生長於低至中海拔之林緣或林下山坡地。

小穗卵狀披針形，長約 3.5 公釐。

生長於低至中海拔之林緣或林下山坡地

葉片狹披針形，摺扇狀脈。

金色狗尾草

屬名　狗尾草屬
學名　*Setaria pumila* (Poir.) Roem. & Schult.

一年生，稈傾臥，高 20～50 公分。葉片長 10～25 公分，寬 8～15 公釐；葉鞘壓扁狀，具脊，無毛；葉舌由短毛構成，長約 1 公釐。圓錐花序緊縮圓筒狀，長 5～10 公分，穗軸密被毛；小穗下小枝狀剛毛多數；小穗卵形，長約 3 公釐；外穎長約小穗之 1/2，內穎長約為小穗之 2/3～3/5；上位外稃卵形，先端鈍形，革質，表面具橫向深皺褶。

　　分布於舊大陸熱帶及溫帶區域，歸化於全世界；台灣生於中、南部低海拔之山坡地及果園。

小穗下剛毛多數，小穗長約 3 公釐。　　　　　　小穗下剛毛多數，長約 3 公釐。　　　　　圓錐花序緊縮圓筒狀，長 5～10 公分。

南非鴿草

屬名　狗尾草屬
學名　*Setaria sphacelata* (Schumach.) Stapf & C. E. Hubb. *ex* M. B. Moss.

多年生，稈直立，高 20～200 公分，膝曲，叢生，具分支。葉片長 10～50 公分，寬 2～18 公釐，光滑或略被毛；葉鞘壓扁狀，邊緣具纖毛；葉舌由短毛構成，長 1～2 公釐。圓錐花序緊縮圓筒狀，長 10～50 公分，穗軸微被毛；小穗下小枝狀剛毛多數；小穗橢圓形，長 2～2.8 公釐；外穎長約小穗之 1/4～1/2，內穎長約小穗之 1/3～3/4；上位外稃卵形，先端鈍形，表面具橫向深皺褶。

　　分布於舊大陸熱帶，台灣歸化於北部及中部之平地及低海拔山區。

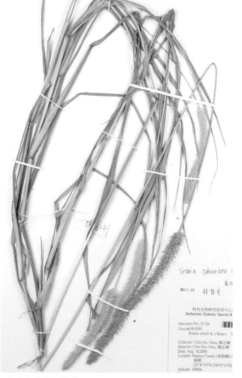

分布於舊大陸熱帶　　　　　　　　　　　小穗橢圓形　　　　　　　　　圓錐花序緊縮圓筒狀，長 10～50 公分。

倒刺狗尾草

屬名　狗尾草屬
學名　*Setaria verticillata* (L.) P. Beauv.

一年生或多年生，稈直立，叢生，高20～100公分。葉片長10～30公分，寬5～20公釐，具疏柔毛；葉鞘壓扁狀，有毛或無毛，邊緣具纖毛；葉舌由短毛構成，長約1公釐。圓錐花序緊縮圓筒狀，長2～10公分，穗軸密被毛，分支有間斷；小穗下小枝狀剛毛多數，剛毛邊緣具倒鉤刺毛；小穗卵形，長1.8～2.5公釐；外穎長約小穗之半，內穎約小穗同長；上位外稃卵形，革質，表面橫向皺摺不明顯或無。

　　分布於舊大陸熱帶及溫帶區域；台灣生長於全島低海拔之草地、空曠地或林緣處。

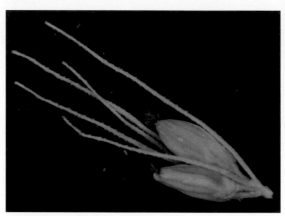

小穗下剛毛邊緣具倒鉤刺毛，小穗長1.8～2.5公釐。　　　　　　圓錐花序緊縮圓筒狀，長2～10公分。

生長於全島低海拔之草地、空曠地或林緣處。

狗尾草

屬名　狗尾草屬
學名　*Setaria viridis* (L.) P. Beauv.

一年生，稈直立，膝曲，叢生，高 40 ～ 80 公分。葉片長 5 ～ 20 公分，寬 2 ～ 18 公釐；葉鞘壓扁狀，邊緣具纖毛；葉舌由短毛構成，長約 1.5 公釐。圓錐花序緊縮圓筒狀，長 3 ～ 6 公分，穗軸微被毛；小穗下小枝狀剛毛多數，剛毛邊緣具順向刺毛；小穗卵形，長約 2.5 公釐；外穎長約小穗之 1/3，內穎約與小穗等長或稍短；上位外稃卵形，先端鈍形，堅硬，表面橫向皺摺不明顯或無。

　　分布於舊大陸熱帶，台灣生長於全島近海地區之沙質地及空曠地。

稈直立叢生，膝曲，高 40 ～ 80 公分。　　小穗下剛毛邊緣具順向刺毛，小穗長約 2.5 公釐。　　圓錐花序緊縮圓筒狀，長 3 ～ 6 公分。

蜀黍屬 SORGHUM

　　年生或多年生植物，稈實心，直立。葉片線形，中肋粗；葉舌紙質，具纖毛。圓錐花序頂生，大型，密集，穗軸被毛；小穗成對，兩型，一有柄，另一無柄，通常成熟時褐色；無柄小穗腹背扁壓；基盤鈍形，被毛；外穎革質，與小穗等長，圓背，邊緣具 2 脊，脊先端翅狀，被毛；內穎舟狀，與小穗等長；下位小花退化，僅剩一半透明外稃；上位外稃先端 2 齒，常具一膝曲芒自凹處伸出；鱗被具纖毛；雄蕊 3；有柄小穗有時退化僅具穎，通常較無柄小穗窄，無芒。
　　台灣產 4 種。

蜀黍 (高粱)

屬名　蜀黍屬
學名　*Sorghum bicolor* (L.) Moench

一年生，稈疏叢生，直立，高 1 ～ 3 公尺。葉身長 40 ～ 70 公分，多少波狀；葉舌長 2 ～ 3 公釐。圓錐花序略緊縮，長 15 ～ 50 公分；無柄小穗長 3 ～ 6 公釐，卵形；外穎 7 ～ 13 條脈，並有橫脈，表面常被柔毛；內穎中肋脊狀，表面常被柔毛；下位外稃長 3 ～ 5 公釐；上位外稃長 3 公釐，芒長 4 ～ 15 公釐，芒上被毛；雄蕊花藥長 2 公釐；有柄小穗線狀長橢圓形，長 3 ～ 4 公釐，寬約無柄者之 1/4，不孕，僅雄蕊或雄、雌蕊皆缺，通常黃色。

　　原生非洲，於熱帶地區廣泛栽培；在台灣偶見逸出。

稈疏叢生，直立，高 1 ～ 3 公尺。（林家榮攝）　　無柄小穗長 3 ～ 6 公釐，表面常被柔毛。　　圓錐花序略緊縮，長 15 ～ 50 公分。

詹森草

屬名　蜀黍屬

學名　*Sorghum halepense* (L.) Pers.

多年生，叢生，具根莖，稈高 50 ～ 150 公分。葉身長 25 ～ 80 公分，基部密被毛；葉舌長 1.5 ～ 2 公釐。圓錐花序開展，長 20 ～ 40 公分，穗軸基部被白色軟毛；無柄小穗長 4 ～ 5 公釐，卵狀披針形；外穎 5 ～ 7 脈，並有橫脈，表面被毛，先端邊緣具 2 脊，具明顯 3 齒突；內穎中肋脊狀，表面被毛；下位外稃長 4 ～ 5 公釐；上位外稃長 2 公釐，邊緣毛狀，芒長 1 ～ 1.5 公分；雄蕊花藥長 2.5 公釐；有柄小穗線狀長橢圓形，長 4.5 ～ 6 公釐，寬約無柄者之 1/2，不孕，僅雄蕊或雄、雌蕊皆缺，黃色或灰紫色。

　　原產南歐至中亞及南亞，現歸化於全球之溫暖地區；台灣生長於低海拔之村落旁、林緣及荒地。

無柄小穗長 4 ～ 5 公釐

叢生，具根莖，稈高 50 ～ 150 公分。

圓錐花序開展，長 20 ～ 40 公分。

光高粱

屬名　蜀黍屬
學名　*Sorghum nitidum* (Vahl) Pers.

多年生，疏叢生，具短根莖，稈直立，高 60～150 公分，節處密被毛。葉身長 10～40（～50）公分，基部密被毛；葉舌長 1～1.5 公釐。圓錐花序開展，長 10～30 公分，穗軸被毛；無柄小穗長 3.5～5 公釐，卵狀披針形；外穎 5 脈，背部及邊緣密被毛，成熟時棕黑色；內穎舟狀，上半部表面被毛；下位外稃長 3～4 公釐；上位外稃上緣有長毛，無芒或具長，芒長 1～1.5 公分；雄蕊花藥長 2 公釐；有柄小穗披針形，長 3～3.5 公釐，寬約無柄者之 2/3，不孕，僅雄蕊或雄、雌蕊皆缺，棕色。

分布於南亞、東南亞、東亞至澳洲；台灣生長於低海拔之向陽坡地。

無柄小穗長 3.5～5 公釐，成熟時棕黑色。

生長於低海拔之向陽坡地，稈高 60～150 公分。

圓錐花序開展，長 10～30 公分。

擬高粱

屬名　蜀黍屬
Sorghum propinquum (Kunth) Hitchc.

多年生，疏叢生，具根莖，稈直立，高 1.5～2 公尺。葉身長 40～90 公分，葉舌長 0.5～1 公釐。圓錐花序開展，長 30～55 公分；無柄小穗長 3.8～4.5 公釐，卵狀披針形；外穎 9～13 脈，並有橫脈，背部及邊緣密被毛，具短凸；內穎舟狀，表面被毛，7 條脈；下位外稃，長 3 公釐，中肋先端加厚，凸出；上位外稃具短凸尖，無芒，鮮少具短芒；有柄小穗披針形，長 4～5.5 公釐，寬約無柄者之 1/2，不孕，僅雄蕊或雄、雌蕊皆缺，黃色或灰紫色。

分布於馬來半島、菲律賓及中國；台灣生長於南部之低拔荒廢地。

無柄小穗長 3.8～4.5 公釐

稈疏叢生，高 1.5～2 公尺。

濱刺草屬 SPINIFEX

多年生海濱植物，稈硬質，粗壯，密集叢生，具長匍匐走莖。葉舌為一圈叢毛。雌雄異株；雌花序頂生，星芒狀，由多數總狀花序組成，掉落時整個花序一起掉落，每一總狀花序為鞘狀物包住一枚基生的小穗，穗軸延長成刺；雄花序頂生，或與稈先端 1 ～ 2 節叢生，由多數總狀花序組成，總狀花序外伸，具多數小穗，頂端短尖；穎小穗等長或較短。

台灣產 1 種。

濱刺草

屬名	濱刺草屬
學名	*Spinifex littoreus* (Burm. f.) Merr.

多年生，具走莖與根莖，稈高 30 ～ 100 公分。葉片長 5 ～ 20 公分，寬 2 ～ 4 公釐，彎曲，先端銳形，邊緣粗糙，葉舌長 2 ～ 3 公釐。雌雄異株，雌花序球狀，直徑 20 ～ 35 公分；穗軸延長成針刺，長 10 ～ 18 公分；雌小穗長 1 ～ 1.2 公分；外穎長 8 ～ 10 公釐，紙質，11 條脈；內穎長 1 ～ 1.2 公分；下位小花不孕，下位外稃長 1 ～ 1.2 公分，5 條脈，內稃缺如；上位小花長約 1 公分；雄花序穗軸長 4 ～ 9 公分；雄小穗長 8 ～ 12 公釐，具 2 朵小花，皆雄性；外穎長 4 ～ 6 公釐，約小穗長之 1/2，7 ～ 9 條脈；內穎長約 8 公釐；雄蕊 3，長 6 公釐。

分布於印度、東南亞及中國南部；台灣常見於全島海濱沙地。

雌小穗長 10 ～ 12 公釐。

雌花序球狀，直徑 20 ～ 35 公分。

雄花序頂生，小穗長 8 ～ 12 公釐。

常見於全島海濱沙地

大油芒屬 SPODIOPOGON

多年生植物，具根莖，稈直立。葉片線形或狹披針形，有時葉身基部漸縮成柄狀；葉舌膜質，截形，邊緣或背面具纖毛。頂生圓錐花序，疏鬆；每一花序分支上約有 1 ～ 3 支總狀花序；總狀花序穗軸堅韌或易斷落；小穗成對，同型，兩者皆具柄，或一有柄而另一無柄；小穗不太扁壓，通常被白色絹毛；基盤無毛或稀短毛；外穎紙質，圓背，脈突出成脊，被毛，先端銳形或具短芒；內穎與外穎相似，有時具 2 脊；下位小花雄性，下位外稃膜質，具下位內稃；上位外稃 2 裂，裂深為稃長之 1/3 ～ 3/4，具膝曲芒自凹處伸出。穎果具有大型的胚。

台灣產 3 種。

油芒

屬名	大油芒屬
學名	*Spodiopogon cotulifer* (Thunb.) Hack.

叢生，稈直立，高 60 ～ 150 公分。葉身長 15 ～ 60 公分，下表面被毛，葉舌長 2 ～ 3 公釐。圓錐花序長 15 ～ 30 公分，花序分支長 3 ～ 10 公分；總狀花序 3 ～ 10 節，穗軸堅韌；成對小穗皆具柄，柄不等長；小穗披針形，長 5 ～ 6 公釐；外穎與小穗等長，表面密被毛，7 條脈，脈突出，脈上粗糙，先端有時具短芒，芒長可達 1.5 公釐；內穎與外穎相似，5 條脈；下位小花外稃長約 3.5 公釐；上位外稃與下位外稃等長，半透明，先端凹裂至中央，邊緣撕裂狀，芒長 1.2 ～ 1.8 公分；花藥長 2.5 ～ 3 公釐。

分布於喜瑪拉雅地區、中國至日本，生長於台灣低海拔向陽坡地。

小穗披針形，長 5 ～ 6 公釐。　　生長於低海拔向陽坡地，稈高 60 ～ 150 公分。

台灣油芒 特有種

屬名	大油芒屬
學名	*Spodiopogon formosanus* Rendle

叢生，具根莖；稈直立，高 60 ～ 130 公分。葉身長 20 ～ 50 公分，無毛；葉舌長 2 ～ 3 公釐。圓錐花序長 5 ～ 15 公分，花序分支長 3 ～ 6 公分；總狀花序 6 ～ 10 節，穗軸堅韌；成對小穗皆具柄，柄不等長；小穗橢圓形，長 4 ～ 5 公釐；外穎與小穗等長，明顯 7 ～ 9 條脈，表面疏生柔毛，先端凹或具微小凸尖；內穎與小穗等長，7 條脈，中肋附近具疏毛，有時具短芒，芒長 0.5 公釐；下位外稃為小穗長之 1/3，膜質，先端齒裂；上位外稃長約 2.5 公釐，半透明，先端凹裂至先端 1/3 處，邊緣平滑，芒長 1 ～ 4 公釐；花藥長 2 ～ 3 公釐。

特有種，生長於台灣南部之低山向陽坡地。

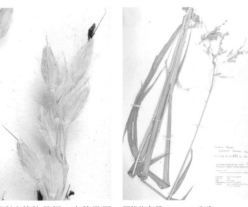

成對小穗皆具柄，小穗橢圓形，長 4 ～ 5 公釐。　　圓錐花序長 5 ～ 15 公分　　稈直立，高 60 ～ 130 公分。（陳志豪攝）

台南大油芒

屬名　大油芒屬
學名　*Spodiopogon tainanensis* Hayata

具根莖，稈直立，高 40～70 公分。葉身長 5～15 公分，寬 3～10 公釐，表面幾乎無毛，葉舌長 1～2 公釐。圓錐花序長 5～12 公分，花序分支長 2～4 公分；總狀花序穗軸易斷落；小穗成對，一有柄，另一無柄，小穗柄與穗軸被長毛；小穗長 4.5～6 公釐，披針形；穎紙質，略斑駁的淡黃色；外穎與小穗等長，表面密被柔毛，9 條脈，先端鈍形或具短突尖；內穎與外穎相似但較窄，9 條脈；下位外稃長 3.5～4 公釐；上位外稃與下位外稃等長，半透明，先端凹裂至基部 1/4～1/3 處，芒長 7～10 公釐；花藥長 2.5～3 公釐。

產於中國華西；台灣生長於向陽坡地。

稈直立，高 40～70 公分。

小穗成對，一有柄，另一無柄，小穗長 4.5～6 公釐。

圓錐花序長 5～12 公分，花序分支長 2～4 公分。

菅屬 THEMEDA

____ 年生或多年生植物，稈直立，常叢生。葉片線形，邊緣粗糙；葉鞘扁壓，具脊；葉舌平截，上端與背面具纖毛。每一總狀花序具短柄，由佛焰苞襯托；單一個或數枚帶佛焰苞之總狀花序，分散或扇形密集排列成由葉狀總苞襯托之圓錐花序；總狀花序最基部二對不孕小穗特化成佛焰苞片，其上方為成對，兩型之小穗；上位小穗具短柄，下位小穗無柄；花序最頂端小穗 3 支成群，1 無柄，另 2 有柄；無柄小穗腹背扁壓；基盤被毛；外穎革質，先端具脊；內穎邊緣內捲；下位小花退化僅剩一半透明外稃；上位外稃先端延伸成一膝曲扭轉芒，芒被毛；上位內稃微小；特化成苞片之不孕小穗具雄性或雄、雌蕊皆缺；外穎與小穗等長；內穎半透明，3～6 條脈；小花通常退化僅剩外稃；有柄小穗與不孕小穗相似。

台灣產 2 種。

日本苞子草

屬名　菅屬
學名　*Themeda barbata* (Desf.) Veldk.

多年生，叢生，稈直立，高 50～150 公分。葉身長 10～30 公分，寬約 3 公釐，基部邊緣具腺毛，葉舌長 2 公釐。總狀花序基部為兩對不孕小穗，頂端為 3 支小穗簇生，1 無柄，另 2 有柄；不孕小穗無柄；外穎背面具長腺毛；無柄小穗長約 5 公釐；外穎長 4 公釐，亞革質，表面被剛毛，先端鈍形；內穎與外穎等長，具 2 脊，表面被剛毛；下位外稃長 2.5～3 公釐；上位內稃長約 2.5 公釐，芒長 3.5 公分，芒被毛；有柄小穗披針形，長約 5 公釐；小花退化。

全球性分布於溫帶之溫暖地區或熱帶，台灣生長於乾旱地區。

稈高 50～150 公分（許天銓攝）

數枚帶佛焰苞之總狀花序，扇形密集排列之圓錐花序。（許天銓攝）

苞子草

屬名　菅屬
學名　*Themeda caudata* (Nees) A. Camus

多年生，叢生，稈直立，堅硬，高 1～3 公尺。葉身長 20～80 公分，寬 5～10 公釐，葉舌長 1～1.5 公釐。總狀花序基部為兩對不孕小穗，上接 1～2 成對小穗，頂端為 3 支小穗簇生；不孕小穗無柄，長 1.2～1.5 公分，小穗之大小稍有差異，被短毛；無柄小穗長 6～8 公釐；外穎與小穗等長，具多數橫隔脈，背面密被金色伏毛；內穎與小穗等長，邊緣內捲；下位外稃長 5～6 公釐；上位外稃長 3 公釐，芒長 4～4.5 公分，芒被毛；有柄小穗狹披針形，長 1.2～1.5 公分；穎表面被短毛。

　　分布於南亞、東南亞至中國；台灣生長於低海拔之向陽坡地或林緣。

總狀花序基部為兩對不孕小穗，上接 1～2 成對小穗，頂端為 3 支小穗簇生。

生長於低海拔之向陽坡地或林緣

稈直立，堅硬，高 1～3 公尺。（林家榮攝）

芻蕾草屬 THUAREA

多年生，稈匍匐，走莖狀，節常生根。葉片披針形，葉舌為一圈毛。雌雄同株異花；總狀花序早落性，穗軸葉狀；兩性小穗（或雌小穗）宿存，1～2支生於穗軸基部；雄小穗多數，雄蕊3，早落，生於穗軸上部，開花後，雄性部位的穗軸摺合，包住兩性小穗；兩性小穗之外穎及下位外稃背向穗軸，具2朵小花，下位小花不孕，上位小花孕性；外穎缺如或甚小；內穎、下位外稃和小穗約等長；雄小穗與孕性小穗相似但較小，小花皆為雄性。

台灣產1種。

芻蕾草

屬名	芻蕾草屬
學名	*Thuarea involuta* (G. Forst.) R. Br. *ex* Sm.

多年生，具長走莖，常蔓延成地毯狀，稈高5～20公分。葉片長2～5公分，寬3～6公釐，葉舌長0.5～1公釐。單一總狀花序頂生，基部被最上端葉之葉鞘包覆；孕性小穗卵狀披針形，長3.5～4.5公釐；外穎半透明，微小；內穎長3～3.5公釐，5條脈，表面被短毛；下位內稃與外稃等長，半透明；上位小花與小穗等長；雄性小穗寬披針形，長3～4公釐；內穎紙質，長3公釐；花藥長2公釐。

分布於馬達加斯加、印度、東南亞、中國南部、琉球及太平洋群島；在台灣生長於全島之海濱沙地。

雄性小穗寬披針形（圖左）。孕性小穗卵狀披針形。（圖右）

單一總狀花序頂生，基部被最上端葉之葉鞘包覆。

總狀花序上部為數枚雄小穗，下部為1-2枚兩性小穗。

生長於全島之海濱沙地，常蔓延成地毯狀。

加拿草屬 TRIPSACUM

多 年生植物。葉片寬;葉舌膜質,邊緣有時具纖毛。雌雄同株異花;一至數支總狀花序近似指狀排列成圓錐花序,頂生與腋生;雄花序與雌花序生長於同一總狀花序上,雌花序位於雄花序下方;雌小穗單一,包裹在膨大穗軸形成的凹穴內;外穎革質,蓋住膨大穗軸形成的凹穴;內穎舟狀,亞革質;下位小花不孕;上位小花雌性,外稃與內稃半透明;雄小穗成對,皆無柄,或一無柄而另一有柄;穎紙質;外稃與內稃半透明。

台灣產 1 種。

指狀加拿草

屬名	加拿草屬
學名	*Tripsacum dactyloides* (L.) L.

稈叢生,高可達 3 公尺。葉身長 15 ～ 80 公分,寬 3 ～ 6.5 公分,邊緣粗糙,無毛,葉舌長 1 ～ 1.5 公釐。雌花序總狀,穗軸具關節;雌小穗兩型,一無柄,一有柄;有柄小穗退化成小棍棒狀,小穗柄與穗軸癒合形成凹穴;無柄小穗陷於凹穴中,長 6 ～ 7 公釐;外穎與小穗等長,表面光滑,先端銳形;內穎與小穗等長,下半部拱起,表面光滑;下位外稃長 5 ～ 6 公釐;下位內稃長 4.5 ～ 5 公釐;上位外稃長 4 ～ 5 公釐,膜質;上位內稃與外稃等長;雄花序為指狀排列之總狀花序;雄小穗成對,同型,一無柄,一有柄;小穗長 7 ～ 8 公釐,長橢圓形至披針形;外穎與小穗等長,亞革質,具 2 脊,表面被剛毛;內穎舟狀,表面被剛毛;兩朵小花相似;外稃長 6 ～ 7 公釐,膜質,表面被剛毛;內稃與外稃等長,膜質,表面被剛毛;雄蕊 3,花藥長 5 公釐。

原產於美洲熱帶地區,歸化於台灣中部低海拔之路旁。

雄花序與雌花序生長於同一總狀花序上,雌花序位於雄花序下方。

稈叢生,高可達 3 公尺。

一至數支總狀花序近似指狀排列成圓錐花序

尾稃草屬 UROCHLOA

一年生或多年生植物。葉身線形或寬披針形；葉舌膜質，邊緣撕裂狀。數支總狀花序排列在一主軸上，複合成圓錐花序。小穗單一或成對，單側排列在穗軸上，具2兩朵小花；內穎與上位外稃背對穗軸；下位外稃與內穎相似，與小穗等長；上位外稃軟骨質，整體長度較小穗短，具一短突尖；雄蕊3。

台灣產2種。

雀稗尾稃草

屬名　尾稃草屬
學名　*Urochloa glumaris* (Trin.) Veldkamp

一年生，稈傾斜，高20～60公分。葉身長5～20公分，兩面疏被毛，葉舌長1～2公釐。花序長1.5～4公分；總狀花序2～4支，長2～5公分；小穗柄短，平坦，小穗成對，同型，長3.5～4公釐；外穎長2.5～3公釐，為小穗長之2/3～3/4，5～7條脈；內穎與小穗等長；下位小花不孕，外稃3.5～4公釐，內稃缺如；上位外稃長3公釐，先端突尖，表面具細皺紋。

原產於印度、東南亞、中國南部及琉球；台灣為新紀錄種，生長於東南部路旁或開闊地。

小穗成對，同型，長3.5～4公釐。

稈傾斜，高20～60公分。

總狀花序2～4支，長2～5公分。

尾稃草

屬名　尾稃草屬
學名　*Urochloa reptans* (L.) Stapf

一年生，稈傾斜，纖細，高10～50公分，基部節處生根。葉身長1.5～6公分，寬4～12公釐，基部心形，邊緣波狀並具纖毛，葉舌長1公釐。花序長1～8公分；總狀花序3～6支，長0.5～4公分；小穗柄短，被長柔毛；小穗成對，同型，卵形，長2～2.5公釐；外穎長0.3～0.5公釐，約為小穗長之1/4，無脈或具不明顯脈3條；內穎7～9條脈；下位小花不孕，下位外稃5條脈；下位內稃與外稃等長，膜質；上位外稃長1.5～2公釐，表面具細橫皺紋，先端突尖。

分布於熱帶地區；台灣生長於草地或廢耕地。

總狀花序3～6支，長0.5～4公分。

小穗成對，同型，長2～2.5公釐。

稈傾斜，纖細，高10～50公分。（陳志豪攝）

玉蜀黍屬 ZEA

年生植物，稈實心，直立，近基部節處生支持根。葉片寬，線形；葉舌大，被毛。雌雄同株異花；雄花序頂生圓錐狀；雄小穗腹背扁壓，成對，其一幾乎無柄，另一具細柄，二者皆具雄蕊；穎與小穗等長，紙質；外稃薄膜，具內稃；雄蕊3；雌花序為腋生之單一總狀花序，為多數苞片所包；小穗淺陷於肥厚、膨大之軸上，多列縱排密集；雌小穗幾乎無柄；穎寬大；下位小花不孕，下位外稃半透明，下位內稃缺；上位外稃與內稃半透明質；柱頭極長，延伸至花序頂段露出於苞片外。

台灣產 1 種。

| 玉蜀黍 | 屬名　玉蜀黍屬 |
| | 學名　*Zea mays* L. |

稈直立，高 1～4 公尺。葉身長 50～90 公分，寬 3～12 公釐，邊緣粗糙，中肋粗，葉舌長 2 公釐。雄小穗長 9～14 公釐；外穎被毛，9～11 條脈；內穎 7 條脈；下位外稃長 8 公釐，背面與邊緣些許被毛，3 條脈；下位內稃與外稃等長；上位小花略小於下位小花；雄蕊花藥長約 6 公釐；雌小穗穎等長，邊緣撕裂狀；小花半透明。穎果成熟時超過穎長。

原產於美洲；在台灣栽植，有時可見逸出於耕田或農家旁。

雄小穗腹背扁壓，成對。（林家榮攝）

雄花序頂生圓錐狀

雌花序為腋生之單一總狀花序（林家榮攝）

稈直立，高 1～4 公尺。

囊稃竹亞科 PHAROIDEAE

囊稃竹屬 LEPTASPIS

多年生草本，稈實心。葉成二列排列，竹葉狀，平行羽脈間具橫脈，具柄；葉舌前端平截，被短緣毛；葉鞘側扁。穗狀花序排成總狀；小穗單性，具 1 朵小花；外稃囊狀，具短鉤毛。

台灣產 1 種。

囊稃竹

屬名	囊稃竹屬
學名	*Leptaspis banksii* R. Br.

多年生草本，叢生，稈實心，高 40 ～ 60 公分。葉成二列排列，披針形，平行脈間具橫格脈，具柄；葉鞘壓扁狀；葉舌具短緣毛。總狀花序呈細長圓錐狀，小穗單性，具 1 小花，花序分支雄小穗在上，雌小穗在下；雌小穗外稃明顯膨大成囊狀，堅硬，邊緣合生，5 ～ 9 脈，外被短鉤毛。

分布於熱帶亞洲及澳洲；台灣僅於屏東恆春及台東知本有記錄，生長於林下。

外稃囊狀，邊緣合生，脈 5 至 9 條，整體外被短鉤毛。（鐘詩文攝）

總狀花序呈細長圓錐狀

穗狀花序排成總狀（鐘詩文攝）

羊茅亞科 POOIDEAE

翦股穎屬 AGROSTIS

一年生或多年生。葉片線形，平展或邊緣內旋成針狀。圓錐花序。小穗具 1 朵小花；穎多少宿存，近等長，兩側扁壓，背具一脊；外稃背具小突或芒，先端平截或具 4 或 5 齒突；內稃短於外稃甚多或不明顯；基盤光滑或具短毛。穎果背部具溝至呈圓形。花序外形，小穗長度，小穗內芒之有無，雄蕊花藥長度為本屬物種主要的鑑別特徵。

台灣產 8 種。

阿里山翦股穎	屬名	翦股穎屬
	學名	*Agrostis arisan-montana* Ohwi

葉片線形，平展，長 5 ～ 15 公分，寬 2 ～ 5 公釐。圓錐花序緊縮，長 10 ～ 20 公分，分支粗糙；小穗長 1.8 ～ 2.2 公釐，不具芒；花藥長 0.5 ～ 0.7 公釐。

分布於中國東南部及台灣中至高海拔山區。

穗不具芒。

本種分布於中至高海拔山區

圓錐花序，長 10 ～ 20 公分。

類燕麥翦股穎	屬名	翦股穎屬
	學名	*Agrostis avenacea* J. F. Gmel.

葉片線形，平展，長 5 ～ 20 公分，寬 2 ～ 4 公釐。圓錐花序開展，長 10 ～ 30 公分，分支粗糙；小穗長約 3 公釐，具芒，芒具膝曲，長 3.5 ～ 4 公釐；花藥長 0.3 公釐。

原產於澳洲及夏威夷；台灣為新歸化種，見於藤枝林道。

穗具芒，芒具膝曲。

葉片線形，平展。

圓錐花序開展，長 10 ～ 30 公分。

翦股穎

屬名　翦股穎屬
學名　*Agrostis clavata* Trin.

葉片線形，平展，長 5 ～ 15 公分，寬 2 ～ 4 公釐。圓錐花序多少緊縮，長 10 ～ 15 公分，分支粗糙或光滑；小穗長 1.5 ～ 2.5 公釐，不具芒；花藥長 0.3 ～ 0.5 公釐。

　　分布於歐洲北部、庫頁、日本及台灣；台灣生長於全島中至高海拔。

小穗不具芒

圓錐花序多少緊縮

花序長 10 ～ 15 公分

多形翦股穎

屬名　翦股穎屬
學名　*Agrostis dimorpholemma* Ohwi

葉片線形，平展，長 15 ～ 20 公分，寬 2 ～ 4 公釐。圓錐花序開展，長 15 ～ 25 公分，分支光滑；小穗長 2 ～ 2.5 公釐，具芒，筆直；花藥長 0.8 ～ 1.2 公釐。

　　分本於日本及台灣；台灣為新紀錄種，見於塔塔加。

小穗具芒
（蔡依恆攝）

本種在台灣新紀錄於塔塔加（蔡依恆攝）

圓錐花序長 15 ～ 25 公分（蔡依恆攝）

伯明翦股穎 特有種

屬名	翦股穎屬
學名	*Agrostis fukuyamae* Ohwi

葉片線形，平展，長 5 ～ 10 公分，寬約 2 公釐。圓錐花序開展，長 5 ～ 20 公分，分支粗糙；小穗長 1.8 ～ 2.5 公釐，不具芒；花藥長 0.8 ～ 1 公釐。

特有種，分布於台灣全島中至高海拔山區。

小穗不具芒
（蔡依恆攝）

圓錐花序開展（蔡依恆攝）

玉山翦股穎

屬名	翦股穎屬
學名	*Agrostis infirma* Büse

葉片線形，平展或內旋成針狀，長 5 ～ 10 公分，寬 0.3 ～ 5 公釐。圓錐花序開展，長 8 ～ 15 公分，分支粗糙；小穗長 2 ～ 2.8 公釐，不具芒；花藥長 0.6 ～ 1 公釐。

分布於馬來半島及台灣，台灣生長於全島高海拔山區。

小穗不具芒

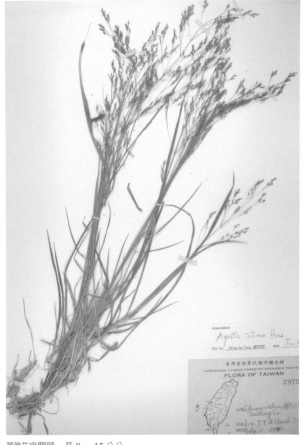

圓錐花序開展，長 8 ～ 15 公分。

草山翦股穎

屬名 翦股穎屬
學名 *Agrostis sozanensis* Hayata

葉片線形，平展，長 10 ～ 20 公分，寬 2 ～ 5 公釐。圓錐花序開展，長 10 ～ 25 公分，分支粗糙；小穗長 2 ～ 2.8 公釐，具芒，筆直；花藥長 0.8 ～ 1.2 公釐。

　　分布於中國南部及台灣，台灣生長於全島中至高海拔山區。

小穗具芒

葉片線形，平展，長 10 ～ 20 公分，寬 2 ～ 5 公釐。

圓錐花序開展，長 10 ～ 25 公分。

匍匐翦股穎

屬名　翦股穎屬
學名　*Agrostis stolonifera* L.

稈於近地面的節處生根。葉片線形，平展，長 5 ～ 15 公分，寬 2 ～ 5 公釐。圓錐花序疏展，長 5 ～ 20 公分，分支粗糙；小穗長 2 ～ 3 公釐，不具芒；花藥長約 0.5 公釐。

　　分布於歐洲、亞洲中部及西南部；台灣為新歸化種，見於南投縣信義鄉。

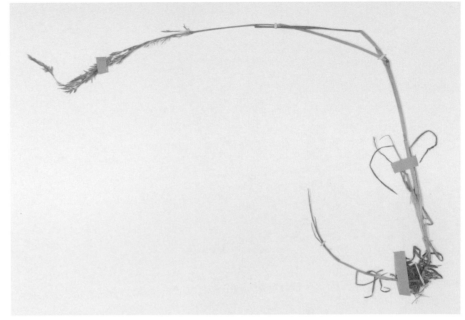

於近地面的節處生根。葉片線形。

看麥娘屬 ALOPECURUS

　　年生或多年生。葉線形，平展。圓錐花序緊縮成穗狀，長圓柱狀至頭狀；小穗兩側極度壓扁，具 1 朵小花，和穎一起脫落；穎等長，具有纖毛之脊，下部邊緣癒合；外稃膜質，下部邊緣常癒合，具脊，背部具芒；內稃微小或缺；不具鱗被。台灣產 3 種。

看麥娘

屬名　看麥娘屬
學名　*Alopecurus aequalis* Sobol.

一年生草本植物。葉片線形，平展，長 5 ～ 15 公分，寬 3 ～ 6 公釐。花序長 2 ～ 6 公分；小穗長 2 ～ 3 公釐，寬約 1 公釐；穎舟狀，長 2 ～ 2.5 公釐，3 脈，脊有纖毛；外稃廣橢圓形，長約 2 公釐，5 脈，芒由背部中下方處長出，筆直，長 1 ～ 3.5 公釐；內稃缺；花藥長約 1 公釐。

　　泛溫帶分布，在台灣生長於北部低海拔及全島中至高海拔地區。

花序長 2 ～ 6 公分

植株低矮，常帶粉白色。

生長於北部低海拔及全島中至高海拔地區

大穗看麥娘

屬名　看麥娘屬
學名　*Alopecurus myosuroides* Huds.

一年生草本植物。葉片線形，長 5～10 公分，寬 2～6 公釐。花序長約
5 公分；小穗長 4～5 公釐；穎舟狀，長 4～4.5 公釐，3 脈，脊有纖毛；
外稃廣橢圓形，長約 5 公釐，5 脈，芒由背部中下方處長出，筆直，長 8～
10 公釐；內稃缺。

　　分布於歐洲及亞洲之溫帶
地區；台灣見於台北及彰化，
少見，可能為引進種。

外稃廣橢圓形，芒由背
部中下方處長出。←

葉片線形，長 5～10 公分，寬 2～6 公釐。

原野看麥娘

屬名　看麥娘屬
學名　*Alopecurus pratensis* L.

多年生草本，具走莖，稈高 60～150 公分。葉片線形，平展，長 5～
25 公分，寬 3～10 公釐。花序長 3～8 公分；小穗長約 5 公釐，寬
約 1 公釐；穎舟狀，長約 5 公釐，3 脈，脊有纖毛；外稃廣橢圓形，
長約 5 公釐，5 脈，芒由背部中下方處長出，微曲，長約 1.3 公分；
內稃缺；花藥長約 3 公釐。

　　原產於歐洲及亞洲北部，
現已引入澳洲、北美等地；台
灣為新歸化種。

小穗長約 5 公釐，寬約 1 公釐。

稈高 60～150 公分

溝稃草屬 ANISELYTRON

多年生植物，稈纖細。葉片通常線形，平展。圓錐花序開展，分支疏散，輪生；小穗具 1 小花；小花於穎上脫落；外穎較內穎小，甚至幾近缺如；內穎較小花短，邊緣向內摺，寬披針形；外稃披針形，內摺，5 脈，光滑無芒；內稃與外稃幾等長，具 2 貼近的脈。

台灣產 2 種。

小穎溝稃草

屬名	溝稃草屬
學名	*Aniselytron agrostoides* Merr.

稈光滑無毛。葉片線形，平展，長 10 ～ 20 公分，寬 3 ～ 8 公釐；葉舌長 0.5 ～ 2.5 公釐。圓錐花序開展，長 10 ～ 20 公分；小穗柄等長，長約 1 公釐，小穗長 3 ～ 4 公釐；外穎退化，小型，長 0.2 ～ 0.5 公釐；內穎長 1.5 ～ 2 公釐，1 脈；外稃幾與小穗等長，5 脈；內稃長約 3 公釐，具 2 脊；花藥 3，長 1.2 ～ 1.5 公釐。

分布於菲律賓及台灣，台灣生長於全島高海拔山區。

小穗長 3 ～ 4 公釐（陳志豪攝）

圓錐花序開展，長 10 ～ 20 公分。（陳志豪攝）

生長於全島高海拔山區（陳志豪攝）

溝稃草

屬名	溝稃草屬
學名	*Aniselytron treutleri* (Kuntze) Sojàk

稈粗糙。葉片線形，平展，長 10～
20 公分，寬 5～15 公釐；葉舌長
0.5～1.5 公釐。圓錐花序開展，長
10～25 公分；小穗柄長度在小穗
間各異，小穗長 3～4 公釐；外穎
長 1.5～2 公釐，1 脈；內穎長 2～
2.5 公釐，1～3 脈；外稃幾與小穗
等長，5 脈；內稃長約 3 公釐，具
2 脊。花藥 3，長 0.7～1.5 公釐。

　　分布於印度東北部、緬甸北
部、馬來西亞北部及中國；台灣生
長於高海拔山區。

小穗長 3～4 公釐

葉片線形，平展，長 10～20 公分，寬 5～15 公釐。

黃花茅屬 ANTHOXANTHUM

圓錐花序緊縮成穗狀；小穗披針形，具 3 朵小花，上位者孕性，下位 2 小花常只剩外稃（偶具雄蕊）；穎不等長，內穎
長於小花，並將之包住，具脊；不孕小花之外稃較孕性者大，膜質，先端 2 裂，具芒；孕性小花之外稃邊緣內捲，包
住內稃；內稃 1 脈。

　　台灣產 2 種，其中之一為新歸化種。

台灣黃花茅

屬名	黃花茅屬
學名	*Anthoxanthum horsfieldii* (Kunth *ex* Benn.) Mez *ex* Reeder var. *formosanum* (Honda) Veldkamp

葉片長 5～20 公分，寬 5～10 公釐，兩面光滑或於近
軸面被疏柔毛。圓錐花序緊縮，長 7～13 公分，具明顯
分支；小穗長 4.5～6 公釐；外穎長 3.5～5 公釐，1～
3 脈；內穎長 4.5～6 公釐，3 脈；2 不孕小花之外稃長
約 4 公釐，具長毛及芒；中
央孕性小花之外稃光滑，長
2.5～3 公釐，3 脈；內稃長
約 2.5 公釐；花藥 2，長 1.5～
2 公釐。

　　分布於日本、菲律賓及
台灣；台灣生長於中南部之
高海拔山區。

小穗腹背扁壓，長 1.2～1.5 公釐。

柱頭

葉片長 5～20 公分，寬 5～10 公釐。

香黃花茅

屬名　黃花茅屬
學名　*Anthoxanthum odoratum* L.

葉片長 5～15 公分，寬 3～7 公釐，兩面光滑或被疏毛，葉鞘短於節間。圓錐花序緊縮成穗狀，不具明顯分支，長 5～7 公分；小穗長 7～8 公釐；外穎長 3.5～4 公釐，1 脈；內穎長 7～8 公釐，3 脈；2 不孕小花之外稃長 2～2.5 公釐，具棕色毛及芒；孕性小花之外稃光滑，長約 2 公釐，3 脈；內稃長約 1.5 公釐；花藥 2，長 3.5～4 公釐。

　　原生於歐洲及西伯利亞；台灣為新歸化種，見於南投縣仁愛鄉之天池。

小穗長 7～8 公釐

新歸化於南投縣仁愛鄉之天池

圓錐花序緊縮成穗狀

燕麥草屬 ARRHENATHERUM

多年生植物，稈基部莖節間常膨大成球狀。圓錐花序緊密，小穗具 2 朵小花，或有其它小花殘跡；下位小花雄性，有硬芒；上位小花兩性，軟芒或無芒，所有小花由穎上齊落；穎不等長，內穎與小穗同長，1～3 脈，具脊；外稃先端 2 齒突，至少下位外稃背部具芒；子房有毛。臍線形。

　　台灣產 1 種，引進並歸化之觀賞植物。

變葉燕麥草

屬名　燕麥草屬
學名　*Arrhenatherum elatius* (L.) Presl f. *variegatum* Hitchc.

根莖發達，稈高 50～100 公分。葉片長 10～20 公分，寬 4～9 公釐，葉面具黃白相間條紋。圓錐花序長 8～25 公分，分支輪生；小穗長 8～10 公釐，淡綠色，偶帶紫色；外穎為小穗之半長，1 脈；內穎略短於小穗或同長，3 脈；下位小花雄性；外稃 7 脈，基部有疏長毛及芒。

　　原產於歐洲，台灣零星可見栽植或歸化者。

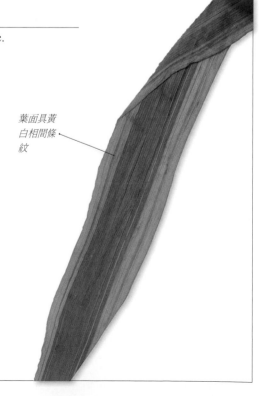

葉面具黃白相間條紋

葉片長 10～20 公分，寬 4～9 公釐。

燕麥屬 AVENA

一年生植物。葉線形，平展。圓錐花序鬆散下垂，具明顯分支；小穗大型，長於 1 公分，具 2 至多朵小花，每一小花下方或穎上具關節，基盤被毛；穎等長且與小穗同長，3 ～ 11 脈；外稃革質，先端 2 齒，背部有芒，但有些栽培種之芒已退化；子房有毛。臍線形。

台灣產 2 種。

野燕麥

屬名	燕麥屬
學名	*Avena fatua* L.

葉身長 10 ～ 30 公分，寬 5 ～ 15 公釐。圓錐花序開展，長 10 ～ 40 公分；小穗長 1.5 ～ 2.5 公分，具 2 ～ 3 朵小花；外穎長 2 ～ 2.5 公分，11 脈；內穎長 2 ～ 2.5 公分，9 脈；外稃長 1.5 ～ 2 公分，7 脈，先端 2 或 4 齒，遠軸面下半部具密鬚毛，具芒有膝曲，芒長 2 ～ 4 公分；內稃長 1 ～ 1.5 公分，具 2 脊，有纖毛；花藥長約 3 公釐。

原產於歐洲及西亞，現廣泛歸化於全球溫帶地區；台灣偶見歸化於農場周邊。

圓錐花序常下垂（林家榮攝）

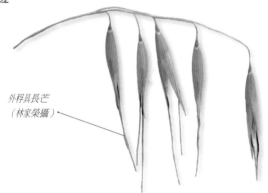

外稃具長芒
（林家榮攝）

燕麥

屬名	燕麥屬
學名	*Avena sativa* L.

葉身長 5 ～ 20 公分，寬 5 ～ 15 公釐。圓錐花序開展，長 10 ～ 20 公分；小穗長 2 ～ 2.5 公分，具 2 ～ 3 朵小花；穎 7 ～ 9 脈，外穎長 1.8 ～ 2 公分，內穎長 2.2 ～ 2.5 公分；外稃長 1.2 ～ 1.5 公分，表面光滑，不具芒或僅具短尖；內稃長 1.2 ～ 1.5 公分，具 2 脊，有纖毛；花藥長約 2 公釐。

非熱帶地區常見的栽培農作物，台灣偶見逸出於野外。

外稃不具長芒

植株高可達 70 公分

圓錐花序開展，長 10 ～ 20 公分。

短柄草屬 **BRACHYPODIUM**

多年生植物。總狀花序線形，小穗疏生，有些只具1小穗，小穗具5～20朵小花；穎宿存，每一小花各自脫落；穎較下方外稃短，3～9脈，先端鈍至有短芒；外稃背部圓形，7～9脈，先端鈍或有短芒；內稃與外稃幾等長。
台灣產2種。

川上短柄草 特有種

屬名	短柄草屬
學名	*Brachypodium kawakamii* Hayata

多年生草本，稈叢生，細長，直立，高10～40公分，節被毛。葉身披針形，長5～10公分，寬2～5公釐，上表面光滑或疏被柔毛；葉鞘光滑或邊緣被毛。總狀花序具1～3小穗；小穗具長約1公釐之短柄，小穗略壓扁平，具8～15朵小花，均為可孕性；外穎長5～9公釐，內穎長7～11公釐，光滑或略被毛，具短芒；外稃長1～1.2公分，被細毛，芒長3～7公釐。

特有種，分布於台灣高海拔山區之岩石裸露地。

總狀花序具1～3小穗

小穗常略壓扁平，具8～15朵小花。

見於高海拔山區的岩石裸露地

基隆短柄草

屬名	短柄草屬
學名	*Brachypodium sylvaticum* (Huds.) P. Beauv.

多年生草本，稈叢生，細長，直立，高 30 ～ 100 公分，節被毛。葉身線狀披針形，長 10 ～ 20 公分，寬 3 ～ 9 公釐，光滑或疏被柔毛；葉鞘短於節間，光滑。總狀花序具 3 支以上的小穗；小穗具 1 ～ 1.5 公釐之短柄，小穗常略壓扁平，具 5 ～ 12 朵小花，均為可孕性；外穎長 3 ～ 5 公釐，內穎長 5 ～ 7 公釐，光滑或略被毛，具短芒；外稃長 7 ～ 8 公釐，被細毛，芒長 5 ～ 8 公釐。

分布於歐亞大陸及非洲北部之溫帶地區，在台灣分布於中海拔林地邊緣及山坡草原。

小穗略壓扁平，具 5 ～ 12 朵小花。

稈叢生，細長。

總狀花序具 3 支以上的小穗

凌風草屬 BRIZA

多年生植物，偶一年生。圓錐花序開展至約略緊縮；小穗具小花數朵至多朵，卵形或近乎圓形，兩側扁平或成球形；穎心形至狹卵形；外稃扁圓形，對折或平展，紙質至革質，具明顯膜質邊緣，有時在基部成耳狀或延伸成翅，先端鈍或 2 齒裂，5 ～ 11 脈；內稃有時較外稃短，披針形至扁圓形；雄蕊 1 ～ 3。臍圓形至橢圓形。

台灣產 1 種。

銀鱗草

屬名	凌風草屬
學名	*Briza minor* L.

一年生，稈纖細，高 20 ～ 60 公分。葉身線形，平展，長 5 ～ 10 公分，寬 3 ～ 10 公釐。圓錐花序開展，長 5 ～ 20 公分；小穗具 4 ～ 8 朵小花，長 3 ～ 5 公釐，扁圓形；穎紙質，倒卵形，3 脈，外穎長 1.5 ～ 2 公釐，內穎長 2 ～ 2.5 公釐；外稃長 1.5 ～ 2 公釐，具 7 ～ 9 脈；內稃長 1 ～ 1.5 公釐，具 2 脊，脈上有窄翅。

原產於地中海地區；台灣零星見於北部，極為罕見，推測可能引入作為庭園裝飾用。

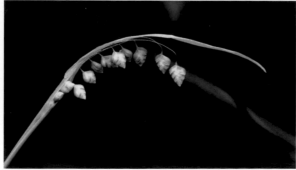

圓錐花序開展

小穗具 4 ～ 8 朵小花

雀麥屬 BROMUS

　　年生或多年生。葉鞘緣相連，通常有毛。圓錐花序開展或緊縮；小穗楔形至卵形；穎革質；外稃草質至亞革質，有時邊緣呈膜質，具微突或延伸成長芒；內稃膜質，2 脈；雄蕊 1 ～ 3。
台灣產 6 種。

長芒扁雀麥

屬名	雀麥屬
學名	*Bromus carinatus* Hook. & Arn.

一年生草本，稈叢生，高 0.5 ～ 1 公尺。葉身長 20 ～ 30 公分，寬 5 ～ 15 公釐，無毛或疏被細柔毛，葉緣粗糙；葉鞘光滑，與葉片連接處被毛；葉舌膜質，長 3 ～ 4 公釐。圓錐花序疏生；小穗橢圓形，明顯扁平，長 2 ～ 3 公分，寬 3 ～ 5 公釐，具 2 ～ 7 朵小花；外穎及內穎長 9 ～ 14 公釐，扁平披針形，紙質，表面光滑；外稃紙質，長 1.4 ～ 1.8 公分，芒長 6 ～ 9 公釐；內稃長 1.2 公分，紙質，脈上具纖毛。

　　原產西北歐及北美，台灣歸化於中海拔山區。

小穗橢圓形，扁平，芒長 6 ～ 9 公釐。

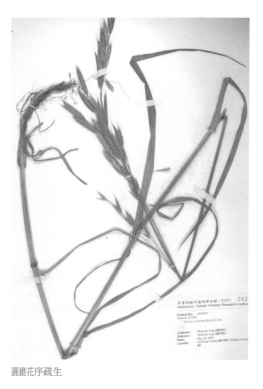

歸化於中海拔山區，稈叢生。

圓錐花序疏生

大扁雀麥

屬名	雀麥屬
學名	*Bromus catharticus* Vahl

一年生草本，稈叢生，高可達 1 公尺。葉身長 20 ～ 40 公分，無毛或疏被細柔毛；稈上方葉鞘光滑；葉舌膜質，長 2 ～ 4 公釐。圓錐花序疏生；小穗橢圓形，明顯扁平，長 1.5 ～ 3 公分，寬 7 ～ 10 公釐，具 4 ～ 9 朵小花；外穎及內穎長 1 ～ 1.3 公分，扁平披針形，紙質，表面光滑；外稃亞革質，長 1.5 ～ 2 公分，先端銳形或具長約 2 公釐之短芒；內稃長 8 ～ 10 公釐，紙質，脈上具纖毛。

　　原產南美，台灣普遍歸化於中高海拔山區。

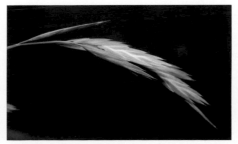

圓錐花序疏生

小穗橢圓形，扁平，芒不明顯。

普遍歸化於中高海拔山區

歐雀麥

屬名　雀麥屬
學名　*Bromus commutatus* Schrad.

一年生草本，稈叢生，高30～100公分，稈節被毛。葉身長15～20公分，兩面密被細柔毛；葉鞘被毛，與葉片相接處光滑；葉舌膜質，長約1公釐。圓錐花序疏生；小穗長橢圓形，略扁平，長約3公分，寬8～10公釐，具7～9朵小花；外穎及內穎長5～7公釐，披針形，紙質，表面光滑，僅脈上具糙毛；外稃倒卵形，紙質，長8～9公釐，表面光滑，僅脊具糙毛，芒長5～10公釐；內稃長橢圓形，長8公釐，紙質，表面光滑，脊上具毛。

　　原產歐洲、北非及西亞，現歸化於世界各地；台灣於台北大屯山及南投中海拔山區有記錄。

小穗長橢圓形，略扁平，芒長5～10公釐。

稈高30～100公分

Annotation

Bromus commutatus Schrad

Det. by　Ming-Jer Jung 鍾明哲　date Mar. 26 2009

林業試驗所植物標本館（TAIF）304123
Herbarium, Taiwan Forestry Research Institute

Poaceae 禾本科
Bromus seculinus L. 歐雀麥

Collector:　Ming-Jer Jung (鍾明哲)
Coll. no.:　3029
Date:　July 2, 2008
Determined by: Ming-Jer Jung (鍾明哲)
Locality:　Taipei County(臺北縣), Mt. Tatun(大屯山)

硬雀麥

屬名	雀麥屬
學名	*Bromus diandrus* Roth

一年生草本，稈叢生，直立，高 30～70 公分，稈被毛，稈節光滑。葉身長 10～25 公分，寬 4～8 公釐，兩面密被柔毛；葉鞘略具柔毛；葉舌膜質，長 3～5 公釐。小穗長橢圓形，略扁平，長約 4.5 公分，寬 4 公釐，具 4～8 朵小花；外穎長約 2 公分；內穎亞革質，長 2.5～3 公分，紙質，表面光滑，僅脊上具粗毛；外稃紙質，長 2.2～3.2 公分，表面光滑，脈及脊上具粗毛，具 40～50 公釐長芒；內稃長 1.2～1.6 公分，表面被毛。

原產地中海地區，於北半球各地歸化；台灣中部之鞍馬山有採集記錄。

小穗稀疏排列

小穗長橢圓形，略扁平，具 40～50 公釐長芒。

稈高 30～70 公分

台灣雀麥 特有種

屬名	雀麥屬
學名	*Bromus formosanus* Honda

多年生，稈叢生，高 30～40 公分。葉身長 10～25 公分，無毛，葉緣粗糙；葉鞘光滑；葉舌膜質或紙質，長 1～2 公釐。小穗長橢圓形，略扁平，長 2～2.5 公分，寬約 6 公釐，具 7～8 朵小花；外穎長 8～10 公釐；內穎長 1～1.2 公分，紙質，表面具柔毛或剛毛；外稃披針形，長 1.2～1.5 公分，紙質，邊緣密被柔毛，芒短於外稃之半；內稃長 9～10 公釐，表面光滑，脈上具纖毛。

特有種，分布於台灣高海拔之岩石地。

小穗長橢圓形，略扁平，芒短於外稃之半。

稈叢生，高 30～40 公分。

玉山雀麥

屬名	雀麥屬
學名	*Bromus morrisonensis* Honda

多年生，稈叢生，直立，高 30 ～ 100 公分。
葉身長 10 ～ 30 公分，寬 3 ～ 5 公釐，兩面
略被細柔毛，葉緣粗糙；葉鞘密被毛，連接
葉身處光滑；葉舌膜質，長 1 ～ 2 公釐。小
穗長橢圓形至披針形，略扁平，長 1.5 ～ 2.5
公分，寬 2 ～ 4 公釐，具 5 ～ 10 朵小花；外
穎長 4 ～ 6 公釐；內穎長 6 ～ 8 公釐，紙質，
表面光滑；外稃長 8 ～ 10 公釐，紙質，基部
及脈上被毛，芒長於外稃之半；內稃長 6 ～ 7
公釐，表面光滑，脈上具纖毛。

　　分布於馬來西亞、菲律賓及台灣；在台
灣全島高山常見。

小穗長橢圓形至披針形，略
扁平，芒長於外稃之半。

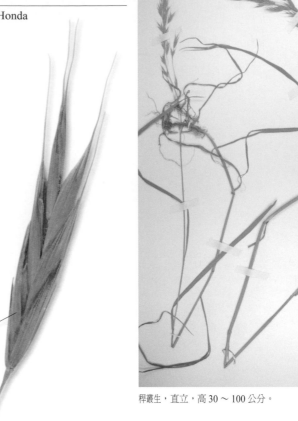

稈叢生，直立，高 30 ～ 100 公分。

拂子茅屬 CALAMAGROSTIS

多年生植物。圓錐花序緊縮或開展，具分支；小穗具 1 朵小花，穎上脫落；穎近等長或外穎略長，具 1 脈或內穎 3 脈；
外稃透明膜質，較穎短，先端微齒狀或 2 齒裂，芒由背部中央以上或近先端長出；基盤密被銀色長毛，長於外稃；內
稃短於外稃。

　　台灣產 1 種。

拂子茅

屬名	拂子茅屬
學名	*Calamagrostis epigeios* (L.) Roth

稈高 60 ～ 150 公分，葉鞘短於節間。葉身線形，平展，
長 15 ～ 30 公分，寬 4 ～ 10 公釐。圓錐花序緊縮呈總狀，
長 15 ～ 30 公分，具分支；小穗長 5 ～ 7 公釐，具 1 朵小花；
穎略與小穗等長，具 1 脈，有剛毛；基盤被毛，長度為小
花之 1.5 ～ 2 倍；外稃長 2.5 ～ 3 公釐，3 脈，上部有直芒；
內稃長 2 公釐，2 脈；花藥 3，長 1.5 ～ 2 公釐。

　　泛溫帶分布，台灣生長於中北部之中海拔地區。

小穗長 5 ～ 7 公釐，具 1 朵小花。

圓錐花序緊縮呈總狀

鴨茅屬 DACTYLIS

多年生，稈叢生，新芽明顯兩側扁平。圓錐花序緊縮，單側著生；小穗聚生於穗軸先端，具 2～5 朵小花；穎短於外稃，具脊；外稃薄革質，5 脈，脈上粗糙或具纖毛，先端微凸，有時延伸成芒；內稃略短於外稃。臍圓形。台灣產 1 種。

鴨茅

屬名	鴨茅屬
學名	*Dactylis glomerata* L.

高 40～140 公分。葉身線形，平展，長 10～30 公分，寬 4～9 公釐。圓錐花序緊縮，單側不連續著生；小穗具 2～4 朵小花，長 5～7 公釐；穎膜質，披針形，1 脈，脈上有毛；外穎長 4～4.5 公釐；內穎亞革質，長 4～5 公釐；外稃廣披針形，長 4～6 公釐，5 脈，先端具短芒；內稃狹披針形，長 4～5 公釐。

原產於歐洲、非洲北部及溫帶亞洲，現泛世界歸化；在台灣生長於中部以北之中、高海拔山區。

圓錐花序緊縮，單側不連續著生。

小穗具 2～4 朵小花，長 5～7 公釐。

生長於中部以北之中、高海拔山區。

髮草屬 DESCHAMPSIA

多年生植物。葉身近軸面粗糙。圓錐花序通常開展；小穗具 2 朵小花及延伸之小穗軸；小穗軸發達，有毛；下位小花無柄；穎等長；外稃透明膜質至亮軟骨質，先端圓、4 齒或截狀而有細齒裂，背部近基處或下半部有芒；內稃透明；基盤具毛。台灣產 1 種及 1 亞種種。

髮草

屬名	髮草屬
學名	*Deschampsia cespitosa* (L.) P. Beauv. subsp. *orientalis* Hultén

葉身線形，平展，長 10 ～ 30 公分，寬 2 ～ 4 公釐。圓錐花序開展，長 10 ～ 18 公分，具明顯分支；小穗具 2 ～ 3 朵孕性小花，長 4.5 ～ 6 公釐；外穎長 3 ～ 4.5 公釐，1 脈，具脊；內穎長 3.5 ～ 5 公釐，3 脈，具脊；外稃長 3 ～ 3.5 公釐，5 脈，芒包覆於穎內；內稃長約 3 公釐，具 2 脊；花藥 3，長 1.5 公釐。

分布於日本及西伯利亞東部，台灣生長於全島高海拔山區。

圓錐花序開展，長 10 ～ 18 公分。

小穗具 2 ～ 3 朵孕性小花，外稃的芒不明顯。

曲芒髮草

屬名	髮草屬
學名	*Deschampsia flexuosa* (L.) Trin.

葉身線形，外捲成針狀，長 3 ～ 15 公分，寬 3 ～ 5 公釐。圓錐花序開展，長 5 ～ 10 公分，具明顯分支；小穗具 2 ～ 3 朵孕性小花，長 4 ～ 6 公釐；外穎長約 4 公釐，1 脈，具脊；內穎長約 5 公釐，1 脈，具脊；外稃長 4 ～ 5 公釐，5 脈，芒長 5 ～ 8 公釐；內稃長 3.5 ～ 5 公釐，具 2 脊；花藥 3，長 2 ～ 2.5 公釐。

廣泛分布於歐亞大陸及北美，台灣生長於全島高海拔山區。

芒長 5 ～ 8 公釐

分佈於台灣高海拔山區

圓錐花序開展，長 5 ～ 10 公分。

野青茅屬 DEYEUXIA

多年生植物。圓錐花序多分支；小穗具 1 朵小花；穎與小穗等長，宿存，具脊；外穎 1 脈，內穎 1 或 3 脈；小穗軸存（有時非常短）或不存；外稃先端 2 ～ 4 齒突，3 ～ 5 脈，有纖細的芒，基部有成束的毛；內稃與外稃近等長或略小。台灣產 2 種。

野青茅

屬名	野青茅屬
學名	*Deyeuxia pyramidalis* (Host) Veldkamp

直株具短根莖。葉身線形，平展，長 10 ～ 30 公分，寬 3 ～ 8 公釐。圓錐花序緊縮或開展，長 5 ～ 25 公分，具明顯分支；小穗長 3 ～ 5 公釐，小穗軸有毛；外穎長 3 ～ 5 公釐，1 脈，具脊；內穎長 3 ～ 4.5 公釐，3 脈，具脊；外稃長 3 ～ 4 公釐，5 脈，先端 2 齒，芒由外稃中肋近基部長出，長 3 ～ 6 公釐；內稃長 3 ～ 3.5 公釐，具 2 脊。

分布於東亞，台灣生長於全島中高海拔山區。

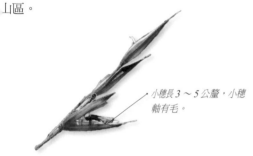

小穗長 3 ～ 5 公釐，小穗軸有毛。

圓錐花序緊縮或開展，長 5 ～ 25 公分。

葉身線形，平展。（林家榮攝）

水山野青茅 特有種

屬名	野青茅屬
學名	*Deyeuxia suizanensis* (Hayata) Ohwi

葉主要為基生，線形，捲曲似針狀，長 5 ～ 10 公分，寬 1.5 ～ 3 公釐。圓錐花序緊縮，長 5 ～ 10 公分，具明顯分支；小穗長 4 ～ 5 公釐，小穗軸有毛；外穎長約 4 公釐，1 脈，具脊；內穎長約 4.5 公釐，1 ～ 3 脈，具脊；外稃長約 4 公釐，5 脈，先端 2 齒，芒由外稃中肋近基部長出，長 5 ～ 8 公釐；內稃長約 3 公釐，具 2 脊。

特有種，生長於台灣中南部之高海拔山區。

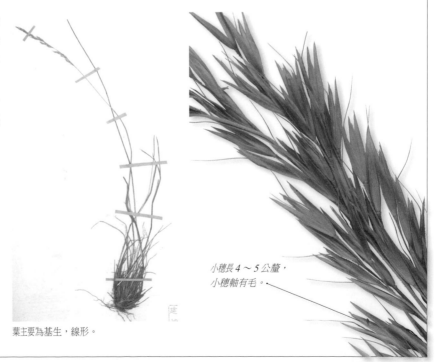

葉主要為基生，線形。

小穗長 4 ～ 5 公釐，小穗軸有毛。

鵝觀草屬 ELYMUS

多 年生植物。總狀花序寬線形或狹長橢圓形，穗軸節間延長，小穗不隨穗軸節斷落；穗軸每節僅具 1 小穗；小穗具 3 ～ 10 朵小花；穎之脈明顯並有微刺毛；外稃具脊，先端形成長芒；內稃脊上具細刺毛。

台灣產 2 種，其中 1 種為特有種。

台灣鵝觀草 特有種

屬名　鵝觀草屬
學名　*Elymus formosanus* (Honda) Á. Löve

多年生，稈叢生，直立，高 30 ～ 90 公分。葉身線形，長 5 ～ 20 公分，寬 2 ～ 6 公釐；葉舌膜質至紙質，長 0.1 ～ 0.5 公釐。穗狀至總狀花序，長 10 ～ 15 公分；小穗長橢圓形至長披針形，長約 2 公分，略扁平，具 5 ～ 7 朵小花；外穎長 5 ～ 7 公釐，內穎長 6 ～ 9 公釐，穎亞革質，披針形，表面光滑，脈上粗糙；外稃披針形，長 8 ～ 10 公釐，亞革質，表面及脈上粗糙，先端具 1 ～ 2 公分長芒，多彎曲；內稃長橢圓形，長 6 ～ 9 公釐。

特有種，分布於台灣全島高山地區。

小穗長橢圓形至長披針形

稈叢生，直立，高 30 ～ 90 公分。

前原鵝觀草

屬名　鵝觀草屬
學名　*Elymus shandongensis* B. Salomon

年生，稈叢生，直立，高 60 ～ 90 公分。葉身線形，長 10 ～ 15 公分，寬 5 ～ 10 公釐；葉舌膜質至紙質，長約 0.5 公釐。穗狀至總狀花序，長 8 ～ 15 公分；小穗披針形，長約 2 公分，略扁平，具 5 ～ 10 朵小花；外穎長 2.5 ～ 5 公釐，內穎長 5 ～ 7 公釐，穎亞革質，狹披針形，表面光滑，脈上粗糙；外稃披針形，長 8 ～ 10 公釐，亞革質，表面及脈上粗糙，先端具 2 ～ 3 公分長芒；內稃長橢圓形，長 7 ～ 9 公釐。

分布於日本及中國；台灣生於全島中、高海拔山區。

小穗披針形，長約 2 公分。

稈叢生，直立，高 60 ～ 90 公分。

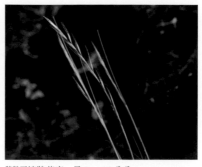

穗狀至總狀花序，長 8 ～ 15 公分。

羊茅屬 FESTUCA

多年生植物。葉身有時扁平,但大部分物種內捲成針狀。圓錐花序開展或緊縮;小穗具 2 至數朵小花;外穎 1 ～ 3 脈;內穎 3 ～ 5 脈,膜質至草質;外稃膜質至薄革質,先端鈍形至延伸成芒;基盤無毛;內稃具脊,上有細刺毛;雄蕊 3。臍線形,少數為長橢圓形。葉身形態與外稃形態為本屬主要的鑑別特徵。

台灣產 7 種,其中特有種的台灣羊茅(*Festuca formosana* Honda)因長期僅有文字記載,未收入本書。

葦狀羊茅

屬名	羊茅屬
學名	*Festuca arundinacea* Schreb.

多年生,稈直立,叢生,高 30 ～ 100 公分。葉身線形,平展,長 10 ～ 35 公分,寬 5 ～ 15 公釐。圓錐花序開展,長 10 ～ 30 公分;小穗具 3 ～ 10 朵小花,長 8 ～ 15 公釐;外穎長 3 ～ 6 公釐,1 脈;內穎長 5 ～ 7 公釐,3 脈;外稃長 6 ～ 7 公釐,5 脈,先端鈍形或具芒;外稃幾與內稃等長,具 2 脊。

原產於歐亞地區,台灣歸化於全島中海拔山區。

小穗具 3 ～ 10 朵小花

稈直立,叢生,高 30 ～ 100 公分。

圓錐花序開展

日本羊茅

屬名　羊茅屬
學名　*Festuca japonica* Makino

稈高 30 ～ 75 公分。葉身
線形，長 5 ～ 10 公分，寬
1 ～ 2.5 公釐。圓錐花序疏
鬆，長 10 ～ 20 公分；小
穗具 2 ～ 4 朵小花，長 5 ～
6 公釐；外穎長 1 ～ 1.5 公
釐，1 脈；內穎長 2 ～ 2.5
公釐，3 脈；外稃寬披針形，
長 3.5 ～ 4 公釐，5 脈；內
稃長 3 ～ 4 公釐，具 2 脊。

　　分布於日本、南韓及
中國；台灣生長於中、高
海拔山區，稀有。

小穗具 2～4 朵
小花

圓錐花序疏鬆

高砂羊茅

屬名　羊茅屬
學名　*Festuca leptopogon* Stapf

稈高 60 ～ 100 公分。葉身線形，平展，長 8 ～ 20 公分，寬 3 ～ 5 公釐。圓
錐花序開展，長 10 ～ 30 公分；小穗具 2 ～ 3 朵小花，長 7 ～ 8 公釐；外穎
披針形，長 1.5 ～ 3 公釐，1 脈；內穎披針形，長 2.5 ～ 5 公釐，3 脈；外稃
披針形，長 6.5 ～ 8 公釐，5 脈，先端具 2 齒，具直芒，長 6 ～ 10 公釐；內
稃披針形，長 6 ～ 7 公釐；花藥 3，長 1 ～ 1.2 公釐。

　　分布於錫金至中國雲南、馬來西亞及台灣；在台灣生長於中、高海拔山區。

小穗具 2～3 朵小花，外稃
披針形，具直芒。

圓錐花序開展，長 10 ～ 30 公分。

羊茅

屬名　羊茅屬

學名　*Festuca ovina* L.

稈直立，叢生，高 20 ～ 30 公分，新芽沿老葉鞘之內側伸出。葉多基部叢生，葉身線形，內捲成針狀，長 3 ～ 10 公分，寬 0.4 ～ 0.6 公釐。圓錐花序緊縮，長 3 ～ 8 公分；小穗具 3 ～ 6 朵小花，長 4 ～ 7 公釐；外穎狹披針形，長 2 ～ 5 公釐，1 脈；內穎披針形，長 3 ～ 6 公釐，3 脈；外稃寬披針形，長 3.5 ～ 6 公釐，5 脈，具短芒；內稃披針形，長 3.5 ～ 5 公釐，具 2 脊；花藥長約 2 公釐。

分布於溫帶地區與熱帶高山地區，台灣常見於高山。

新芽沿老葉鞘之內側伸出

小穗具 3 ～ 6 朵小花

常見分佈於高山

小穎羊茅

屬名　羊茅屬

學名　*Festuca parvigluma* Steud.

稈高 40 ～ 80 公分。葉身線形，平展，長 7 ～ 20 公分，寬 2 ～ 4 公釐。圓錐花序開展，長 15 ～ 20 公分；小穗具 1 ～ 3 朵小花，長約 6 公釐；外穎卵形，長約 1.3 公釐，1 脈；內穎橢圓形或寬披針形，長 2 ～ 3 公釐，3 脈；外稃寬披針形，長約 6 公釐，5 脈，邊緣內捲，先端具直芒，長 5 ～ 10 公釐；內稃披針形，長約 6 公釐，具 2 脊。

　　分布於日本、韓國及中國；台灣生長於北部中海拔地區，罕見。

圓錐花序開展

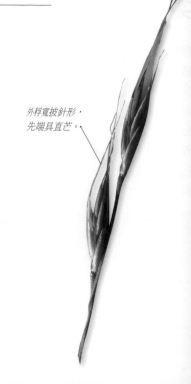

外稃寬披針形，
先端具直芒。

稈高 40 ～ 80 公分

紫羊茅

屬名	羊茅屬
學名	*Festuca rubra* L.

稈高 15 ～ 50 公分，新芽穿破老葉之鞘伸出。葉多於基部叢生，葉身線形，內捲成針狀，長 5 ～ 15 公分。圓錐花序開展，長 5 ～ 10 公分；小穗具 3 ～ 7 朵小花，長 6 ～ 12 公釐；外穎披針形，長 2.5 ～ 6 公釐，1 脈；內穎寬披針形，長 3.5 ～ 7.5 公釐，3 脈；外稃寬披針形，長 4.5 ～ 7 公釐，5 脈，先端具短芒；內稃狹披針形，長 3.5 ～ 7 公釐，具 2 脊；花藥 3，長 1.8 ～ 2 公釐。

　　泛北半球溫帶及亞極地分布，台灣生長於全島高海拔山區。

葉多於基部叢生，新稈穿破老葉之鞘而出。

小穗具 3 ～ 7 朵小花

異燕麥屬 HELICTOTRICHON

多年生植物。圓錐花序窄；小穗具 2 至多朵孕性小花及 1～2 朵退化小花，從穎上及小花之間脫落；小穗軸具毛；穎不等長，內穎短於小穗且常短於外稃，透明至膜質，1～5 脈，有脊；外稃硬膜質至革質，先端 2 齒突，背部中央上方有曲膝芒，包住內稃；子房先端有毛。

　　台灣產 1 種。

冷杉異燕麥

屬名	異燕麥屬
學名	*Helictotrichon abietetorum* (Ohwi) Ohwi

稈叢生，高 40～60 公分。葉身線形，平展，長 10～30 公分，寬 2～4 公釐。圓錐花序開展，長 8～15 公分，具明顯分支；小穗具約 3 朵小花，長 1～1.3 公分；外穎長 5～7 公釐，1 脈；內穎長 7～9 公釐，3 脈；外稃長 8～10 公釐，7 脈，背部中央上方有曲膝芒，長 1.5～2 公分；內稃長 7～8 公釐，2 脈；花藥 3，長 2～2.5 公釐。

　　分布於中國及台灣，台灣生長於全島高海拔山區。

小穗具約 3 朵小花

圓錐花序開展

絨毛草屬 HOLCUS

一年生或多年生植物。圓錐花序密集；小穗具 2 朵小花，下位小花孕性，上位小花雄性；穎幾等長，包覆小花，具脊；外稃先端鈍形或具 2 齒，內稃略短於外稃。

　　台灣產 1 種，為新歸化種。

絨毛草

屬名	絨毛草屬
學名	*Holcus lanatus* L.

小穗長約 5 公釐

多年生，植株高 30～80 公分。葉身線狀披針形或線形，平展，長 6～18 公分，寬 5～10 公釐，兩面被密毛。圓錐花序開展，長 5～16 公分，具明顯分支；小穗具 2 朵小花，下位小花孕性，上位小花雄性；穎表面被毛，外穎長約 4 公釐，1 脈；內穎長約 5 公釐，3 脈；孕性外稃長約 2 公釐，1 脈，無芒；雄性外稃長約 1.8 公釐，具芒；內稃長約 2 公釐，具 2 脊；花藥 3，長約 2 公釐。

　　原產於歐洲及西亞；台灣為新紀錄種，生長於中高海拔山區。

生長於中高海拔山區（楊師昇攝）

植株高 30～80 公分

大麥屬 HORDEUM

總狀花序線形至長橢圓形，三聯生小穗，中間為兩性花，兩側為雄性或完全退化；中央小穗具 1 朵小花及剛毛狀的小穗軸延伸，腹背側扁平；穎狹披針形，3 脈，平展，有時特化成芒狀；外稃腹面成圓形，脈不明顯，有芒；兩側小穗通常小於中央小穗，常退化成芒。

台灣產 1 種。

大麥

屬名	大麥屬
學名	*Hordeum vulgare* L.

一年生草本，稈叢生，直立，高 48 ～ 80 公分。葉長 10 ～ 15 公分，6 ～ 20 公釐，光滑；葉舌膜質，長 1 ～ 2 公釐；葉鞘具三角狀葉耳。穗狀花序長 8 ～ 12 公分，每一節上具三聯生小穗，中間為兩性孕性小穗，兩側為兩性、雄性或完全退化小穗；孕性小穗長橢圓形，長 8 ～ 15 公釐，具 1 朵小花；外、內穎幾相同，紙質，披針形，長 8 ～ 14 公釐，表面被毛，先端成芒；外稃寬披針形，長 6 ～ 9 公釐，亞革質，無毛，芒長 8 ～ 15 公分；內稃與外稃等長，不具芒。

原產溫帶地區；台灣為引進栽培種，於中海拔山區偶有歸化。

外、內穎幾相同，
先端成芒。

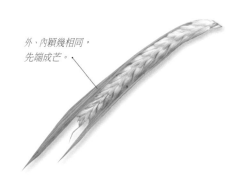

穗狀花序長 8 ～ 12 公分

稈叢生，直立，高 48 ～ 80 公分。

黑麥草屬 LOLIUM

一年生或多年生植物。葉身線形，平展或捲曲。總狀花序，小穗在穗軸上兩側排列，具數朵至多朵小花，除頂端小穗外其餘者無外穎；內穎較外稃短至與小穗等長，革質；外稃膜質至革質，5～9脈，有些具芒；內稃通常與外稃等長。台灣產2種。

多花黑麥草

屬名	黑麥草屬
學名	*Lolium multiflorum* Lam.

稈高50～130公分。葉身線形，平展，長10～20公分，寬3～8公釐。穗狀花序長10～30公分；小穗於穗軸上互生，具10～20朵小花，長1～2公分；外穎缺如；內穎披針形，長5～7公釐，5～7脈；外稃披針形，長5～8公釐，5脈，具直芒，長2～5公釐；內稃長5～8公釐，具2脊；花藥3，長3～3.5公釐。

分布於歐洲、非洲西北部及亞洲之溫帶地區；台灣引進做為公路沿線之護坡植物。

具10～20朵小花。

小穗於穗軸上互生（楊師昇攝）

黑麥草

屬名	黑麥草屬
學名	*Lolium perenne* L.

稈高30～50公分。葉身線形，平展，長5～15公分，寬3～6公釐，葉耳明顯。穗狀花序長10～15公分；小穗長8～15公釐，具2～10朵小花，少數可達14朵；外穎缺如；內穎披針形，長6～8公釐，5脈；外稃長橢圓形，長5～8公釐，5脈，通常無芒；內稃長5～7公釐，具2脊；花藥3，長約3公釐。

廣泛分布於歐洲、北非及溫帶亞洲；台灣生長於全島低至中海拔地區。

具2～10朵小花

生長於全島低至中海拔地區

穗狀花序長10～15公分。

臭草屬 MELICA

多年生植物,稈最基部之節間常形成貯藏器官,有時成球莖狀。葉片偶具橫脈。圓錐花序開展或緻密,有時也成總狀;小穗具 1 至多朵小花;穎短於外稃至與小穗同長,紙質,具 3 ～ 5 條脈,先端透明,先端鈍形或銳形;外稃多為革質,偶為膜質,5 ～ 9(～ 13)脈,有時具長毛,先端邊緣透明;內稃短於外稃至與其等長;基盤無毛。

台灣產 1 種。

小野臭草

屬名	臭草屬
學名	*Melica onoei* Franch. & Sav.

多年生,稈直立,高 75 ～ 150 公分。葉身線形,平展,長10 ～ 25 公分,寬 5 ～ 14 公釐。圓錐花序開展,長 15 ～35 公分;小穗具 2 ～ 3 朵小花,長 6 ～ 8 公釐;外穎披針形,膜質,長 3 ～ 3.5 公釐,1 脈;內穎寬披針形,長 4 ～5 公釐,5 脈;外稃長 4 ～ 6 公釐,7 脈,邊緣透明;內稃長 3.5 ～ 4 公釐,具 2 脊;花藥 3,長 0.8 ～ 1.5 公釐。

分布於日本、韓國及中國北部;台灣生長於本島中部之中、高海拔山區。

小穗具 2 ～ 3 朵小花。

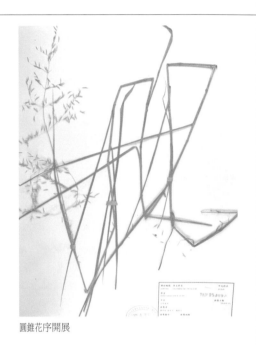

圓錐花序開展

粟草屬 MILIUM

年生或多年生植物。葉片平展。圓錐花序開展;小穗橢圓形或卵形,具 1 朵小花,穎片幾等長,3 脈,基盤短;外稃革質,邊緣不重疊,無芒;內稃革質,2 脈,不具脊,先端鈍形;鱗被 2 枚;花藥 3。

台灣產 1 種。

粟草

屬名	粟草屬
學名	*Milium effusum* L.

多年生,稈高 60 ～ 150 公分。葉身線狀披針形或線形,平展,長 10 ～ 20 公分,寬 5 ～ 15 公釐,無毛;葉舌膜質,長 3 ～ 10 公釐。圓錐花序開展,長 10 ～ 20公分,花序分支輪生;小穗僅具 1 朵小花,長 3 ～ 3.5 公釐,橢圓形;穎寬披針形,幾等長,長 3 ～ 3.5 公釐,3 脈;外稃橢圓形,長約 2.5 公釐,5 脈;內稃長橢圓形,長約 2.5 公釐,具 2 脊;花藥長 2 ～ 3 公釐。

廣泛分布於歐洲及亞洲;台灣生長於低、中海拔地區。

小穗僅具 1 朵小花

圓錐花序開展,長 10 ～ 20 公分。　稈高 60 ～ 150 公分。(陳志豪攝)

顯子草屬 PHAENOSPERMA

草質。葉片寬線形，葉舌膜質。圓錐花序頂生，開展；小穗僅具 1 朵小花，腹背扁壓；穎短於外稃，長橢圓形，膜質；外稃膜質，3 ～ 7 脈；內稃似外稃，2 脈；鱗被 3 枚；雄蕊 3；柱頭 2。穎果球形，具宿存之部分花柱。

單種屬，台灣產 1 種。

顯子草

屬名	顯子草屬
學名	*Phaenosperma globosa* Munro *ex* Benth.

多年生，稈高 1 ～ 1.5 公尺。葉片長 10 ～ 50 公分，寬 1 ～ 2 公分。花序長 15 ～ 40 公分；小穗長 4 ～ 4.5 公釐；外穎長 2 ～ 2.5 公釐，3 脈；內穎長 3 ～ 3.5 公釐，3 脈；外稃長橢圓形，長約 3 公釐，2 脈；內稃橢圓形，長約 3.5 公釐，2 脈。穎果長約 3 公釐，表面皺縮，頂端具一突起。

分布於日本、韓國及中國東南部；台灣不常見，生長於東部中、高海拔地區。

穎果長約 3 公釐，表面皺縮，頂端具一突起。

花序長 15 ～ 40 公分

鷸草屬 PHALARIS

　　一年生或多年生植物。圓錐花序多緊縮呈穗狀或頭狀；小穗卵形，具 2 ～ 3 朵小花，下位小花 1 ～ 2 朵不孕，僅具外稃；穎等長，包覆外稃，有翅狀脊；不孕小花之外稃短於孕性者；孕性小花之外稃及內稃均為革質。台灣產 3 種。

鷸草

屬名	鷸草屬
學名	*Phalaris arundinacea* L.

多年生，具匍匐根莖。葉片線形，長 10 ～ 35 公分，寬 8 ～ 15 公釐。圓錐花序緊縮，長 8 ～ 15 公分，具明顯分支；小穗長 4 ～ 6 公釐，孕性小花 1，不孕小花 2；穎長 4 ～ 6 公釐，3 脈，具脊；孕性小花外稃長 3 ～ 4 公釐；內稃長約 3 公釐，具 2 脊；不孕小花外稃退化成肉質鱗片。

　　廣泛分布於北半球溫帶地區，台灣於阿里山有採集紀錄。

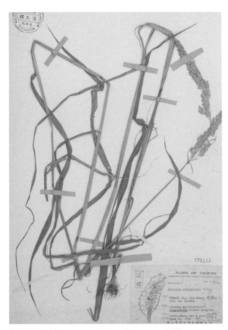

葉片線形，長 10 ～ 35 公分，寬 8 ～ 15 公釐。

小穗長 4 ～ 6 公釐

加拿麗鷸草

屬名	鷸草屬
學名	*Phalaris canariensis* L.

一年生。葉片線形，平展，長 10 ～ 30 公分，寬 5 ～ 12 公釐。圓錐花序緊縮，長 1.5 ～ 4 公分，不具明顯分支；小穗長 6 ～ 9 公釐，孕性小花 1，不孕小花 2；穎基部癒合，長 6 ～ 9 公釐，3 脈，具翅狀脊。孕性小花外稃長約 5 公釐，5 脈，具脊；內稃長約 3.5 公釐，具 2 脊；不孕小花外稃退化成肉質鱗片。

　　原產於地中海地區，台灣為新記錄之中海拔歸化種。

小穗長 6 ～ 9 公釐
（江某攝）

圓錐花序緊縮

細鷸草

屬名　鷸草屬
學名　*Phalaris minor* Retz.

一年生。葉片線形，平展，長 5～15 公分，寬 3～9 公釐。圓錐花序緊縮，長 3～4 公分，不具明顯分支；小穗長 4.5～6 公釐，孕性小花 1，不孕小花 1；穎長 4～5 公釐，3 脈，具翅狀脊；孕性小花外稃長 2.5～3 公釐，5 脈，具脊；內稃長約 2 公釐，具 2 脊；不孕小花外稃退化成肉質鱗片。

原產於地中海地區，台灣為新紀錄之歸化種。

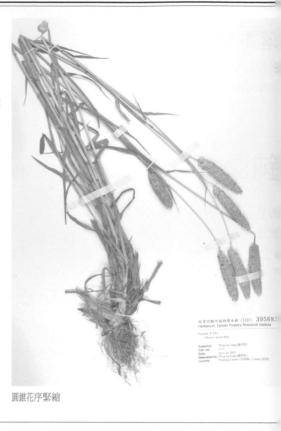

圓錐花序緊縮

小穗長 4.5～6 公釐

梯牧草屬 PHLEUM

葉片線形。圓錐花序緊縮呈穗狀、圓柱狀至頭狀；小穗整個掉落；穎等長，不癒合，包住小花，膜質，具明顯的脊，其上有纖毛，先端截形或銳形，有小突起或短硬芒；外稃膜質，3～7 脈，亦具脊，先端平截至略突；內稃略短於外稃。台灣產 1 種。

高山梯牧草

屬名　梯牧草屬
學名　*Phleum alpinum* L.

多年生，稈高 30～50 公分。葉片大部分叢生於稈基部，線狀披針形，平展，長 5～10 公分，寬 4～9 公釐。圓柱狀花序緊縮成寬圓柱狀，長 2～8 公分，無明顯分支；小穗具 1 小花，長 3～4 公釐；穎略與小穗等長，3 脈，先端微突，具 1.5～3 公釐長芒；外稃長 2～2.5 公釐，5 脈，先端截形；內稃長約 2 公釐，具 2 脊；花藥 3，長約 1.5 公釐。

分布於極地與高山地區之物種；台灣生長於中、北部高山，常見於近峰頂處。

生長於中、北部高山，常見於近峰頂處。

圓柱狀花序緊縮成寬圓柱狀

小穗長 3～4 公釐（林家榮攝）

落芒草屬 PIPTATHERUM

多年生草本。葉片平展或內捲。小穗僅具 1 小花，穎上脫落；基盤極短；穎略等長，通常長於小花，3 ～ 7 脈；外稃革質，色暗，具會脫落之短芒；內稃革質，具 2 脈，但不具脊，先端鈍形；鱗被 2 或 3 枚；雄蕊 3。

　　台灣產 1 種。

鈍頭落芒草

屬名	落芒草屬
學名	*Piptatherum kuoi* S. M. Phillips & Z. L. Wu

稈直立，高 80 ～ 100 公分。葉片線形，長 5 ～ 25 公分，寬 5 ～ 10 公釐。圓錐花序緊縮，長 5 ～ 25 公分；小穗長約 5 公釐，腹背壓扁；穎幾等長，長 4 ～ 5 公釐，5 ～ 7 脈；外稃橢圓形，長約 5 公釐，5 脈，先端具 1 ～ 1.5 公分長芒；內稃 2 脈。穎果橢圓形至球形，長約 3 公釐。

　　分布於中國、台灣及琉球群島；台灣不常見，生於花蓮太魯閣一帶。

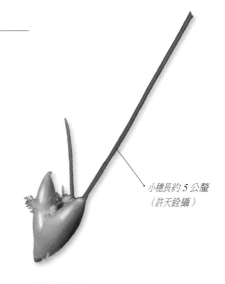

小穗長約 5 公釐
（許天銓攝）

稈直立，高 80 ～ 100 公分。（許天銓攝）

圓錐花序緊縮（許天銓攝）

早熟禾屬 POA

多年生或偶一年生。圓錐花序開展或緊縮；小穗具 2 至數朵小花；穎通常具脊，幾等長，外穎 1 ～ 3 脈，內穎通常 3 脈，外稃草質或膜質，通常具透明之邊緣，5 脈，具脊，脊上有毛或無毛，側脈常只伸至外稃之半或不明顯，無芒；基盤常具網狀或捲曲綿毛；內稃之脊上具纖毛或極細短刺毛；雄蕊 3 枚，少數 1 枚；子房無毛。臍圓形至卵形。植株生長方式，花序結構，穎形態，外稃形態與雄蕊花藥長度為本屬物種主要的鑑別特徵。

　　台灣產 11 種，其中有 5 種為特有。扁稈早熟禾（*Poa compressa* L.）因資料較少故未收入本書。

白頂早熟禾

屬名　早熟禾屬
學名　*Poa acroleuca* Steud.

一年生或二年生，稈高 30 ～ 85 公分。葉片線形，平展，長 5 ～ 15 公分，寬 2 ～ 5 公釐。圓錐花序開展，長 10 ～ 20 公分；小穗具 3 ～ 5 朵小花，長橢圓形，長 2.5 ～ 5 公釐，寬約 2 公釐；外穎披針形，長 1.5 ～ 2.5 公釐，1 脈；內穎寬披針形，長 2 ～ 3 公釐，3 脈；外稃長橢圓形，長 2.5 ～ 3 公釐，5 脈，脈上被長柔毛，表面短柔毛；內稃狹披針形，長 2 ～ 2.5 公釐，具 2 脊，脊上被長柔毛；花藥 3，長 0.6 ～ 1 公釐。

　　分布於東亞；台灣常見於中、高海拔山區。

小穗具 3 ～ 5 朵小花

稈高 30 ～ 85 公分

圓錐花序開展

早熟禾

屬名　早熟禾屬
學名　*Poa annua* L.

小穗具 3 ～ 5 朵小花

一年生或二年生，稈高 15 ～ 30 公分。葉片線形，平展，長 5 ～ 15 公分，寬 2 ～ 4 公釐。圓錐花序開展，長 5 ～ 10 公分；小穗具 3 ～ 5 朵小花，橢圓形，長 3.5 ～ 5 公釐，寬 1.5 ～ 2.5 公釐；外穎披針形，長 1 ～ 2 公釐，1 脈；內穎寬披針形，長 2.5 ～ 3 公釐，3 脈；外稃卵形，長 2.5 ～ 3 公釐，5 脈，脈上被毛或光滑，表面光滑；內稃狹披針形，長 2 ～ 2.5 公釐，具 2 脊，脊上被長柔毛；花藥 3，長 0.6 ～ 1 公釐。

　　泛世界分布，在台灣各地常見。

稈高 15 ～ 30 公分

圓錐花序開展

台灣早熟禾 特有種

屬名 早熟禾屬
學名 *Poa formosae* Ohwi

多年生，稈高 20 ～ 50 公分。葉片線形，平展，長 3 ～ 10 公分，寬 2 ～ 4 公釐。圓錐花序開展，長 5 ～ 20 公分；小穗具 2 ～ 4 朵小花，卵形或橢圓形，長 4 ～ 5 公釐，寬 2 ～ 3 公釐；外穎披針形，長 2.5 ～ 3 公釐，3 脈；內穎寬披針形，長 3 ～ 3.5 公釐，3 脈；外稃寬披針形，長約 3 公釐，5 脈；內稃狹披針形，長約 2.5 公釐，具 2 脊；花藥 3，長約 1.5 公釐。

　　特有種，分布於台灣高海拔山區。

圓錐花序開展

小穗具 2 ～ 4 朵小花

稈高 20 ～ 50 公分

南湖大山早熟禾 特有種

屬名　早熟禾屬
學名　*Poa nankoensis* Ohwi

多年生，稈高 15 ～ 50 公分。葉片線形，平展，長 5 ～ 15 公分，寬 2 ～ 4 公釐。圓錐花序開展，長 5 ～ 13 公分；小穗具 2 ～ 4 朵小花，橢圓形，長 4 ～ 6 公釐，寬 2 ～ 3 公釐；外穎披針形或狹披針形，長 3.5 ～ 4 公釐，1 脈；內穎寬披針形，長 4 ～ 5 公釐，3 脈；外稃寬卵狀披針形，長 3.5 ～ 5 公釐，5 脈，脈上有毛；內稃狹披針形，長 3 ～ 4 公釐，具雙 2 脊，脊上有纖毛；花藥 3，長 0.8 ～ 1.2 公釐。

特有種，分布於台灣高海拔山區。

小穗具 2 ～ 4 朵小花

圓錐花序開展

草地早熟禾

屬名　早熟禾屬
學名　*Poa pratensis* L.

多年生，稈高約 10 ～ 120 公分。葉片長 10 ～ 25 公分。圓錐花序緊縮，長 5 ～ 25 公分；小穗具 1 ～ 8 朵小花，偶具退化的小花；外穎披針形，長 2 ～ 2.5 公釐，1 脈；內穎卵形，長 2 ～ 3 公釐，3 脈；外稃卵形，長 2.5 ～ 3.5 公釐，5 脈；內稃長 2 ～ 3 公釐，具 2 脊，脊上有纖毛；花藥 3，長 1 ～ 2 公釐。

原產於歐洲；台灣為新歸化種，見於南投。

稈高約 40 公分

圓錐花序緊縮

基隆早熟禾

屬名　早熟禾屬
學名　*Poa sphondylodes* Trin.

多年生，稈高 25～70 公分。葉片線形，平展，長 5～15 公分，寬 2～4 公釐。圓錐花序緊縮，長 3～10 公分；小穗具 2～5 朵小花，披針形，長 3.5～5 公釐，寬 1.5～2.5 公釐；外穎披針形，長 2～3 公釐，3 脈；內穎寬披針形，長 3～3.5 公釐，3 脈；外稃寬披針形，長 3～4 公釐，5 脈，脈上有毛；內稃狹披針形，長約 2.5 公釐，具 2 脊，脊上有纖毛；花藥 3，長 1.2～1.5 公釐。
　　分布於東亞及俄羅斯遠東地區，台灣生長於北部及東北部沿海地區。

生長於北部及東北部沿海地區（陳志豪攝）

圓錐花序緊縮

小穗具 2～5 朵小花

高山早熟禾 特有種

屬名　早熟禾屬
學名　*Poa taiwanicola* Ohwi

多年生，稈高 15～50 公分。葉片線形，平展，長 5～12 公分，寬 2～4 公釐。圓錐花序緊縮，長 10～15 公分；小穗具 2～3 朵小花，披針形，長 4.5～5.5 公釐，寬約 2 公釐；外穎披針形，長 3.5～4 公釐，3 脈；內穎寬披針形，長 4～4.5 公釐，3 脈；外稃寬披針形，長約 4 公釐，5 脈，脈上有毛；內稃狹披針形，長 3～3.5 公釐，具 2 脊，脊上有纖毛；花藥 3，長 1.2～1.5 公釐。
　　特有種，分布於台灣高海拔山區。

圓錐花序緊縮

小穗具 2～3 朵小花

高砂早熟禾 特有種

屬名　早熟禾屬

學名　*Poa takasagomontana* Ohwi

多年生，稈高 40 ～ 50 公分。葉片線形，平展，長 10 ～ 15 公分，寬 2 ～ 3 公釐。圓錐花序開展，長 10 ～ 15 公分；小穗具 1 ～ 3 朵小花，披針形，長 3.5 ～ 5.5 公釐，寬約 2 公釐；外穎狹披針形，長 2 ～ 3 公釐，1 脈；內穎披針形，長 3 ～ 4 公釐，3 脈；外稃寬披針形，長 3.5 ～ 4 公釐，5 脈，脈上無毛；內稃狹披針形，長約 3 公釐，具 2 脊，脊上有纖毛；花藥 3，長約 1.5 公釐。

　　特有種，分布於台灣高海拔山區。

小穗具 1 ～ 3 朵小花

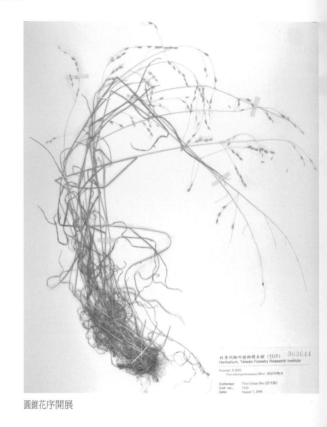

圓錐花序開展

細稈早熟禾 特有種

屬名　早熟禾屬

學名　*Poa tenuicula* Ohwi

多年生，稈高 10 ～ 20 公分。葉片線形，平展，長 5 ～ 10 公分，寬 2 ～ 3 公釐。圓錐花序緊縮，長 3 ～ 8 公分；小穗具 2 ～ 3 朵小花，披針形，長約 4 公釐，寬 2 ～ 2.5 公釐；外穎披針形，長約 3.5 公釐，1 脈；內穎寬披針形，長約 4 公釐，3 脈；外稃寬披針形，長約 3.5 公釐，5 脈，脈上有毛；內稃長橢圓形，長約 2.5 公釐，具 2 脊，脊上有纖毛；花藥 3，長約 1.2 公釐。

　　特有種，分布於台灣高海拔山區。

小穗具 2 ～ 3 朵小花

圓錐花序緊縮

粗莖早熟禾

屬名　早熟禾屬
學名　*Poa trivialis* L.

多年生，稈高 20 ～ 100 公分，具匍匐莖，植株下部的節生根。葉片線形，平展，長 8 ～ 20 公分，寬 3 ～ 10 公釐。圓錐花序開展，長 10 ～ 20 公分；小穗具 2 ～ 3 朵小花，橢圓形或披針形，長 2.3 ～ 3.5 公釐；外穎披針形，長 1.5 ～ 2 公釐，1 脈；內穎寬披針形，長 2.5 ～ 3 公釐，3 脈；外稃寬披針形，長約 2.5 公釐，5 脈，脈上無毛；內稃長橢圓形，長約 2 公釐，具 2 脊，脊上有纖毛；花藥 3，長 1 ～ 1.5 公釐。

原產於歐洲，台灣為新歸化種，生長於中南部山區。

小穗具 2 ～ 3 朵小花

林業試驗所植物標本館（TAIF）2817.
Herbarium, Taiwan Forestry Research Institute

Collect No.:　s051003
Poaceae 禾本科
　　Poa trivialis L.

Collector:　Ming-Jer Jung (鐘明哲)
Detector:　Ming-Jer Jung (鐘明哲)
Date:　May 10, 2007
Locality:　Taichung County(臺中縣), Wuling Farm(武

稈高 20 ～ 100 公分

棒頭草屬 POLYPOGON

一年生或多年生植物。葉片線形，平展。緊縮圓錐花序成穗狀，穗整個掉落；穎等長，且長於小花，紙質，1 脈，先端全緣或 2 裂，常具 1 弱芒；外稃透明，5 脈，有時其上有芒；內稃長約為外稃一半。
台灣產 2 種。

棒頭草

屬名	棒頭草屬
學名	*Polypogon fugax* Nees *ex* Steud.

一年生。葉片長 5～15 公分，寬 3～10 公釐。花序寬圓柱形或披針形，長 4～10 公分，具明顯分支，密生小穗；小穗具 1 小花，長 2～2.5 公釐；穎幾與小穗等長，1 脈，先端微凹，其上有細芒，芒長 1.5～2 公釐；外稃長 1～1.2 公釐，先端 4 齒突，具短芒包覆於穎中；內稃長 0.8～1 公釐；花藥 3，長約 0.5 公釐。

分布於日本、韓國、中國、印度及非洲；在台灣全島低至高海拔常見。

全島低至高海拔常見（許天銓攝）

穎具細芒，長 1.5～2 公釐。

花序寬圓柱形或披針形

長芒棒頭草

屬名	棒頭草屬
學名	*Polypogon monspeliensis* (L.) Desf.

一年生。葉片長 5～20 公分，寬 2～10 公釐。花序寬圓柱形，小，長約 10 公分，具明顯分支，小穗長約 2 公釐；穎幾與小穗等長，1 脈，先端凹處有細芒，芒長 5～8 公釐；外稃長 1～1.2 公釐，5 脈，先端 4 齒突，有芒，芒長 1～1.5 公釐；內稃長 1～1.2 公釐；花藥 3，長 0.5～0.8 公釐。

分布於歐亞大陸溫暖地區及北非；台灣非常少見，僅新竹及西螺等地之零星記錄。

穎具細芒，芒長 5～8 公釐。

花序寬圓柱形

黑麥屬 SECALE

一年生植物。總狀花序線形至長橢圓形，每節僅單一小穗，穗軸可逐節斷（但栽培種不斷落）。小穗具 2 朵孕性小花，小穗軸略延長；穎線形，膜質，先端尖，或有芒；外稃具脊，脊上具細刺毛，延伸成芒。
台灣產 1 種。

黑麥

屬名	黑麥屬
學名	*Secale cereale* L.

一年生草本，稈直立，高 50～100 公分。葉片線形至披針形，長 20～30 公分，寬 6～15 公釐；葉舌長約 0.5 公釐，先端截形；有葉耳。小穗兩側排列成扁平穗狀花序，不含芒長 10～15 公分，每節僅單一小穗，穗軸可逐節斷落；小穗披針形，長約 1 公分，具 2 朵孕性小花；外內穎幾同型，窄披針形，先端具芒，芒長約 1.8 公分；外稃披針形，中肋及邊緣具刺毛，先端具長芒；內稃披針形，與外稃等長，具 2 脊，脊上具纖毛，不具芒。

　　歐洲地區廣泛栽植，栽培種，大屯山區偶可見歸化植株。

小穗兩側排列成扁平穗狀花序

稈直立，高 50～100 公分。

三毛草屬 TRISETUM

多年生植物。圓錐花序多少緊縮密集至呈穗狀；小穗具 2 至多朵小花，小穗軸被毛；穎不等長，且通常較小穗短；外稃膜質至薄革質，明顯扁壓，具脊，先端 2 齒突裂，背部有 1 芒；內稃膜質，有 2 脊。
台灣產 2 種。

三毛草

屬名	三毛草屬
學名	*Trisetum bifidum* (Thunb.) Ohwi

葉身線形，平展，長 10～20 公分，寬 3～6 公釐。圓錐花序疏鬆，長 10～20 公分，具明顯分支；小穗長 6～9 公釐，具 2～3 朵孕性小花；外穎長 2～3.5 公釐，1 脈；內穎長 5～7 公釐，3 脈；外稃長 5～7 公釐，3 脈，先端具 2 齒，背面具膝曲芒，長 6～10 公釐；內稃長 3.5～4.5 公釐。

　　分布於日本、韓國、中國及台灣；台灣生長於全島高海拔山區。

圓錐花序疏鬆

小穗長 6～9 公釐，具 2～3 朵孕性小花。

台灣三毛草 特有種

屬名 三毛草屬
學名 *Trisetum spicatum* (L.) Rich. var. *formosanum* (Honda) Ohwi

葉片線形，平展，長 5 ～ 15 公分，寬 3 ～ 5 公釐。圓錐花序緊縮線形，長 5 ～ 15 公分，具明顯分支；小穗長 5 ～ 7 公釐，具 2 ～ 3 朵孕性小花；外穎長約 5 公釐，1 ～ 3 脈；內穎長 6 ～ 7 公釐，3 脈；外稃長 5 ～ 6 公釐，5 脈，背面具膝曲芒，長 3 ～ 6 公釐；內稃長 4 ～ 5 公釐。

特有變種，分布於台灣全島高山地區。

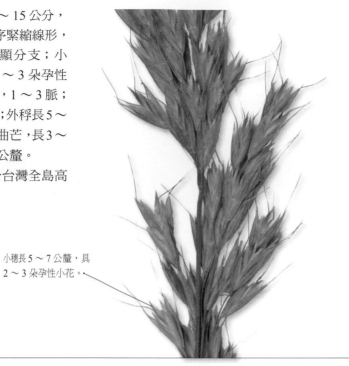

小穗長 5 ～ 7 公釐，具 2 ～ 3 朵孕性小花。

葉片線形，平展，長 5 ～ 15 公分，寬 3 ～ 5 公釐。

小麥屬 TRITICUM

年生植物。總狀花序線形；小穗具 3 ～ 9 朵小花；穎長橢圓形至卵形，革質，5 ～ 11 脈，先端鈍形或截形或裂成 2 齒狀，有時延伸或具芒；外稃背部扁圓或多少具脊，先端與穎同。

台灣產 1 種。

小麥

屬名 小麥屬
學名 *Triticum aestivum* L.

一年生或二年生草本，稈叢生，直立，高 60 ～ 130 公分。葉線形，長 10 ～ 25 公分，寬 5 ～ 15 公釐，光滑；葉舌膜質，長 1 ～ 2 公釐。小穗兩側排列成穗狀花序，不含芒長 5 ～ 18 公分，小穗軸可逐節斷落；小穗具 2 ～ 6 朵小花，長 1 ～ 1.5 公分；外內穎近同型，橢圓形至卵形，長 7 ～ 8 公釐，革質，表面無毛，脈隆起，先端鈍或截形或裂成 2 齒狀，有時延伸成芒狀；外稃披針形，長約 8 公釐，背部多少具脊，先端鈍形或延伸成芒，芒長度變化大；內稃具 2 脊，脊上有狹翅，與外稃同長。

泛世界之栽培種，在台灣中海拔山區偶有歸化。

稈叢生，直立，高 60 ～ 130 公分。

小穗不含芒長 5 ～ 18 公分

小穗兩側排列成穗狀花序

鼠茅屬 VULPIA

年生植物，稈直立，叢生。圓錐花序緊縮，小穗單側著生，具 3 ～ 10 朵小花；外穎極小，1 脈；內穎 1 ～ 3 脈，先端尖或有芒；外稃薄革質，5 脈，先端延伸成長芒；內稃略短於外稃，脊上有毛；小花閉鎖；基盤無毛；雄蕊 1。穎果線形，臍線形。

台灣產 1 種。

鼠茅

屬名	鼠茅屬
學名	*Vulpia myuros* (L.) C. C. Gmel.

稈高 20 ～ 70 公分。葉身線形，線狀或內捲成針狀，長 5 ～ 15 公分，寬 1 ～ 2 公釐。圓錐花序緊縮，長 10 ～ 20 公分；小穗具 4 ～ 7 朵小花，長 8 ～ 10 公釐，長橢圓形；外穎披針形，長 1.5 ～ 2 公釐，1 脈；內穎披針形，長 5 ～ 7 公釐，3 脈；外稃狹披針形，長 5 ～ 7 公釐，5 脈，先端具直芒，芒長 1.3 ～ 1.8 公分；內稃披針形，長 5 ～ 6 公釐，具 2 脊；花藥長 0.6 ～ 1 公釐。

常見於台灣高山地區。

稈高 20 ～ 70 公分

圓錐花序緊縮

小穗長 8 ～ 10 公釐

香蒲科 TYPHACEAE

多年生挺水性草本,具匐匍莖。葉基生且莖生,2列,直立,線形。花單性,雌雄同株,穗狀花序頂生,圓柱形花密集排列;雄花生於花序上半部,雌花生於花序下部。雄蕊 2～5,被毛包圍,花藥基著,線形,黃色,先端鈍形,頂端膨大,透明,花絲短;子房 1 室,小,著生於一基部具許多毛或小苞片之長柄上,柱頭寬或匙形。果實小,與果柄一起脫落。

　　台灣產 2 屬。

特徵

花單性,雌雄同株,雄花生於花序上半部,雌花生於花序下部。(東亞黑三稜)

多年生挺水性草本。葉基生,線形。花密集組成圓柱形之穗狀花序,頂生。(香蒲)

黑三稜屬 SPARGANIUM

植物體具匐匍莖,莖單生或具分支。葉2列,互生,細長,基部具鞘。花單性,密生於莖及分支上半部之球形頭狀花序內,雄頭狀花序生於雌花上方。花被片 3～6,細長;雄花具 3 或 6 雄蕊;雌花具一無柄且多為 1 室之子房,基部狹。堅果,不開裂,密生。

　　台灣產 1 種。

東亞黑三稜

屬名	黑三稜屬
學名	*Sparganium fallax* Graebner

莖高 40～80 公分。葉直立,較莖長,寬 4～10 公釐,先端圓鈍,基部下表面具龍骨。穗狀花序,直立,較下位的苞片約與穗狀花序等長;雄頭狀花序 4～7;雌花球位在花序下部,柱頭為長橢圓形,鳥嘴狀。果為堅果,不開裂,卵形,長約 5 公釐,徑約 2 公釐。

　　產於中國及日本;在台灣分布於東部之低、中海拔沼澤地。

喜生於沼澤地(林家榮攝)

雌花生於花序下部(林家榮攝)

雄頭狀花序生於花序上半部(林家榮攝)

香蒲屬 TYPHA

水生草本，有地下莖；葉2列，線形，直立；花小，單性，無花被，排成稠密、圓柱狀的長穗狀花序，常混有毛狀的小苞片，雄花居上部，雌花在下部；雄花通常有雄蕊3（1～7），花絲分離或合生，花藥線形，基著，藥隔常延伸；雌花：子房1室，具柄，頂部漸狹成一長花柱，有胚珠1顆；果為一小堅果，藉剛毛狀的小苞片散佈他處。

　　台灣產2種。

水燭

屬名	香蒲屬
學名	*Typha angustifolia* L.

植株高150～250公分。葉長50～100公分，寬4～9公釐。穗狀花序，雄花部分長6～20公分；雌花部分長10～30公分，與雄花部分有一裸露短軸間隔，子房柄下方之長毛叢中具小苞片；小苞片細長，全緣，厚，頂端棕色。

　　產於馬來西亞、印尼及菲律賓；台灣分布於全島沼澤地。

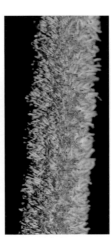

雌雄花區間有裸軸隔離（林家榮攝）　　雄花序（林家榮攝）　　水生植物，植株高150～250公分；葉長50～100公分。（林家榮攝）

香蒲

屬名	香蒲屬
學名	*Typha orientalis* Presl

高70～150公分。葉線形，長50~100公分，寬0.5~2公分，先端漸尖，基部鞘狀。穗狀花序，黃色，雄花部分基部具葉狀苞片，或偶於中間部分具葉狀苞片；雄蕊1～3著生於一短柄上，短柄基部具毛。穗狀花序之雌花部分為圓柱狀；雌花子房1室，著生於一基部具許多細毛之細長柄上，細毛之間無小苞片。

　　產於菲律賓及日本；台灣分布於全島沼澤地。

上半部雄花已枯萎，下半部果穗熟時轉褐色。（林家榮攝）

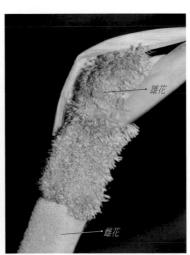

多生於河岸草澤中　　高70～150公分。葉線形，先端漸尖。（林家榮攝）　　穗狀花序，雄花生於上半部，可見明顯多數雄蕊，黃綠色雌花生於花序下部。（林家榮攝）

蔥草科 XYRIDACEAE

葉基生，線形或箭形，基部有鞘。花兩性，排成具長梗之頂生球形頭狀花序，花生於苞片內；苞片覆瓦狀排列，硬革質，褐色；萼片 3 枚，透明，側面 2 枚船形，膜質，中央萼片帽形；花瓣 3 枚；孕性雄蕊 3，退化雄蕊 3；子房上位，3 室。蒴果，倒卵形。種子常具縱條紋。

　　台灣有 1 屬。

特徵

球形頭狀花序，頂生。（蔥草）

葉基生，線形或箭形。（黃眼草）

花瓣 3 枚；孕性雄蕊 3，退化雄蕊 3。（黃眼草）

蔥草屬 XYRIS

特 徵如科。
台灣產 3 種。

桃園草 特有種

屬名	蔥草屬
學名	*Xyris formosana* Hayata

多年生濕生性草本。葉簇生，狹線形，長 7 ～ 20 公分，寬 1.5 ～ 2 公釐，先端漸狹，邊緣有極小細齒。花序近球形，長 6 ～ 15 公釐，寬 6 ～ 12 公釐，褐色；花黃色；退化雄蕊 2 裂，先端生有許多密毛，內側花藥短於外側花藥；苞片綠色；雌蕊子房到卵形，花柱長約 2 公釐，3 裂。蒴果近球形，種子細小，倒卵形至卵形。

特有種，散生於全台低海拔溼地。

為稀有的植物，喜生於滲水的土坡上。

黃眼草

屬名	蔥草屬
學名	*Xyris indica* L.

多年生濕生性草本，植株粗壯。葉從植株基部叢生，兩側壓扁狀，劍狀線形，葉長 25 ～ 40 公分，葉鞘邊緣膜質。開花時從葉叢抽出花莖，頭狀花序聚生頂端，每次僅開 1 或 2 朵花；花瓣 3 枚，黃色；雄蕊 6，可孕者 3，2 輪生長，外輪花藥短於內輪花藥；雌蕊子房卵形，花柱上部 3 裂。蒴果室背開裂。種子多數，細小。

產於中國華南、斯里蘭卡、越南、馬來西亞、印尼、菲律賓及澳洲；台灣，分布於離島金門之貧瘠潮濕的沙質地上。

與台灣產兩種蔥草屬相比，本種的頭狀花序較長（1.2 ～ 3 公分 v.s. 0.6 ～ 1.5 公分）。

花瓣 3 枚，黃色；雄蕊 6，可孕者 3，2 輪生長，外側花藥短於內側花藥。

生於金門地區貧瘠潮濕的沙質地上

蔥草

屬名　蔥草屬

學名　*Xyris pauciflora* Willd.

濕生性草本，植物體不含花莖最高約 20 公分。葉狹線形，先端短尖，從植株基部生出，叢生，長 7 ～ 20 公分，葉緣有細微小齒。花莖於花期抽出，近圓柱形，頂上生卵形或球形頭狀花序，短圓；花冠黃色，花瓣 3 枚，下部具爪，長約 5 公釐；外側花藥短於內側花藥；苞片紅色。蒴果圓錐形，熟時黃褐色。

　　產於中國、馬來西亞、菲律賓、印尼、斯里蘭卡及澳洲；台灣分布於日月潭及新竹等地。

花瓣 3 枚，黃色。

植物體不含花莖最高約 20 公分

花莖近圓柱形，頂上生卵形或球形頭狀花序，花冠黃色。

濕生草本植物，與禾草混生。

鴨跖草科 COMMELINACEAE

或多年生之匍匐、斜上或直立草本。葉有時兩形,具葉鞘。花單生,或常多數排成頂生偶腋生之蠍尾狀或圓錐狀聚繖花序,兩性或單性(僅雄花),輻射或兩側對稱,3數;萼片綠色,多數同型;花瓣3枚,離生或基部合生,同型或兩形;雄蕊6,同型或兩型(偶三型),花絲光滑或被毛,雌蕊花柱大多花滑無毛,或僅在先端被有念珠狀毛。蒴果,常開裂。

台灣產 12 屬。

特徵

雄蕊同型,花絲光滑者。(舖地錦竹草)

花瓣3枚;雄蕊6,兩形,此為花絲被毛者。(矮水竹葉)

花絲被毛者。有些屬的花瓣基部合生。(蛛絲毛藍耳草)

果實為蒴果(中國穿鞘花)

穿鞘花屬 AMISCHOTOLYPE

多 年生草本；莖下部伏倒，上部直立。葉於莖頂端叢生，橢圓狀披針形；葉鞘具緣毛，宿存。花序穿出葉鞘，花密集排列呈頭狀，腋生，兩性，白色；萼片離生，花瓣離生；雄蕊6，花絲被念珠狀毛。蒴果，橢圓形，3室，每室具2種子。台灣產1種。

中國穿鞘花 |

屬名 穿鞘花屬
學名 *Amischotolype hispida* (Less. & A. Rich.) D.Y. Hong

莖光滑無毛。葉長14～22公分，先端漸尖，基部漸狹，近無柄，上表面光滑，下表面光滑或略被毛。雄蕊6，同型；花柱光滑，約12公釐。

產於中國及琉球；台灣分布於全島中、低海拔山區之陰濕地上。

蒴果，橢圓形。

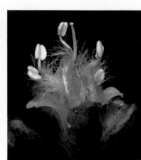

雄蕊6，花絲被念珠狀毛。

葉於莖頂端叢生，橢圓狀披針形。

假紫萬年青屬 BELOSYNAPSIS

多 年生草本，綠或紫色，莖匍匐。葉二列排列，肉質，橢圓狀卵形，無柄。花單生或排成一頂生或腋生之蠍尾狀花序，兩性，輻射對稱；苞片二列排列，具緣毛；萼片離生，船形；花瓣粉紅色或紫色，中肋常具白色條紋；雄蕊6，花絲被念珠狀毛，上端不膨大；花柱被念珠狀毛，上端不膨大。蒴果，橢圓形。

台灣產2種，包括1特有種。

毛葉鴨舌疝 (假紫萬年青) |

屬名 假紫萬年青屬
學名 *Belosynapsis ciliata* (Blume) R. S. Rao

莖被毛，帶紫紅色。葉長4～5公分，兩面光滑，具緣毛，葉背微紫暈；葉鞘長約6公釐。花數朵，自葉腋生出，排成蠍尾狀聚繖花序，有花2至數朵。花期9～10月。

產於爪哇及印度、東南亞、中國至日本；台灣分布於北、中部低海拔之濕地，常成大片族群生長。

花絲被念珠狀毛

葉兩面光滑，僅在葉緣有毛。

莖匍匐。分布於台灣北部低海拔之濕地，常成大片族群生長。

川上氏鴨舌疔 特有種

屬名	假紫萬年青屬
學名	*Belosynapsis kawakamii* (Hayata) C. I Peng & Yo J. Chen

莖被毛。葉較毛葉鴨舌疔（*B. ciliata*，見212頁）小些，長1.7～3公分，兩面被毛；葉鞘長約3公釐。花單生，雄蕊6，花藥黃色，花絲白色；花柱7～公釐長，具鬚毛。

特有種，多生於台灣南部低海拔岩石地或沼澤。

花瓣粉紅色或紫色，雄蕊6。（楊曆縣攝）

花絲被念珠狀毛，上端不膨大。葉面被毛。（楊曆縣攝）

莖匍匐。葉二列排列，肉質，橢圓狀卵形，具緣毛。（楊曆縣攝）

大錦竹草屬 CALLISIA

草本，多年生，稀一年生；根纖細，稀柱狀。葉互生，螺旋狀或二列狀排列，近無柄。花序聚繖狀，頂生或腋生，聚集，著生於苞片內；苞片不明顯，短於1公分，無佛焰苞，具小苞片；花單性或兩性，輻射對稱；花萼明顯，近等長；花瓣白或粉紅至玫瑰紅，同型；雄蕊6或0～3，同型，花絲光滑或具毛；子房2～3室。蒴果，2～3瓣裂。

台灣產2種。

大葉錦竹草

屬名	大錦竹草屬
學名	*Callisia fragrans* (Lindl.) Woodson

多年生草本，具走莖。葉常簇生於莖頂，矩橢圓形至披針形，長15～30公分，基部略窄，先端漸尖，無毛。圓錐花序頂生，每一聚繖花序包被於苞片；花瓣3枚，白色；雄蕊6，花絲遠長於花瓣，藥隔旗形。

原產於墨西哥；台灣歸化於南投中海拔山區。

葉常簇生於莖頂，矩橢圓形至披針形。（王秋美攝）

鋪地錦竹草

屬名	大錦竹草屬
學名	*Callisia repens* L.

莖匍匐地面或懸垂生長，每一節處都可生根、可長莖葉。葉卵形，先端尖，長1～4公分，寬0.6～1.5公分，薄肉質，抱莖，葉面富光澤並被有蠟質，葉緣及葉鞘處有絨毛，葉緣及葉鞘基部紫色，葉面常具紫斑。花小，早上開花，中午凋謝，具兩性花及雌花。

原產熱帶美洲；台灣分歸化全島。

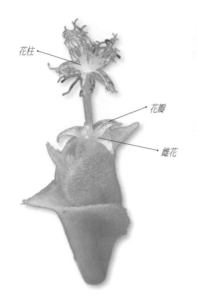

花柱

花瓣

雌花

莖匍匐地面或懸垂生長，常生於都市住家周圍。

雄蕊6，同型，花絲光滑，花藥黃色。花小，早上開花，中午凋謝。

鴨跖草屬 COMMELINA

莖常分枝，匍匐或斜升。葉無柄或近無柄，披針形或卵形；葉鞘具緣毛。花序由一總苞包住且與葉對生，花雄性或兩性，兩側對稱；萼片不相等，兩形；花瓣常呈藍色，兩形，兩側者具柄；可孕雄蕊3，兩形，花絲光滑，不孕雄蕊2或3，同型；雌蕊單一，線形。蒴果，2或3裂。

台灣產5種。

耳葉鴨跖草

屬名	鴨跖草屬
學名	*Commelina auriculata* Blume

葉披針形，長3～8公分，寬0.9～1.8公分，光滑或被毛，葉基有一耳狀突出物。苞片漏斗狀，邊緣癒合，下部常具毛被物；2枚側花瓣為藍色，稀為白色，下方花瓣則呈白色透明狀，花絲白色。

產於日本、琉球及爪哇；台灣分布於全島中、低海拔地區之林緣、海岸或河岸。

2枚側花瓣為藍色，下方花瓣則呈白色透明狀。

葉披針形或長卵形

苞片漏斗狀，邊緣癒合。花絲白色。

葉基有一耳狀突出物

圓葉鴨跖草

屬名　鴨跖草屬
學名　*Commelina benghalensis* L.

葉卵形，長 5 ～ 7.5 公分，寬 3 ～ 4 公分，上表面被毛及倒鉤毛，下表面被倒鉤毛。苞片漏斗狀，邊緣癒合；雄蕊伸長，花絲藍色。

　　產於中國南部、日本、琉球、印度、馬來西亞、菲律賓及非洲；台灣分布於全島低海拔開闊地或林緣。

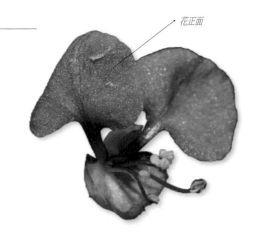
花正面

花絲藍色

苞片漏斗狀，邊緣癒合。

葉卵形，偏圓形。

鴨跖草

屬名　鴨跖草屬
學名　*Commelina communis* L.

葉披針形，長 5.5 ～ 8 公分，寬 1.5 ～ 2 公分，兩面被毛或光滑。苞片邊緣分離，濶心形，被毛；花瓣 3 枚。花有兩型，一型為花瓣皆藍色，花絲藍色；另一型為側花瓣白色，下花瓣透明。

　　產於溫帶及亞熱帶地區；台灣分布於全島中、低海拔開闊地或林緣。

偶見花色白色，下花瓣為透明者。

與竹仔菜相近，惟苞片被毛，以茲區別。

葉披針形

竹仔菜

屬名　鴨跖草屬
學名　*Commelina diffusa* Burm.

葉披針形，長 4 ～ 10 公分，寬 0.9 ～ 2 公分，兩面光滑，葉鞘具緣毛。苞片邊緣分離，披針形，光滑無毛；花絲藍色。

　　產於日本、菲律賓、馬來西亞、印度、非洲及南美；台灣分布於全島中、低海拔開闊地。

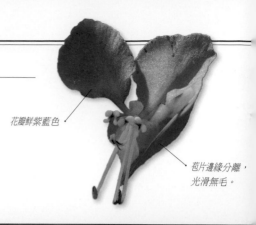

花瓣鮮紫藍色

苞片邊緣分離，光滑無毛。

葉子披針形，兩面光滑。

果熟從苞片露出

大葉鴨跖草（大苞鴨跖草）

屬名　鴨跖草屬
學名　*Commelina paludosa* Blume

葉為台灣之鴨跖草屬植物中最大者，長 9 ～ 19 公分，寬 2.5 ～ 5 公分，披針形，上表面被粗毛，下表面光滑。苞片漏斗狀，邊緣癒合；花絲通常白色。

　　產於中國、印度、馬來西亞及喜馬拉雅山區；台灣分布於陰暗潮濕地。

花正面

葉為台灣之鴨跖草屬植物中最大者，長 9 ～ 19 公分，寬 2.5 ～ 5 公分。

鴨舌疝屬 CYANOTIS

綠色或紫紅色草本。葉肉質,線形或帶形。花序頂生或腋生,常包於葉狀苞片內或於葉鞘內。花兩性,輻射對稱;萼片基部癒合,宿存;花瓣癒合呈筒狀,淡紅紫色;雄蕊 6,等大,花絲上端膨大,被念珠狀毛;花柱上端膨大。蒴果,3 室。台灣產 2 種。

蛛絲毛藍耳草

屬名	鴨舌疝屬
學名	*Cyanotis arachnoidea* C. B. Clarke

植物體被蛛絲狀毛;一般莖長,匍匐,紅色;著花之莖直立或斜上。基生葉帶形;莖生葉長 3 ～ 7 公分,寬 0.7 ～ 1 公分;葉鞘筒形,密生蛛絲狀毛。雄蕊 6,紫色,花絲上密被紫色念珠狀毛。

分布於寮國、越南、印度、斯里蘭卡、柬埔寨及中國;台灣見於中南部中低海拔雲霧帶、較乾之沙灘地、碎石地或林緣,如浸水營、能高越嶺及阿里山公路等。

莖生葉被蛛絲狀毛,葉寬大約 1 公分。

花瓣癒合呈筒狀

基生葉帶形

植物體被蛛絲狀毛

喜生於台灣中南部碎石地

鞘苞花

屬名　鴨舌疝屬
學名　*Cyanotis axillaris* (L.) Sweet

植物體光滑無毛，莖匍匐。葉線形或帶形，長2～8公分，寬2～4公釐；葉鞘筒形，具緣毛。雄蕊6，花藥黃色，花絲上密被紫色念珠狀毛；雌蕊淡紫色，光滑無毛。

　　產於香港、海南島、斯里蘭卡、印度至中南半島、馬來西亞、印尼、菲律賓、大洋洲之熱帶；台灣分布於南部低海拔地區，如泰武、瑪家、涼山及三地門等。

花瓣於上半部合生，淡紫色；雄蕊6，花絲上端膨大，被念珠狀毛；花柱（中間者）上端膨大。（許天銓攝）

植物體光滑無毛（許天銓攝）

蔓蘘荷屬 FLOSCOPA

直立草本。葉叢生於莖頂，披針形。花多數，小，密集成頂生圓錐花序，兩性，兩側對稱；萼片離生；花瓣紫紅色，不等大；雄蕊6，均為可孕性；子房側扁。果實為蒴果。

　　台灣產1種。

蔓蘘荷

屬名　蔓蘘荷屬
學名　*Floscopa scandens* Lour.

葉近無柄，長6～8公分，寬1.6～2.2公分，先端漸尖，基部漸狹，上表面被粗毛，下表面被柔毛。花瓣不等大，上2枚為披針形，下者為長線形；萼片外表密生腺毛。果實被密毛。

　　產於印度、菲律賓、馬來西亞、中國南部及澳洲；台灣分布於全島低海拔闊葉林下之濕地。

花瓣紫紅色，不等大；萼片外表密生腺毛。

好生於低海拔之濕地

新娘草屬 GIBASIS

多 年生或一年生草本。葉二列,螺旋狀排列,無柄。聚繖花序頂生及腋生;花兩性,輻射對稱;萼片明顯,近等長;花瓣白色至粉紅色或藍色,相等;雄蕊6,皆可孕性,同型,花絲具毛;子房3室,胚珠每室2個;花梗發育良好。台灣產1種。

新娘草

屬名	新娘草屬
學名	*Gibasis pellucida* (M.Martens & Galeotti) D.R.Hunt

多年生草本,莖匍匐。葉二列,披針形至長圓形,長4.5～7公分,寬1.4～3.7公分。聚繖花序頂生及腋生,花序有梗,梗長1.7～2.5公分;小苞片重疊;萼片長2.5～3公釐,光滑無毛;花瓣白色,長4公釐;花絲基部及中部有毛。蒴果,卵圓形,長約2.5公釐。種子淺褐色,長1公釐,具皺紋。

原產墨西哥,歸化於台灣北部。

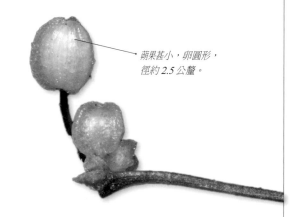

蒴果甚小,卵圓形,徑約2.5公釐。

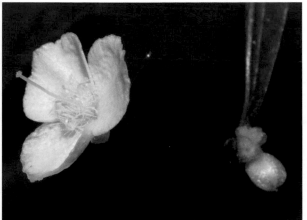

花瓣白色,相等;花柱伸長。

葉表光滑,無柄。

葉背紫色

雄蕊6,花絲具毛狀物;花藥黃色,縱向開裂。

多年生草本,莖匍匐。

水竹葉屬 MURDANNIA

匍 匍性草本。葉無柄,或具基生葉。花排成聚繖狀圓錐花序或單生,輻射對稱或略兩側對稱;萼片離生,殆等大;花瓣離生;孕性雄蕊 2 ～ 3,不孕性雄蕊 3（～ 4）,花藥 3 裂或呈箭形。果實為蒴果。

台灣產 7 種。

狹葉水竹葉

屬名	水竹葉屬
學名	*Murdannia angustifolia* (N. E. Br.) H. Hara

葉線形,狹長,通常葉寬小於 5 公釐,根粗可達 4 公釐,葉及根皆從一個圓柱狀似球莖的莖長出。花萼基部暗紅色,和花梗相連處為黑色,可孕雄蕊及退化雄蕊花絲上著生深紫色念珠狀毛。

產於中國;台灣侷限分布於恆春半島之濱海地區。

可孕雄蕊及不孕雄蕊花絲上著生深紫色念珠狀毛

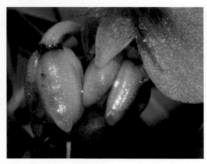

花萼基和花梗相連處為黑色

葉線形,狹長。

大苞水竹葉

屬名	水竹葉屬
學名	*Murdannia bracteata* (C. B. Clarke) O. Kuntze *ex* J. K. Morton.

匍匐性草本,莖被毛。基生葉叢生,線形至寬線形,長 10 ～ 24 公分,寬 1 ～ 1.5 公分。花生莖頂,密集成頭狀花序,總苞片披針形,小苞片圓形,覆瓦狀包被每一朵小花;花萼 3 枚,淡綠色,長橢圓形;花瓣 3 枚,淡紫色;花絲具紫色毛,可孕雄蕊 3,不孕雄蕊 3。

產於中南半島及中國之海南島、廣東、廣西;台灣見於荒地及耕地。

花色淡紫

匍匐草本。花密集成頭狀花序,小苞片圓形,覆瓦狀包被每一朵小花。

果序

葶花水竹葉
屬名　水竹葉屬
學名　*Murdannia edulis* (Stokes) Faden

孕性雄蕊 2 ～ 3

不孕性雄蕊 3，
花藥 3 裂。

根粗厚。基生葉倒披針形，長 12 ～ 25 公分，寬 2 ～ 3.5 公分，下表面被毛，具緣毛；莖生葉披針形，長 0.5 ～ 1.8 公分，寬 3 ～ 7 公釐。聚繖狀圓錐花序，苞片三角形。蒴果，每室具 4 種子。

　　產於印度、尼泊爾、孟加拉、緬甸、泰國、寮國、柬埔寨、越南、中國、菲律賓及爪哇等地；台灣分布於南部，常生於略蔽陰處或山谷峭壁上。

基生葉倒披針形，葉貼地而生；結果之植株。

分布於台灣南部，常生於略蔽陰處或山谷峭壁上。

水竹葉
屬名　水竹葉屬
學名　*Murdannia keisak* (Hassk.) Hand.-Mazz.

葉線形或線狀披針形，長 2 ～ 6.7 公分，寬 4 ～ 7 公釐，兩面光滑無毛，葉基抱莖。花常單生（稀 2 或 3 朵），腋生，花色白中帶粉紅暈，雄蕊花絲基部具白毛，苞片披針形。蒴果，每室具 2 ～ 3 種子。

　　產於中國、韓國及日本；台灣分布於全島低海拔，常見於溼地。

花色白中帶粉紅暈，雄蕊花絲基部具白毛。

可孕雄蕊 3

蒴果橢圓形

不可孕雄蕊 2 ～ 3

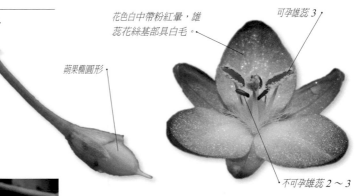

花期 10 ～ 12 月。生於水田或溼地。

花之側面，可見花粉已散開，子房開始膨大。

牛軛草

屬名　水竹葉屬
學名　*Murdannia loriformis* (Hassk.) R. S. Rao

花淡紫色

基生葉線形，長 8～40 公分，寬約 7 公釐，兩面光滑無毛；莖生葉線形至披針形，長 1.3～8 公分，寬 4～8 公釐。聚繖花序，花淡紫色，苞片卵形；花藥藍紫色，孕性雄蕊之花絲上被許多紫紅色毛或透明毛，不孕性雄蕊上少有念珠狀毛。蒴果，每室具 2 種子。本種與狹葉水竹葉（*M. angustifolia*，見 220 頁）甚相近，但狹葉水竹葉花萼基部與花梗相連處為黑色，葉子較厚，葉較狹小，花為紫粉紅色，侷限生於恆春半島海邊或近海山坡上。

　　產於印度、斯里蘭卡、越南、泰國、中國、菲律賓、印尼、新幾內亞及琉球；台灣分布於全島低海拔開闊地。

果實裂開可見種子

廣泛分布台灣全島低海拔地區

裸花水竹葉

屬名　水竹葉屬
學名　*Murdannia nudiflora* (L.) Brenan

形態上和牛軛草（*M. loriformis*，見本頁）極為類似，但本種之植株較纖細，沒有基生葉，花較小，紫粉紅色，可孕雄蕊及不孕雄蕊花絲上皆著生念珠狀毛，種子表面有窩孔及白色的鱗屑物。

　　分布於巴布亞新幾內亞、印尼、日本、寮國、夏威夷、印度、斯里蘭卡及中國；台灣見於南部。

　　本種於台灣最早之記錄為 Henry（1896）發表的 *Aneilema loureiri*（同物異名）。

可孕雄蕊及退化雄蕊皆著生念珠狀毛（許天銓攝）

開花之植株（許天銓攝）

本種與牛軛草相似，但植株較纖細。（彭鏡毅攝）

矮水竹葉

屬名　水竹葉屬
學名　*Murdannia spirata* (L.) Bruckn.

葉披針形，長 1.8 ～ 2.9 公分，寬 3 ～ 6 公釐，兩面光滑無毛。聚繖花序，花瓣 3 枚，紫色，花絲具紫色毛，可孕雄蕊 3，不孕雄蕊 3，花柱紫色。蒴果，每室具 4 種子。

　　產於南美、印度、斯里蘭卡、中國、菲律賓、印尼及太平洋群島；台灣分布於新竹、高雄、苗栗及金門之少地或河床溪岸。

可孕雄蕊 3，花藥紫色；不可孕雄蕊 3，花藥白色；花柱紫紅色。

在台灣野外數量並不多

杜若屬 POLLIA

直立草本。葉常具柄，近花序者漸變小。花排成聚繖狀圓錐花序，輻射對稱，兩形；萼片離生；花瓣離生，白色，等大；雄蕊 6，全可孕或半數可孕；花柱光滑無毛。蒴果 3 室，每室具 5 ～ 8 種子。

　　台灣產 3 種。

杜若

屬名　杜若屬
學名　*Pollia japonica* Thunb.

莖高 40 ～ 110 公分。葉披針狀橢圓形，長 13 ～ 27 公分，寬 2.4 ～ 5.6 公分，上表面密被細毛，下表面被鉤毛及伏毛。花莖及花梗密生粗毛，6 雄蕊皆可孕，花藥黃色。果熟由綠轉藍黑色，花柱宿存。

　　產於中國南部、琉球及日本；台灣分布於中北部中、低海拔之闊葉林下潮濕處。

果實黑熟

葉常具柄，近花序者漸變小。

雄蕊 6，皆可孕，花藥黃色。

小杜若

屬名 杜若屬
學名 *Pollia miranda* (H.Lev.) Hara

莖高 30 ～ 62 公分。葉披針形，長 11 ～ 14 公分，寬 2 ～ 3 公分，上表面光滑或側脈腋處略被鉤毛。6 雄蕊皆可孕，花藥黃色。與杜若（*P. japonica*，見 223 頁）相比，花莖較短，花數亦少很多。

　　產於日本；台灣分布於全島中、低海拔之闊葉林下潮濕處。

雄蕊 6，皆可孕，花藥黃色。

植株較矮小，花莖較小，花數亦較杜若少很多。

果序

叢林杜若

屬名 杜若屬
學名 *Pollia secundiflora* (Blume) Bakh.

莖高 50 ～ 110 公分。葉橢圓形，長 10 ～ 26 公分，寬 2.3 ～ 6 公分，上表面略被毛，下表面被鉤毛及疏毛。可孕雄蕊 3，花藥白色；不孕雄蕊 3，花藥黃色。

　　產於印度、馬來西亞及菲律賓；台灣分布於南部中、低海拔之林下潮濕處。

可孕性雄蕊 3，花藥白色。

果序

葉橢圓形，上表面略被毛。

毛果竹葉菜屬 RHOPALEPHORA

斜 倚性草本。葉螺旋狀排列。花排成聚繖狀圓錐花序，兩性，兩側對稱；萼片離生；花瓣不等大，具柄；雄蕊 6，兩形，可孕者 3，不孕者花藥 2 裂；花柱光滑無毛。蒴果，2 室。

台灣產 1 種。

毛果竹葉菜

屬名	毛果竹葉菜屬
學名	*Rhopalephora scaberrima* (Blume) Faden

莖被鉤毛。葉披針形，長 9 ～ 15 公分，寬 1.6 ～ 2.2 公分，兩面被倒鉤刺及鉤毛。花序密被鉤毛，苞片三角形，子房具毛被物。果實被絨毛。

產於中國、喜馬拉亞山區及馬來西亞；台灣分布於全島中、低海拔略蔽陰之林下或廢耕地。

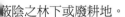

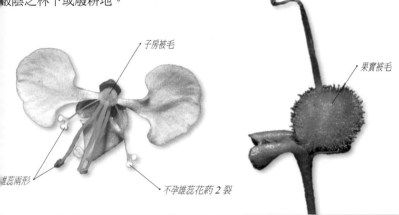

子房被毛

雄蕊兩形

不孕雄蕊花藥 2 裂

果實被毛

常生於林下。葉披針形。

紫錦草屬 SETCREASEA

花 腋生，單出，開於各分支頂端，有蚌殼狀苞片保護；花瓣 3 枚，卵形，淡紅色至淡紫色，具柄；雌蕊 1，子房卵形，3 室，花柱絲狀而長，柱頭頭狀。

台灣產 1 種。

紫錦草

屬名	紫錦草屬
學名	*Setcreasea purpurea* Boom

草本，全株紫紅色，表面光滑，白粉狀，偶疏生長毛，肉質。莖長 15 ～ 80 公分，匍匐狀蔓生，多分支，先端直立或斜上昇，節處著地生根。花腋生，單出，開於各分支頂端，有蚌殼狀苞片保護；花瓣 3 枚，卵形，淡紅色至淡紫色，具柄；雄蕊 6 枚，花絲有毛；子房上位，3 室，每室有 2 胚珠。

原產於墨西哥；台灣各地有逸出之植株。

花腋生，單出，開於各分支頂端，有蚌殼狀苞片保護。

草本，全株紫紅色。

花瓣 3 枚，卵形，淡紅色至淡紫色；雄蕊 6 枚，花絲有毛。

水竹草屬 TRADESCANTIA

多年生草本，葉螺旋狀排列或二列。聚繖花序；花兩性，萼片近等長；花瓣顯著，白色到紫色，藍色或紫色，等大；雄蕊 6，皆可孕，等長；花絲具鬚毛或光滑；子房 3 室，室胚珠（1～）2。

台灣產 2 種。

巴西水竹葉（花葉水竹草、紫葉水竹草、水竹草）

屬名	水竹草屬
學名	*Tradescantia fluminensis* Vell.

多年生草本，莖平臥，多分支，莖上有類似竹子的分節，節上長根。單葉，互生，平行脈，中脈明顯，具葉鞘。聚繖花序，腋生，花白色，花瓣 3 枚，雄蕊 6，花藥黃色。蒴果，短橢圓柱狀，成熟時開裂，散出黑色的種子。

原產南美洲；台灣歸化於北中部山區。

花白色，花瓣 3，等大。雄蕊 6 枚。柱頭 1。

葉有如縮小版的竹葉

新歸化植物，目前在中低海拔潮濕地極為常見。

紫背鴨跖草（吊竹草）

屬名	水竹草屬
學名	*Tradescantia zebrina* Heynh. *ex* Bosse

葉橢圓狀卵形至橢圓形，先端短尖，上面紫綠色而雜以銀白色，中部邊緣有紫色條紋，葉鞘的頂部和基部或全部被疏長毛。花團聚於一大一小的頂生苞片狀的葉內；萼片 3 枚，基部合生為管狀，花冠筒白色，先端裂片 3，玫瑰色；雄蕊 6，子房 3 室。果實為蒴果。

原產墨西哥，栽培於中國之福建、廣東、廣西及日本等地；台灣於 1909 年由日本引進，現歸化於中低海拔山區。

花瓣 3 片，基部合生成管狀，冠管白色，裂片紫紅色。

葉面常有白或淡紫斑塊

田蔥科 PHILYDRACEAE

多年生直立草本，具一短地下莖。葉劍形，側扁，緊密排成二列，基部具鞘，葉鞘重疊。穗狀花序長，具綿毛，單生或分支；花兩性，兩側對稱，單生於葉腋苞片內；花被片 4 枚，排成 2 輪，外輪者大於內輪者；雄蕊 1，著生於較大、較前花被之基部，花藥卷曲狀。蒴果縱裂成 3 瓣。

台灣產 1 屬。

特徵

雄蕊 1，花藥卷曲狀。（田蔥）

花被片 4 枚，排成 2 輪，外輪 2 枚大於內輪者。（田蔥）

葉劍形，側扁，緊密排成二列，基部具鞘。（田蔥）

田蔥屬 PHILYDRUM

特徵如科。
台灣產 1 種。

田蔥

屬名	田蔥屬
學名	*Philydrum lanuginosum* Banks & Sol. *ex* Gaertn.

葉劍形，向先端逐漸變尖，疏鬆肉質狀，綠色，7～9 條脈，基部具鞘。穗狀花序常單生，花螺旋狀排列；花黃色，花被片鳥嘴狀，外輪者近卵形，較大，內輪 2 枚較小；花藥 2 室，扭轉。

產於澳洲、馬來西亞、中國華南至琉球及日本；台灣分布於金門、桃園、新竹、宜蘭、日月潭及花東一帶之沼澤或田地。

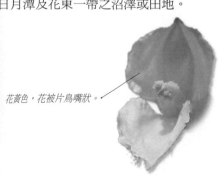

花黃色，花被片鳥嘴狀。

通常長在沼澤地，但遇旱季依然能生長良佳。

穗狀花序，花螺旋排列。

雨久花科 PONTEDERIACEAE

多年生或一年生水生草本，常具根莖。葉基生或互生，生於水中或浮水或挺水，具多數平行脈，葉柄基部具鞘。花兩性，排成穗狀或總狀花序，由最上葉之鞘伸出；花被片 6 枚，覆瓦狀排列，藍色或紫藍色；雄蕊 3 或 6，罕 1，著生於花被片上；子房上位 1 ～ 3 室，側膜或中軸胎座。蒴果 3 瓣裂或不開裂。

台灣產 2 屬。

特徵

水生草本，常具根莖。葉基生或互生，生於水中或浮水或挺水。（布袋蓮）

花被片 6 枚，覆瓦狀排列，藍色或帶紫之藍色；雄蕊 3 或 6，著生於花被片上。（布袋蓮）

鳳眼蓮屬（布袋蓮屬） EICHHORNIA

生於淡水之水生草本，節上生根。葉蓮座狀或互生，闊卵形，具膨大之柄。總狀花序，花螺旋狀排列；花被片6枚，淡紫色，上方中央者具一黃色斑點；雄蕊6，著生於較下位之花被片上，二型，3長者伸出花冠外，3短者生於花內，花絲具毛；雄蕊花柱略彎曲線形，柱頭擴大或 3～6 淺裂。蒴果包於凋存花被筒內，種子多數。

　　台灣產 1 種。

布袋蓮（鳳眼蓮、浮水蓮花）

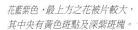

屬名	鳳眼蓮屬
學名	*Eichhornia crassipes* (Mart.) Solms

鬚根發達，根尖具鞘包覆，多毛。葉革質，闊卵形或橢圓形；葉柄海綿質，長 10～50 公分，浮於水面時變短且膨脹。花序單生，長 15～30 公分，花約 6～15 朵；花藍紫色，最上方之花被片較大，中央有黃色斑點；雄蕊3長3短。

　　原產於美洲熱帶地區；台灣分布於全島水田、水池及河川中。

花藍紫色，最上方之花被片較大，其中央有黃色斑點及深紫斑塊。

葉柄海綿質膨大，使植株浮於水面。

鴨舌草屬 MONOCHORIA

根生於泥中。葉基生，或互生於斜立之莖上，葉形多變，具長柄。花序總狀，無梗或花序梗短，初生時包在闊葉鞘內；花序梗基部具一苞片，開花時向前彎曲；雄蕊6，其中1枚較大，花絲一側具裂齒，其餘5枚略等長；子房3室，花柱線形，柱頭擴大，微3裂。蒴果膜質，室背3裂。

　　台灣產 1 種。

鴨舌草

屬名	鴨舌草屬
學名	*Monochoria vaginalis* (Burm. f.) Presl

直立水生草本；莖常不明顯，斜立。葉基生或互生，長 2～10 公分，寬 1～5 公分，先端常漸尖，全緣，具平行脈，由橫向小葉脈相連；水中葉線形或近鑱形，先端銳尖；浮水葉狹披針形，葉柄長 7～30 公分；挺水葉基部狹心形且先端銳尖；葉柄長，基部具一闊鞘。總狀花序，長 2.5～5 公分，初直立，後下彎；花被片深藍色，長橢圓形；雄蕊6，其中1枚較長。

　　產於爪哇、馬來西亞、菲律賓、琉球及日本；台灣分布於全島水田或水池中。

雄蕊6，其中1枚較大。

花被片6枚，覆瓦狀排列，藍色或帶紫之藍色。

花被長橢圓形，雄蕊6。

花序總狀，初生時包在闊葉鞘內。

閉鞘薑科 COSTACEAE

多年生草本，莖螺旋狀彎曲。葉螺旋狀排列，具不裂之葉鞘。花序穗狀，頂生；苞片覆瓦狀排列；花萼 3 裂；花冠下方具長花管，先端裂片約等大；唇瓣倒卵形；雄蕊具花瓣狀花絲，花藥生於花絲前端，子房 3 室，花柱絲狀，頭漏斗狀。果實為蒴果。

　　台灣產 1 屬。

特徵

花序穗狀，頂生；花冠下方具長花管。（閉鞘薑。楊智凱攝）

葉螺旋狀排列，具不裂葉鞘。（閉鞘薑。楊智凱攝）

閉鞘薑屬 COSTUS

特徵如科。
台灣產 1 種。

閉鞘薑

屬名	閉鞘薑屬
學名	*Costus speciosus* (J. Koenig) Smith

莖高 1～2 公尺。葉肉質，螺旋狀排列，卵形，先端漸尖，基部近圓形，葉生於莖下部者僅具葉鞘。花長管狀，白色，喉部常呈黃色。

　　產於印度至馬來西亞、爪哇、菲律賓及海南島；台灣分布於中部及南部之低海拔山區。

花長管狀，白色。（楊智凱攝）

蒴果（楊智凱攝）

葉螺旋狀排列

竹芋科 MARANTACEAE

多年生草本。葉通常大形，通常二列排列，具羽狀平行脈；具葉柄，柄的頂部增厚，稱葉枕；有葉鞘。穗狀花序組成圓錐花序，生於苞片腋處；萼片 3 枚，小形；花瓣 3 枚，不等大，中部以下合生呈筒狀；不孕雄蕊 5 或 6，花瓣狀，外輪 2 瓣等大，內輪者肉質，黃色；雄蕊 1，花瓣狀；子房 3 室。果實為蒴果或漿果狀。

　　台灣產 1 屬。

特徵

花瓣 3，不等大，中部以下合生呈筒狀；不孕雄蕊 5 或 6，花瓣狀。（蘭嶼竹芋）

葉通常大，通常二列排列，具羽狀平行脈，具柄。（蘭嶼竹芋）

竹芋屬 MARANTA

特 徵如科。
　　台灣產 1 種。

蘭嶼竹芋

| 屬名 | 竹芋屬 |
| 學名 | *Donax canniformis* (Forst. f.) Rolfe |

植株高 70 ～ 300 公分。葉卵狀長橢圓形，長 10 ～ 12 公分，寬 4 ～ 5 公分，先端銳尖，基部圓，全緣，光滑無毛；葉柄（不含葉鞘）長 1 ～ 2 公分，葉鞘長 10 ～ 15 公分。

　　產於中南半島、馬來西亞及菲律賓；台灣僅分布於離島蘭嶼較潮濕之次生林中。

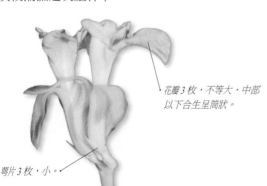

花瓣 3 枚，不等大，中部以下合生呈筒狀。

萼片 3 枚，小。

高約 2 公尺，僅生於蘭嶼。

芭蕉科 MUSACEAE

多年生草本，具根莖。葉大，螺旋狀排列，葉鞘重疊包覆形成假莖。穗狀或聚繖花序，花序梗長常由 1 有顏色之大苞片包被。花大，筒狀，兩側對稱，兩性或單性；花被片 6 枚，花瓣狀，略呈唇形；雄蕊 5，退化雄蕊 1 或無；子房下位，3 室。果實為肉質漿果或蒴果。

　　台灣產 2 屬。

特徵

花被片 6，略呈唇形；雄蕊 5，退化雄蕊 1 或無。（拔蕉）

多年生草本，具根莖。葉大，螺旋狀排列，葉鞘重疊包成假莖。（台灣芭蕉）

穗狀或聚繖花序，具長梗，常下垂，常由 1 有顏色之大苞片包被。（拔蕉）

象腿蕉屬 ENSETE

落葉性高大草本，假莖單生，由葉鞘層層重疊而成，基部膨大。葉大。花序初時呈蓮座狀，後伸長成柱狀，下垂；苞片綠色，下部苞片內的花為兩性花或雌花，上部苞片內的花為雄花；合生花被片往往 3 深裂成線形，離生的花被片較寬；雄蕊 5；子房 3 室，中軸胎座，胚珠多數。漿果厚革質，乾癟或果肉很少。種子通常較大。

台灣產 1 種。

象腿蕉

屬名	象腿蕉屬
學名	*Ensete glaucum* (Roxb.) Cheesman

假莖單生，基部膨大，呈罈狀，略帶紅色，被白蠟粉。葉披針形，長 190 ～ 220 公分，寬 60 ～ 70 公分。花序下垂，佛焰苞葉狀，綠色，肉質，苞片呈蓮座狀；花單性，花序基部為雌花，先端同時具有雌花與雄花。

廣泛分布於亞洲及非洲，在亞洲產於印度東北部、緬甸、泰國、中國南部、菲律賓、新幾內亞及爪哇；台灣分布於屏東瑪家山區，生長於向陽的崩塌地。

花序基部為雌花，先端同時具有雌花與雄花。

▲由下向上看懸垂之花序

假莖可達三公尺高，廣泛分布於印度、中南半島至大洋洲，台灣可見於南部低山。（楊曆縣攝）

花序下垂，佛焰苞葉狀，綠色，肉質，苞片呈蓮座狀。

漿果厚革質，乾癟或具有少量果肉。（楊曆縣攝）

假莖單生，由葉鞘重疊而成，基部膨大。（楊曆縣攝）

芭蕉屬 MUSA

多年生叢生草本，具根莖。假莖全由葉鞘緊密層層重疊而組成，基部膨大或稍膨大，。葉大型，葉片長圓形，葉柄伸長，且在下部增大成一抱莖的葉鞘。花序直立，下垂或半下垂；苞片扁平或具槽，芽時旋轉或多少覆瓦狀排列，綠、褐、紅或暗紫色，通常脫落，每一苞片內有花 1 或 2 列，下部苞片內的花在功能上為雌花，但偶有兩性花上部苞片內的花為雄花；離生花被片與合生花被片對生；雄蕊 5；子房下位，3 室。漿果伸長，肉質，有多數種子，但在單性結果類型中為例外；種子近球形、雙凸鏡形或形狀不規則。

　　台灣產 3 種，其中一種有 4 變種，有 3 變種為特有。

拔蕉

屬名	芭蕉屬
學名	*Musa balbisiana* Colla

植株高 2.5 ～ 4 公尺。葉片長橢圓形，長 2 ～ 3 公尺，寬 25 ～ 30 公分，先端鈍，基部圓或不對稱，葉面鮮綠色，有光澤，葉鞘前端及葉背均被蠟粉或微被蠟粉。花序頂生，下垂，花及果光滑無毛；雄花苞片展開後不反捲，深紫紅色。種子不規則鵝卵形。

　　廣泛分布於東南亞，如馬來西亞、泰國、印度及菲律賓等地之潮濕但不積水的山谷及中、低海拔之林間空地；台灣歸化於嘉義、恆春半島、花蓮及蘭嶼等地。

　　本種為香蕉（*Musa × paradisiaca* L.）的親本之一。

雄花苞片展開後不反捲，深紫紅色。

花序頂生，下垂，花及果光滑無毛。

果實光滑

植株

泰雅芭蕉 特有種

屬名 芭蕉屬

學名 *Musa itinerans* Cheesman var. *chiumei* H. L. Chiu, C. T. Shii & T. Y. A. Yang

植株有走莖，高可達 2.3 ～ 3.5 公尺，基部直徑為 34 ～ 40 公分；苞片反捲，苞片及果皮均有紫紅色條紋；花序開始時傾斜向上，然後彎曲向下，在雄花苞處下垂；果實長約 8.1 ～ 9.8 公分，寬 6.4 ～ 8.4 公分，果指間緊密。

特有變種，產於桃園復興山區。

果實縱剖面，可見果肉及種子。

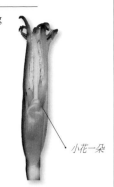

小花一朵

花正面，可見雄蕊及柱頭。

花序開始向上傾斜

果皮初果即有紫紅色條紋

花序甚大，苞片具紫紅色條紋。

果指間緊密

生於桃園佳志部落山區

噶瑪蘭芭蕉（牛鬥芭蕉）特有種

屬名　芭蕉屬

學名　*Musa itinerans* Cheesman var. *kavalanensis* H. L. Chiu, C. T. Shii & T. Y. A. Yang

具走莖；假莖青綠色，有明顯棕黑色斑塊。植株可達 2.5 公尺高。葉片長 175～220 公分，寬 47～59 公分，葉柄長 30～40 公分，通常綠色。花序先半斜立至水平，然後垂直向下，花梗長 55～80 公分。其與台灣芭蕉最大的區別為苞片與果皮均呈淡綠色，無紫紅色條紋。

　　特有變種，產於宜蘭大同山區。

果實縱剖面

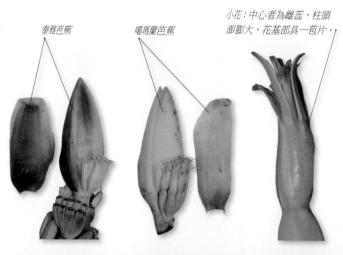

泰雅芭蕉　　噶瑪蘭芭蕉　　小花：中心者為雌蕊，柱頭澎膨大，花基部具一苞片。

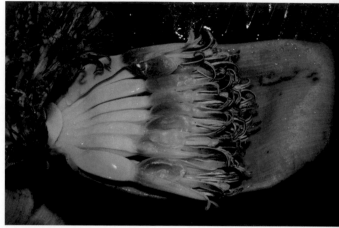

苞片內的部分花序及稚果

花序及果序，可見其苞片與果皮均呈淡綠色。

果皮呈淡綠色，無紅條紋。

生於宜蘭牛鬥及英仕山區

台灣芭蕉 特有種

屬名 芭蕉屬
學名 *Musa itinerans* Cheesman var. *formosana* (Warb. *ex* Schum.) Häkkinen & C.L. Yeh

大型多年生草本，高約 2 公尺以上；假莖由葉鞘緊包成圓柱形，頂端葉片多枚。葉柄長而粗大，為面溝狀，背面圓形突起，延伸至葉片先端；葉片巨大，長橢圓形，長 1 公尺以上，全緣而微疏波狀，側脈平行射出狀。花軸及果軸密被絨毛；雄花苞片黃綠色，帶紫紅色縱向條紋。

特有變種，廣布於台灣全島海拔 200 ～ 1,800 公尺山區。

苞片黃綠色，帶紫紅色縱向條紋。

果實較粗短

大形多年生草本，高約 2 公尺以上。

花軸及果軸密被絨毛

雅美芭蕉 特有種

屬名 芭蕉屬
學名 *Musa yamiensis* C. L. Yeh & J. H. Chen

與台灣芭蕉（*M. itinerans* var. *formosana*，見本頁）近似，不同處在於其果梗無毛，且花與果實都比較小。

台灣特有種，僅產於離島蘭嶼。

果梗無毛，且花與果實都比較小。（葉川榮攝）

花序近水平，約 46 公分或更長，光滑，綠色。（葉川榮攝）

果實 8 枚成簇，綠色，長 5.5-7 公分，寬 1.5 公分，圓筒狀，先端瓶頸狀。（葉川榮攝）

薑科 ZINGIBERACEAE

多年生草本，具芳香。葉互生，基部具鞘。花兩性，兩側對稱或不對稱，具苞片；花被片 6 枚，2 輪，外輪較小，基部合生為管狀，內輪較大，基部亦合生；孕性雄蕊 1，花藥 2 室；不孕雄蕊 2 或 4，側生 2 枚花瓣狀、齒狀或缺，中央 2 枚合生成大而具色彩之唇瓣；子房下位，3 或 1 室；花柱 1，絲狀，由藥隔後方往上伸出。果實為蒴果或漿果。

　　台灣產 4 屬。

特徵

花被片基部合生成管狀（山月桃）

多年生草本，具芳香，葉互生，基部具鞘。（歐氏月桃）

月桃屬 ALPINIA

花序由葉莖各端，穗狀、總狀或圓錐狀，有時具苞片或小苞片；花萼筒狀或漏斗狀，3 齒裂，常 1 側深裂；花冠筒與花萼近等長；側生不孕雄蕊小或缺，唇瓣形狀各異，前端常 2 淺裂；花絲存或缺。果實球形或橢圓形，不裂。

　　台灣產 17 種，12 種為特有種。

呂宋月桃

屬名	月桃屬
學名	*Alpinia flabellata* Ridley

葉光滑無毛，先端漸尖至尾狀，基部圓或鈍，或具突尖。圓錐花序，花序軸下部具 2～3 明顯之長分支，光滑無毛，無小苞片；外輪花被片綠黃色，內輪唇瓣裂成 2 瓣 4 小片，上有粉紅色紫塊斑，唇瓣基部有 2 尖狀突起。果實球形，漿果狀。

　　產於琉球及菲律賓；台灣僅分布於離島蘭嶼及綠島。

花之側面，唇瓣基部有
2 尖狀突起。

內輪唇瓣裂成 2 瓣 4 小片，上有粉紅色紫塊斑。

圓錐花序，下方具 2～3 長分支。

台灣月桃

屬名　月桃屬
學名　*Alpinia formosana* K. Schum.

植株高 1 ～ 3 公尺。葉披針形至長橢圓狀披針形，長 50 ～ 70 公分，寬 8 ～ 12 公分，兩端漸尖，葉背被長絨毛。蜜錐花序長 15 ～ 20 公分，光滑、疏被毛或僅花序軸於分支處被毛，花序下方常具 2 朵花，上方具 1 朵花；唇瓣寬卵形，長約 3 公分，白色略帶黃色，中心有紅色條紋，先端短 2 裂。

　　產於日本及琉球；台灣散布於低海拔地區。

　　本種已證實為山月桃（*A. intermedia*，見 240 頁）與月桃（*A. zerumbet*，見 247 頁）的天然雜交種。

花之側面

山月桃

月桃

台灣月桃唇瓣寬卵形，白色略帶黃色，中心有紅色條紋，先端短 2 裂。

花序下方分支常具 2 朵花，上方分枝具 1 朵花。

花序斜升，彎曲。

植株高 1 ～ 3 公尺

宜蘭月桃 特有種

屬名　月桃屬
學名　*Alpinia* × *ilanensis* S. C. Liu & J. C. Wang

高 70 ～ 100 公分。葉亞革質，長橢圓形至披針形，長
20 ～ 50 公分，寬 4 ～ 9 公分，兩面密被絨毛。圓錐花序，
小苞片小或無，花梗長約 2 公釐；花冠白色帶淺紅色，
唇瓣倒卵形，先端凹或圓，長寬為 1.4 ～ 1.8×1.2 ～ 1.5
公分，底色白至粉紅，中間往邊緣有一些紅色條紋，但
未達邊緣，邊緣為粉白色。蒴果不規則球形。

　　特有種，分布於宜蘭及台北。

　　本種為山薑（*A. japonica*，見 241 頁）及普萊氏月
桃（*A. pricei*，見 244 頁）的天然雜交種。

山薑

普萊氏月桃

本種為山薑及普萊氏月桃的天然雜交種

宜蘭月桃唇瓣底色白至粉紅，中間往邊緣有一些
紅色條紋，但未達邊緣，邊緣為粉白色。

山月桃

屬名　月桃屬
學名　*Alpinia intermedia* Gagnep.

植株高 1 ～ 1.5 公尺。葉無毛，長橢圓形或披針形，長
25 ～ 35 公分，寬 5 ～ 8 公分，表面光滑無毛。圓錐花序，
下方分支較上方分支略長，每分支具 2 ～ 7 朵花；花白
色，唇瓣帶紅色斑點。果實球形，成熟時橙紅色。

　　產於中國華南、日本、琉球及菲律賓；台灣分布於
低海拔地區。

花白色，花心帶紅色斑點。

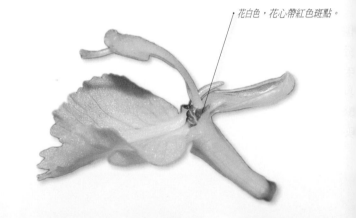

植株較小，高 1 ～ 1.5 公尺。葉光滑無毛。

果實球形，熟時橙紅。

圓錐花序，下方分支較上方分支
略長，每分支具 2 ～ 7 朵花。

山薑（日本月桃）

屬名　月桃屬
學名　*Alpinia japonica* (Thunb.) Miq.

植株高不及 1 公尺，被毛。葉兩面被短柔毛，偶上表面披短糙伏毛。圓錐花序，被毛，每分支具 1～3 朵花；小苞片長橢圓形，長約 5 公釐。果序成總狀；果實漿果狀，橢圓形。

　　產於中國華南及日本；台灣常見於新竹以北及宜蘭山區。

唇瓣具紅色條紋，直達邊緣。（林家榮攝）

植株高不及 1 公尺，被毛。

花序每一分支具 1～3 朵花（林家榮攝）

葉背被有短柔毛

川上氏月桃 特有種

屬名　月桃屬
學名　*Alpinia kawakamii* Hayata

植株高可達 2 公尺餘。葉長 30～50 公分，寬 10～18 公分，下表面密被茸毛，上表面偶疏被毛或僅於中肋處疏被毛。穗狀花序，花較密集，花軸密被毛；唇瓣大形，白色，具有紅點和條斑；小苞片貝殼狀，包被 1 朵花。果實蒴果狀，緊密排列，被毛。本種除了葉背密生茸毛之外，其餘特徵與島田氏月桃（*A. shimadae*，見 245 頁）相似，差異甚少。

　　特有種，分布於台灣全島海拔 1,500 公尺以下地區。

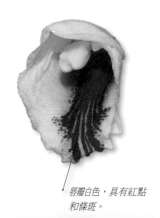

唇瓣白色，具有紅點和條斑。

穗狀花序，花較密集。

植株較大，可達 2 公尺餘。

果實被毛

葉下表面密被茸毛

恆春月桃 特有種

屬名	月桃屬
學名	*Alpinia koshunensis* Hayata

形態與月桃（*A. zerumbet*，見 247 頁）至為相近，區別點在於本種的花序直立。

　　特有種，分布於恆春半島南端，多見於國家公園境內。

花與月桃相似

花序為直立

果序

常生長於草地，風力強勁處。

屈尺月桃 特有種

屬名	月桃屬
學名	*Alpinia kusshakuensis* Hayata

葉長 40 ～ 85 公分，寬 7 ～ 14 公分，上表面光滑，側脈凸起，僅葉緣被毛。穗狀花序，直立，密被毛；小苞片貝殼狀，長 1.2 ～ 3 公分，包被 1 朵花；花萼長 1.8 ～ 2.5 公分；唇瓣喉部被粗毛，淺黃色，中部有紅色斑塊及條紋。果實蒴果狀，扁球形被毛。本種為島田氏月桃（*A. shimadae*，見 245頁）與烏來月桃（*A. uraiensis*，見 246 頁）的天然雜交種，形態介於兩者之間。

　　特有種，分布於台灣北部及東部之低海拔山區。

島田氏月桃

烏來月桃

本種為島田氏月桃與烏來月桃的天然雜交種，花序直立。

植株高可達 2 公尺餘

屈尺月桃唇瓣淺黃色，中部有紅色斑塊及條紋。

角板山月桃 特有種

屬名　月桃屬

學名　*Alpinia mesanthera* Hayata

葉除葉緣下表面被毛外，下表面中肋兩側下半部亦被毛。圓錐花序，密被毛，分支疏鬆排列，下方分支上每1小苞片包被2朵花，小苞片長約2.2公分，唇瓣為淡黃底紅紋。果實蒴果狀，球形至近三角形，具縱稜。

　　特有種，分布於台灣北部、中部及東部低海拔山區。

　　本種為月桃（*A. zerumbet*，見247頁）和島田氏月桃（*A. shimadae*，見245頁）之天然雜交種。

島田氏月桃

月桃

本種是月桃和島田氏月桃的天然雜交種

圓錐花序S形彎曲，分支疏鬆排列。

角板山月桃唇瓣是淡黃底紅紋

南投月桃 特有種

屬名　月桃屬

學名　*Alpinia nantoensis* F. Y. Lu & Y. W. Kuo

唇瓣卵形，白色，中央部位有紅色條紋及斑點，先端凹缺。果實球形，被短毛。形態上與普來氏月桃（*A. pricei*，見244頁）相似，但可從其小苞片形態及唇瓣形狀來區分，南投月桃之小苞片管狀，而普來氏月桃不具小苞片是兩種間最大之差異點。此外，本種亦近似島田氏月桃（*A. shimadae*，見245頁），其差異為島田氏月桃具貝殼狀小苞片且一端開裂，而本種則為管狀小苞片。

　　特有種，分布於台灣中部中海拔山區。

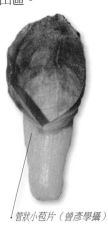

管狀小苞片（曾彥學攝）

唇瓣卵形，白色，中央部位有紅色條紋及斑點。（曾彥學攝）

株高較月桃小些，約1～1.5公尺。

歐氏月桃 特有種

屬名	月桃屬
學名	*Alpinia oui* Y. H. Tseng & Chih C. Wang

植株叢生狀，株高 1 ～ 2 公尺。單葉，互生，葉披針形至長橢圓形，長 25 ～ 70 公分，寬 4 ～ 7 公分。花序下垂，唇瓣淺黃底紅紋。果實成熟時橙色，橢圓形，具縱稜，被短毛。

　　特有種，產於台東太麻里附近山區。

唇瓣淺黃底紅紋

花序由葉先端生出，花序長 15 ～ 30 公分，下垂。

植株叢生狀，株高可達 2 公尺。

普萊氏月桃 特有種

屬名	月桃屬
學名	*Alpinia pricei* Hayata

植株高約 1 公尺。葉緣及葉下表面中肋全部被毛，常於上表面疏被毛或上表面中肋上疏被毛。總狀花序，密被毛；每朵花具短梗，唇瓣白紅紋，無小苞片。果實疏鬆排列，蒴果狀，球形，紅色，萼筒常宿存。

　　特有種，分布於台灣全島海拔 1,000 公尺以下地區 。

唇瓣白紅紋

植株高約 1 公尺

無小苞片，可明顯看到綠色花梗及子房。

葉下表面中肋上全被毛

阿里山月桃 特有種

屬名　月桃屬
學名　*Alpinia sessiliflora* Kitamura

葉下表面中肋上全被毛（或至少中肋上之縱溝被毛）。穗狀花序，花極密生，從外看不見花序軸，密被毛；小苞片貝殼狀，包被1朵花，長約2.2公分；花密生，乳白帶黃色，並具紅點與條斑。果極緊密排列，果間常見乾枯小苞片。與普萊氏月桃（*A. pricei*，見244頁）極為相似，差別在於本種具有大型小苞片，果實密集，往往將小苞片夾住。

　　特有種，主要分布於台灣中部海拔1,000～2,000公尺山區，以溪頭及阿里山的數量最多。

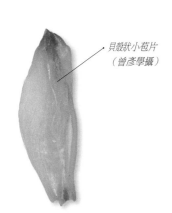

貝殼狀小苞片
（曾彥學攝）

穗狀花序，花極密生，從外看不見花序軸。

主要分布於台灣中部海拔1,000～2,000公尺山區，以溪頭及阿里山的數量最多。

島田氏月桃（七星山薑、新竹山薑） 特有種

屬名　月桃屬
學名　*Alpinia shimadae* Hayata

葉下表面中肋上全被毛（或至少中肋上之縱溝被毛）。穗狀花序，密被毛；小苞片貝殼狀，包被1朵花，長約1.5公分；唇瓣直徑約1.6公分。果實疏鬆排列，蒴果狀，球形。

　　特有種，分布於台灣全島低海拔地區。

小苞片貝殼狀

果序

花序直立

屯鹿月桃 特有種

屬名	月桃屬
學名	*Alpinia tonrokuensis* Hayata

葉僅於葉緣下表面被毛。圓錐花序，花序基部彎曲或平伸而不彎曲，不完全下垂，下方分支具 2 朵花（被小苞片包被），密被毛；小苞片具殼狀，長約 3.5 公分；唇瓣深黃色，具紅色斑點及條紋。果實蒴果狀，扁球形，具縱稜。

　　特有種，分布於台灣北部低海拔山區。

　　本種為月桃（*A. zerumbet*，見 247 頁）和烏來月桃（*A. uraiensis*，見本頁）的天然雜交種。

烏來月桃

月桃

屯鹿月桃唇瓣深黃色，具紅色斑點及條紋。

親本的烏來月桃花序直立，月桃為下垂，故雜交出花序介於中間的屯鹿月桃。

烏來月桃(大輪月桃) 特有種

屬名	月桃屬
學名	*Alpinia uraiensis* Hayata

植株高逾 2 公尺。葉長 1 公尺，葉表有許多脈狀的微幅橫條隆起，僅葉緣被毛。穗狀花序（偶下方分支具 2 朵花）直立，密被毛；小苞片長 4 ～ 5 公分，花萼長 3 ～ 3.5 公分，唇瓣深黃色，中央具紅色斑塊及條紋。果實蒴果狀，近球形，成熟黃色，直徑 2.5 ～ 3 公分，被長柔毛。

　　特有種，分布於台灣北部低海拔山區。

唇瓣深黃色，中央具紅色斑塊及條紋。

葉表有許多脈狀的微幅橫條隆起

穗狀花序直立

蒴果狀，被長柔毛。

月桃(玉桃)

屬名　月桃屬
學名　*Alpinia zerumbet* (Pers.) Burtt & Smith

直株高 1～3 公尺。葉長 60～70 公分，10～50 公分，下表面邊緣及中肋與下表面交界處被毛。圓錐花序，常下垂，密被毛，下方分支具 2 朵花。蒴果，球形至橢圓形，常具縱稜。

　　產於東半球熱帶地區；在台灣分布於全島低海拔山區。

變異個體，唇瓣無紅紋。

唇瓣深黃色，中央具紅色斑塊及條紋。

花序下垂

高 1～3 公尺。為相當普遍之植物。

蝴蝶薑屬 HEDYCHIUM

根　莖肉質，莖高約 100 公分。葉成二列排列，具膜質葉舌。穗狀花序，頂生；苞片寬，緊密覆瓦狀排列，花 2～3 朵腋生於苞片；花萼筒細長，常被毛；花冠筒細長，裂片狹長；不孕雄蕊花瓣狀，白色，唇瓣寬大，帶黃色，並具有紅點及條斑，略深裂。

　　台灣產 1 種。

穗花山奈(野薑花)

屬名　蝴蝶薑屬
學名　*Hedychium coronarium* Koenig

葉披針形，長約 40 公分，寬約 7 公分，上表面光滑，下表面被毛。花瓣及唇瓣均白色，具香味，孕性雄蕊 1，不孕雄蕊 2 或 4，蒴果成熟後開裂，假種皮鮮紅色。

　　產於印度、馬來西亞、越南及中國華南；引進台灣栽培，逸出後生於低海拔之濕地。

花白色，可孕性雄蕊與柱頭合生，假雄蕊長橢圓形，呈花瓣狀。

常見於低海拔濕地

法氏薑屬 VANOVERBERGHIA

高 大草本，高約 2 公尺。葉光滑無毛，無柄，側脈與細脈於上表面極不明顯；葉舌紅褐色，光滑無毛。花序穗狀，苞片內有 1 朵花，小苞片無；花萼漏斗狀，具 3 齒；花白色，花冠筒短於花萼，側裂片與唇瓣相癒合；側生不孕雄蕊絲狀；唇瓣略與花瓣等長，2 裂，裂片線形；花絲長，包住花柱，藥隔寬圓。蒴果，橢圓近球形。

　　台灣產 1 種。法氏薑屬與月桃屬植物之外形雷同，兩者差別在於法氏薑屬植物之葉的先端為長尾狀並扭曲，唇瓣 2 裂，裂片線形，且不具小苞片；而月桃屬植物則不具有長尾狀葉尖，花早落，唇瓣多變，且通常具有小苞片。

蘭嶼法氏薑 特有種 | 法氏薑屬
學名 *Vanoverberghia sasakiana* H. Funak. & H. Ohashi

葉革質，長橢圓形，長 50 ～ 55 公分，寬 11 ～ 13 公分，先端長尾狀並扭曲（長 5 ～ 8 公分）。花序頂生，下垂，花白色。果實球形，具不明顯縱紋。

　　特有種，僅分布於離島蘭嶼。

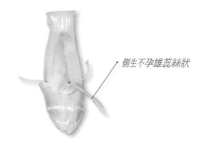

側生不孕雄蕊絲狀

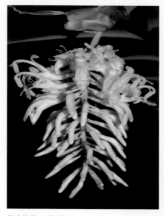

花序穗狀，花白色。

蒴果，橢圓近球形。

葉的先端為長尾狀。僅分布於蘭嶼。

薑屬 ZINGIBER

地 下莖塊狀。葉排成二列，紙質，無柄或具短柄，葉耳深裂或不裂。花序另生於莖軸基部發生的花莖頂端，穗狀或毬果狀；苞片綠或黃或紅色，每 1 苞片內有 1 朵花；花萼筒管狀，一側開裂；花冠筒上方擴張，裂片之一較大；不孕雄蕊常與唇瓣癒合；唇瓣大；藥隔前方延長變寬並包住花柱。蒴果，3 裂。

　　台灣產 3 種。

三奈 特有種 | 屬名 薑屬
學名 *Zingiber kawagoii* Hayata

植株高 30 ～ 100 公分。葉長圓形或披針形，兩面或下表面疏被直柔毛。花序梗由莖基部橫出，匍匐或略斜上，1 或多個；苞片淡黃色帶紫紅色大斑及縱條紋，近基部苞片披針形，無花；近前端苞片腋生，1 花；唇瓣 3 裂，中央裂片紫藍色，先端凹。

唇瓣 3 裂，中央裂片紫藍色。

　　特有種，分布於台灣全島及蘭嶼低海拔山區。

花序梗由莖基部橫出

蒴果，3 裂，露出種子。

花開在植株基部

少葉薑

屬名　薑屬
學名　*Zingiber oligophyllum* K. Schumann

植株高 1 ～ 1.5 公尺。葉長橢圓披針形，長 20 ～ 30 公分，寬 4 ～ 8 公分，側脈有明顯的隆起摺折；葉舌不明顯，全緣，不裂。花序橢球狀，長 5 ～ 7 公分；唇瓣淡黃色，雄蕊黃色。

　　本種亦見於中國大陸，台灣分布於中南部淺山林下。

花序橢球狀，長 5 ～ 7 公分。　　葉側脈有明顯的隆起摺折

雙龍薑 特有種

屬名　薑屬
學名　*Zingiber shuanglongensis* C. L. Yeh & S. W. Chung

與三奈（*Z. kawagoii*，見 248 頁）相似，但本種有較短的穗狀花序、白色的花冠筒、較長的唇 瓣側裂片，且果實幾乎與宿存苞片等長、花通體為紫色，以茲區別。

　　特有種，分布於中南部低中海拔山區。

植株較三奈小些（洪信介攝）

花被大部分為紫色（呂順泉攝）

果熟裂開，果內皮紅色。

金魚藻科 CERATOPHYLLACEAE

沉水草本，無根，莖纖細。葉輪生，2～4回二分岔為細鋸齒之小片段。花單性，雌雄同株，腋生；花被片薄，多數，基部癒合；雄蕊多數；雌蕊有1心皮，柱頭側生，子房1室。瘦果卵狀橢圓形。

台灣產1屬。

特徵

沉水草本植物，無根。（金魚藻。許天銓攝）

葉輪生，2～4回二分岔為有細鋸齒之小片段。（金魚藻。許天銓攝）

金魚藻屬 CERATOPHYLLUM

本屬植物之鑑別須觀察其葉的分岔數及果刺數目，但觀察不易。台灣在日據時代有細金魚藻（*C. kossinskyi* Kusen.）及五角金魚藻（*C. oryzetorum* Kom.）的採集記錄，但近來少有人記錄或採集到此二種植物。細金魚藻：葉3～4回分岔，外緣有細鋸齒，果有1頂刺。五角金魚藻：葉與金魚藻相似，但果除1頂刺與2基刺外，尚有2側刺。

台灣產3種。

金魚藻

屬名	金魚藻屬
學名	*Ceratophyllum demersum* L.

葉1～2回分岔，外緣有細鋸齒。果實有1頂刺，2基刺。

廣泛分布於全世界之淡水區域；台灣一般生於低海拔之池塘、溝渠、湖泊，常叢生，但可能因為現今大量使用農藥之故，野外已不多見。

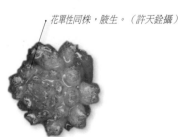

花單性同株，腋生。（許天銓攝）

生於淡水中（許天銓攝）

葉輪生，2～4回Y形分岔成有細鋸齒之小片段。（許天銓攝）

小蘗科 BERBERIDACEAE

草本、灌木或亞灌木。單葉或複葉，互生，常簇生，無托葉。花兩性；萼片4～6枚；花瓣與萼片無區別，2～4輪；雄蕊6，與花瓣對生；花柱短或缺，柱頭大都頭狀或盾狀，子房上位。果實為漿果或蒴果。

台灣產3屬。

特徵

萼片4～6枚；花瓣與萼片無區別，2～4輪。（太魯閣小蘗）

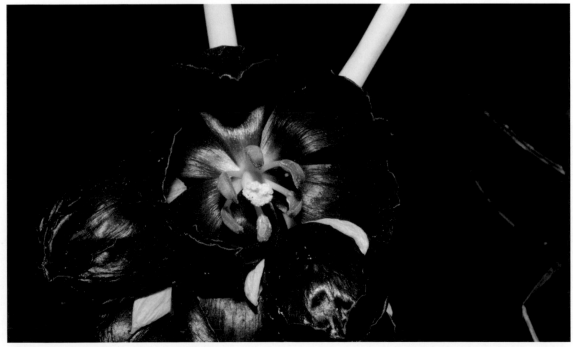

花兩性，雄蕊6，與花瓣對生，子房上位。（八角蓮）

小檗屬 BERBERIS

<big>常</big>綠或落葉灌木，有刺。單葉，互生，常叢生於短枝上。花黃色，簇生或成總狀花序；小苞片 2～4 枚；萼片 6 枚，2 輪；花瓣 6 枚，2 輪，基部常有 2 蜜腺；雄蕊 6。果實成熟時紅色或黑色。

台灣產 12 種，全為特有種。

長葉小檗 特有種

屬名	小檗屬
學名	*Berberis aristatoserrulata* Hayata

葉背初時稍有白粉

常綠灌木。葉常 1～3 枚叢生，薄革質，長橢圓狀披針形，長 4～8 公分，細鋸齒 10～40 對，側脈顯著，具網狀的側脈，葉背粉白，幾無柄。花 5～10 朵簇生。果實成熟時球形，頂端具宿存之短柱頭。與南台灣小檗（*B. pengii*，見 256 頁）相似，但本種的葉表暗沉綠色，最外輪萼片倒卵形（vs. 狹三角形或橢圓形）。

特有種，分布於台灣東部海拔 2,000～3,000 公尺山區。

果實長橢圓形

開花之植株，葉表暗沈綠色。

高山小檗 特有種

屬名	小檗屬
學名	*Berberis brevisepala* Hayata

常綠灌木。葉 3～5 枚叢生，革質，倒卵形至倒披針形，長 1～2.5 公分，鋸齒 2～8 對，幾無柄。花單生或 2～5 朵簇生，最外輪萼片寬卵形，花梗甚長。果實闊橢圓形，宿存柱頭無柄。本種沒開花時常被誤認為台灣小檗（*B. kawakamii*，見 254 頁）或南投小檗（*B. nantoensis*，見 255 頁），其與台灣小檗的區別在於最外輪萼片為卵形（vs. 狹三角形或線形），與南投小檗的區別在於其有較長的花梗和較多輪的萼片。

特有種，分布於中央山脈海拔 2,600～3,600 公尺山區。

花梗甚長，外輪萼片為卵形。與南投小檗相比，有較多輪的萼片。

葉表光亮，葉脈較不明顯，鋸齒先端針狀。

清水山小檗 特有種

屬名　小檗屬

學名　*Berberis chingshuiensis* Shimizu

常綠灌木。葉3～5枚叢生，厚革質，長橢圓形，長3～5公分，細芒尖鋸齒緣，6～11對，葉緣常反捲，兩面有明顯葉脈，葉背常白綠色，有短柄。花3～6朵簇生。果實近球形，宿存柱頭無柄。與花蓮小檗（*B. schaaliae*，見257頁）常被混淆，差別在於本種的芒尖鋸齒緣較少，較稀疏。與太魯閣小檗（*B. tarokoensis*，見257頁）的區別在於本種的側脈及細脈明顯（vs. 側脈及細脈不明顯），宿存柱頭無柄或近短柄（vs. 宿存柱頭具柄）。

　　特有種，僅分布於花蓮清水山至嵐山一帶，海拔1,500～2,400公尺之石灰岩山區。

葉背之側脈與太魯閣小檗相比，較為明顯。

花正面

宿存柱頭

花3～6朵簇生，宿存柱頭近無柄。

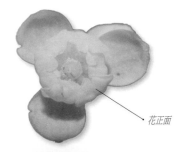

兩面有明顯葉脈

早田氏小檗(南湖小檗) 特有種

屬名　小檗屬

學名　*Berberis hayatana* Mizushima

葉皮紙質，長1.5～3公分，寬0.6～1.2公分，鋸齒每邊3～7個，側脈5～7對。與台灣小檗（*B. kawakamii*，見254頁）相近，但本種生於中海拔，葉橢圓形或披針狀橢圓形，花2～6朵簇生。過往大部分的學者將其列為眠月小檗（*B. mingetsuensis*，見254頁）之同物異名，但本種的葉表是暗綠色，沒無光澤，且花梗較短（0.6～1.7 vs. 1.3～2.8公分）。

　　特有種，分布於台灣北部及宜蘭山區。

花正面

花梗較眠月小檗短，0.6～1.7公分。

葉表是暗綠色，沒有光澤。

葉紙質，上表面不油亮；小枝具稜，刺2或3根一組。

台灣小檗 特有種

屬名　小檗屬
學名　*Berberis kawakamii* Hayata

常綠灌木。葉3～5枚叢生，薄革質，長2.5～5公分，寬1.1～1.8公分，近無柄，刺狀鋸齒緣，鋸齒3～8對，短硬。花7～15朵簇生；萼片5～6枚，披針形。果實橢圓形，成熟時暗紫色，宿存柱頭近無柄。其最外輪的萼片為三角形至長橢圓形，以及密集的簇生花序等特徵，可與台灣產小檗屬植物之其它種類區別。

　　特有種，分布於全台海拔2,200～3,500公尺山區。

密集的簇生花序，最外輪萼片三角形至長橢圓形。

台灣高地最常看到的小檗屬植物

眠月小檗 特有種

屬名　小檗屬
學名　*Berberis mingetsuensis* Hayata

常綠灌木。葉3～5枚叢生，紙質，披針形或卵形，稀橢圓形，鋸齒3～7對，上表面具光澤，下表面粉白。花4～7朵叢生，第1輪花萼為倒卵形。果實橢圓形，成熟時暗紫色，宿存柱頭無柄。與神武小檗（*B. ravenii*，見256頁）相似，但本種葉緣的芒刺較稀疏（7～16 vs. 16～28）。

　　特有種，分布於嘉義阿里山及南投西巒大山。

葉背粉白（楊智凱攝）

花序（楊智凱攝）

特有種，目前僅發現於嘉義阿里山及南投西巒大山。葉表光澤。（楊智凱攝）

玉山小檗 特有種

屬名　小檗屬
學名　*Berberis morrisonensis* Hayata

落葉灌木。葉 8～10 枚叢生，紙質，倒卵形、倒披針形至狹倒卵形，先端圓鈍，基部漸狹窄，具 4～7 對小齒或全緣，葉脈明顯。花 3～6 朵簇生。果實成熟時紅色，近圓球形，宿存柱頭無柄。

　　特有種，分布於台灣海拔 3,000 公尺以上山區。

花

果紅熟

落葉小灌木

葉倒卵形，8～10 枚叢生，具 4～7 對小齒或全緣。

南投小檗 特有種

屬名　小檗屬
學名　*Berberis nantoensis* C. K. Schneid.

葉 3～5 枚叢生，薄革質，葉背常被白粉，鋸齒 3～6 對。花序密集簇生於葉腋，花梗短。果實橢圓形，柱頭近無柄。本種的主要識別特徵為花梗較短，長 2～3 公釐，且葉緣反捲。

　　特有種，分布於台灣中部山區。

葉 3～5 枚叢生

葉緣反捲，果梗甚短。

與高山小檗相似，但花梗較短，花萼片只有 3 輪。

開花之植株

南台灣小檗 特有種

屬名	小檗屬
學名	*Berberis pengii* C.C.Yu & K.F.Chung

常綠小灌木，高 1.5 ～ 4 公尺。葉橢圓形或窄橢圓形，長 4.4 ～ 8.9 公分，先端銳尖或楔形，上表面光亮，下表面灰綠色，葉緣每側具 13 ～ 27 針刺；近無柄，有時具短柄。花 4 ～ 17 朵簇生；花萼 3 輪，最外輪狹三角形或三角形至長橢圓形，外表中肋稍黃帶紅暈；花瓣橢圓形，黃色；雄蕊亮黃色；花梗長 0.4 ～ 1.6 公分。果實球形，徑約 1 公分，成熟時黑色，宿存花柱無柄。

特有種，分布於卑南主山以南山區。

果近球形（楊智凱攝）

最外輪萼片狹三角形或長橢圓形（林政道攝）

葉上表面光亮，與長葉小檗相近，可以葉表及萼片區別。

神武小檗 特有種

屬名	小檗屬
學名	*Berberis ravenii* C.C.Yu & K.F.Chung

常綠小灌木，高 50 ～ 100 公分。葉近革質，橢圓形至披針形，長 5.5 ～ 9.5 公分，寬 1.2 ～ 2 公分，先端漸尖或短尖，葉緣有時稍反捲，每側具 16 ～ 28 個針刺，上表面綠色或深綠色，下表面綠色或墨綠色，近無柄。花 4 ～ 7 朵簇生，花瓣倒卵形，花梗長 1.3 ～ 1.5 公分。漿果黑色，橢圓形，宿存花柱無柄。

特有種，分布於台灣南部，卑南主山以南山區。

漿果黑色，橢圓形。
（楊智凱攝）

葉每側具 16 ～ 28 個針刺。（楊智凱攝）

花蓮小檗 特有種

屬名　小檗屬
學名　*Berberis schaaliae* C.C.Yu & K.F.Chung

常綠灌木。葉 3 ～ 5 枚叢生枝端，長橢圓形，長 5.4 ～ 10.5 公分，寬 1.4 ～ 3.3 公分，鋸齒 31 ～ 64 對，葉背淡綠色，側脈及小脈甚為明顯，但大多數不連合。花 3 ～ 12 朵簇生，具長梗。果實成熟時黑色。

　　特有種，僅分布於太魯閣之石灰岩山區。

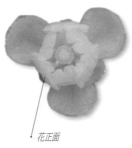

花正面

葉背淡綠色，側脈及小脈甚為明顯，但大多數不連合。

葉緣鋸齒 31 ～ 64 對。花 3 ～ 12 朵簇生，具長梗。

初果

太魯閣小檗 特有種

屬名　小檗屬
學名　*Berberis tarokoensis* S. Y. Lu & Y. P. Yang

常綠灌木。葉 3 ～ 5 枚叢生，革質，狹倒卵形或倒披針形，長 2 ～ 3.2 公分，寬 0.7 ～ 1 公分，葉緣微反捲，鋸齒（2）3 ～ 5（6）對，側脈極不明顯，葉背灰白色，近無柄。花 3 ～ 4 朵簇生。果實橢圓形，成熟時暗紫色，宿存花柱長 1 ～ 1.3 公釐。

　　特有種，分布於花蓮太魯閣一帶海拔 800 ～ 1,900 公尺之石灰岩山區。

花鮮黃色

果實先端宿存花柱長 1 ～ 1.3 公釐

葉背灰白色，鋸齒（2）3 ～ 5（6）對，側脈極不明顯。

常綠灌木，葉 3 ～ 5 枚叢生。

八角蓮屬 DYSOSMA

草本，莖單一。葉圓形，具角，或略成掌狀分裂，葉脈掌狀，葉柄盾狀著生。花單生或聚成近繖形；萼片6枚，早落；花瓣6～9枚，粉紅色、紫色或褐色；雄蕊數為花瓣之1或2倍，花絲扁平，花藥內向開裂，藥隔寬而常延伸；雌蕊1，花柱顯著，柱頭膨大。果實為漿果。

台灣產1種。

八角蓮

屬名	八角蓮屬
學名	*Dysosma pleiantha* (Hance) Woodson

植株高20～40公分，具匍匐之地下莖。多數具2枚盾形葉，葉緣有6～8裂片，葉緣具細齒，有緣毛，葉背淡綠色。花下垂，花瓣6枚，2輪，暗紅色，有光澤。

產於中國之華中及華南；台灣分布於中北部低、中海拔山區。

花下垂，花瓣6枚，2輪，暗紅色。

雄蕊6，雌蕊1。

葉圓形，具角，或略成掌狀分裂，葉脈掌狀，葉柄盾狀著生。

花多開在二葉柄間

十大功勞屬 MAHONIA

常綠灌木，無刺。葉叢生於枝前端，奇數羽狀複葉，小葉齒緣。花黃色，成總狀或圓錐狀花序，苞片長 6 ～ 9 公釐，萼片 6 或 9 枚，花瓣 6 枚，雄蕊 6，花藥瓣裂；柱頭極短或無花柱，柱頭盾狀。果實為漿果。
台灣產 3 種。

玉山十大功勞 [特有種]

屬名	十大功勞屬
學名	*Mahonia morrisonensis* Takeda

常綠灌木，高 60 ～ 180 公分。羽狀複葉，長 30 ～ 40 公分，叢生枝端；小葉 5 ～ 7（11）對，革質，橢圓形，長 5 ～ 9 公分，寬 1.5 ～ 2.5 公分，基部歪斜，葉緣鋸齒每邊 3 ～ 5 個。總狀花序，花序軸長約 12 公分；花黃色，花梗長 5 ～ 6 公釐。漿果卵形，長 11 ～ 12 公釐，成熟時紫黑色。竹子山十大功勞小葉形，3 ～ 5 對，可資區別。

特有種，分布於台灣海拔 1,400 ～ 2,600 公尺山區。

小葉橢圓形，基部歪斜。（游旨价攝）

果序

阿里山十大功勞 [特有種]

屬名	十大功勞屬
學名	*Mahonia oiwakensis* Hayata

高可達 2 公尺。羽狀複葉長可達 40 公分，小葉 7 ～ 14 對，披針形，略鐮形，長 4 ～ 10 公分，寬 1.4 ～ 2.5 公分，先端漸尖，葉緣每邊具 3 ～ 8 刺狀齒牙。總狀花序數支至 10 支簇生，漿果橢圓形，長約 9 公釐，暗紫色。

特有種，分布於台灣中、高海拔山區。

花甚為密集

生於中、高海拔之原始林內

果熟時藍黑色

小葉 7 ～ 14 對，披針形，基部圓，頂小葉披針形。

竹子山十大功勞 特有種

屬名　十大功勞屬
學名　*Mahonia tikushiensis* Hayata

小灌木。葉長約 30 公分；小葉 3 ～ 5 對，卵形，基部略呈心形，頂小葉倒卵形。花之苞片長 6 ～ 9 公釐。果實卵形，成熟時紫黑色。與日本十大功勞（*M. japonica* DC.）區別在於花的小苞片長 1 ～ 1.5 公分，側小葉為三角狀卵形。

　　特有種，分布於台灣北部海拔 500 ～ 1,200 公尺山區，可見於七星山、小觀音山、竹子山、大屯山、黃帝殿、孝子山及金瓜石等地。

花瓣 6，雄蕊 6。

花序

果序

葉長約 30 公分；小葉 3 ～ 5 對，卵形，基部略呈心形，頂小葉倒卵形。

生於陽明山及北部山區

木通科 LARDIZABALACEAE

蔓性（稀直立）灌木。掌狀複葉（稀羽狀），互生。花輻射對稱，常單性，成總狀或圓錐花序；萼片 3 或 6 枚，2 輪，似花瓣；花瓣 6 枚或缺，腺體狀；雄蕊 6，2 輪，花絲離生或合生成管，花藥外向，2 室，縱裂，藥隔常突出於藥室頂端而成角狀或凸頭狀的附屬體；心皮 3（或 6～12），離生，子房上位。果實為蓇葖果或漿果，肉質。

　台灣產 2 屬。

特徵

蔓性灌木（長序木通）

花輻射對稱，常單性，成總狀或圓錐花序。右為雌花，左為雄花。（長序木通）

雄花，雄蕊 6，花藥外向，藥隔常突出於藥室頂端。（石月）

雌花，心皮 3，離生。萼片常 6 枚，2 輪，似花瓣。（石月）

木通屬 AKEBIA

落葉或常綠木質纏繞藤木。小葉 3 ～ 5 枚。總狀花序，花單性；萼片 3 枚，花瓣缺；雄蕊 6，離生；心皮 3 ～ 12，柱頭盾形。肉質蓇葖果，卵狀長橢圓形。
台灣產 2 種。

長序木通

屬名	木通屬
學名	*Akebia longeracemosa* Matsumura

小葉 5 枚，稀 3 或 4 枚，長橢圓形至倒卵狀長橢圓形，長 3 ～ 5（～ 6.5）公分，寬 1.5 ～ 2 公分，先端凹。雌花心皮 9 ～ 12。總狀花序，雄花 20 ～ 35 朵，雌花 1 或 2 朵生於花序基部。

　　產於中國；台灣分布於全島中、低海拔山區。

肉質蓇葖果，卵狀長橢圓形。

萼片 3 枚，花瓣缺，雌花心皮 9 ～ 12。

穗狀花序，雄花 20 ～ 35 朵，雌花 1 或 2 朵生於花序基部。

小葉 5 枚，稀 3 或 4 枚。

白木通

屬名	木通屬
學名	*Akebia trifoliata* (Thunb.) Koidzumi subsp. *australis* (Diels) T. Shimizu

小葉 3 枚，卵形，長 2 ～ 4 公分，寬 1 ～ 1.5 公分，前端微凹，先端常有突尖，葉背白綠色。雄花 10 ～ 20 朵，雌花心皮 4 ～ 6。

　　產於中國之華中及華南；台灣分布於北、中部中海拔地區。

花序下方為雌花，先端為雄花。（陳慧珠攝）

小葉 3 枚，卵形。

果實及葉子（許天銓攝）

野木瓜屬 STAUNTONIA

攀 緣性灌木。掌狀複葉；小葉 3～7 枚，先端銳尖。總狀花序，腋生；花紫色或黃白色，單性；萼片 6 枚，花瓣狀，2 輪；花瓣缺；雄蕊 6，花藥具明顯藥隔，基部癒合；心皮 3。果為卵狀長橢圓形肉質蓇葖果，腹縫線開裂。 種子多數，排成多列藏於果肉中，種皮脆殼質。

台灣產 3 種及 1 變種。

鈍藥野木瓜

屬名	野木瓜屬
學名	*Stauntonia obovata* Hemsl. var. *obovata*

小葉 3～6 枚，倒卵形，先端圓鈍，上表面綠色，下表面灰白色。萼片卵狀披針形，藥隔前端具細小突起。

產於中國華南；台灣分布於全島低、中海拔山區。

葉背

雄花

雌花，雌蕊之心皮。

雄花，藥隔先端不明顯突出。

小葉 5～7 枚，稀 3 或 4 枚。

狹萼鈍藥野木瓜 【特有種】

屬名	野木瓜屬
學名	*Stauntonia obovata* Hemsl. var. *angustata* (Y. C. Wu) H. L. Li

小葉常 5 枚，中央者最大，側小葉略小。和承名變種（鈍藥野木瓜，見本頁）相似，但本變種葉較小，且萼片呈線形或絲狀線形。

特有變種，零星見於台灣各地。

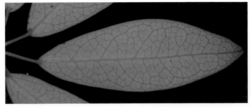
萼片呈線形或絲狀線形

雄株，可見其內輪萼片為絲狀線形。

和鈍藥野木瓜相似，不同處是葉較小。

石月

屬名　野木瓜屬
學名　*Stauntonia obovatifoliola* Hayata

小葉 5～7 枚，長 5～10 公分，寬 2.5～5 公分，葉背綠色，有明顯斑點。萼片黃白色，內面有紫色條紋，披針形至線狀披針形；雌花大雄花將近一倍；藥隔前端明顯突出。

　　產於中國華南；台灣分布於全島低、中海拔山區。

藥隔前端明顯突出。　　花色多變，亦有萼片為紫色者。

雌花較大

雄花較小

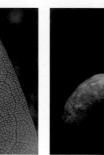

葉下表面綠色，有明顯斑點。　　菁葵果，常 2 個聚生。　　小葉 5～7 枚，倒卵形至倒卵狀長橢圓形。

紫花野木瓜 特有種

屬名　野木瓜屬
學名　*Stauntonia purpurea* Y. C. Liu & F. Y. Lu

小葉 4～5 枚，長 4～8 公分，寬 2～4 公分，有不明顯斑點。萼片紫紅色，披針形或線形；藥隔前端明顯突起。

　　特有種，分布於台灣全島中海拔山區。

雌花萼片較雄花萼片大，心皮 3，柱頭頭狀。　　花紫色，下垂。

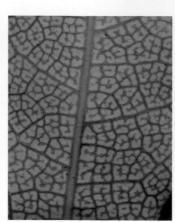

雄花，藥隔先端漸尖。　　葉背具塊斑　　小葉長卵形或倒卵狀長圓形，先端漸尖。常綠攀緣灌木，分布於中海拔。

防巳科 MENISPERMACEAE

攀緣或纏繞藤本。單葉，互生，常掌狀脈，無托葉。花小，單性，雌雄異株，成總狀、圓錐、聚繖或頭狀花序，有3枚小苞片；萼片通常6枚，2輪；花瓣6枚或缺；雄蕊2至多數，常6～8；心皮通常3。果實為核果。種核表常具皺紋。台灣產7屬。

特徵

攀緣或纏繞藤本（蘭嶼千金藤，郭明裕攝）

萼片通常6枚，2輪。花瓣6枚，長度為萼片之一半，邊抱雄蕊者。（細圓藤）

花小，單性，雌雄異株。（瘤莖藤）

錫生藤屬 CISSAMPELOS

藤 本，稀為灌木。單葉，互生，盾形或葉柄基生，掌狀脈。葉片卵形、心形至圓形。雌雄異株；雄花序腋生，生自葉軸而為多花的二岐聚繖花序，或是二岐聚繖花序生自退化葉及苞片的次級分支上，雄花輻射對稱，花萼 4，花瓣合生成碟狀或盤狀，合生雄蕊，花藥 4 ～ 9，橫裂；雌花序簇生於退化葉或苞片的軸上，兩側對稱，具葉狀苞片，花萼 1，花瓣 1，心皮 1。核果，內果皮馬蹄形。

　　台灣產 1 種。

毛錫生藤

屬名	錫生藤屬
學名	*Cissampelos pareira* L. var. *hirsuta* (DC.) Forman

木質藤本，幼莖被柔毛或絨毛，莖右旋。葉心形，盾狀，長 3 ～ 9 公分，寬 4 ～ 8 公分，5 ～ 7 出脈，兩面被柔毛或絨毛，全緣，偶具 1 ～ 2 鋸齒，紙質，基部心形或近截形。雄花繖房狀聚繖花序；花萼 4 枚，倒卵形，綠色或黃色，兩側被柔毛；花瓣合生成碟狀，綠色；具合生雄蕊，花藥 4，橫裂。雌花密錐花序，具葉狀苞片；花萼 1 枚，圓形或菱形，綠色；花瓣 1 ～ 2 枚，倒闊卵形，黃色；柱頭 3；子房 1。果實被毛，成熟紅色，內果皮馬蹄形。

　　產於中國、馬來西亞、菲律賓等地；台灣僅分布於離島小琉球。

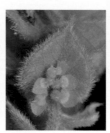

雄花花萼 4 枚，花瓣合生成碟狀。（陳柏豪攝）

雌花花萼 1，花瓣 1 ～ 2 枚。（陳柏豪攝）

雌花密錐花序，具葉狀苞片。（陳柏豪攝）

葉互生，心形，台灣僅分布於小琉球。（陳柏豪攝）

木防巳屬 COCCULUS

攀 緣或直立灌木。葉不呈盾形，全緣或淺裂。雌雄異株，聚繖花序；萼片 6 ～ 9 枚，2 ～ 3 輪；雄蕊 6 ～ 9，花藥橫裂；退化雄蕊 6 或缺；心皮 3 或 6，花柱柱狀，柱頭外彎伸展。核果近球形。種子馬蹄形。

　　台灣產 2 種。

樟葉木防巳

屬名	木防巳屬
學名	*Cocculus laurifolius* DC.

花瓣 6 枚，比萼片小很多，先端分裂，半抱雄蕊。

直立灌木，高 1 ～ 5 公尺，小枝綠色，有毛或近光滑。葉橢圓狀披針形，長 8 ～ 15 公分，先端漸尖，三出脈，細脈明顯。心皮 3；雄花萼片 6 枚，外輪近橢圓形，內輪卵狀橢圓形。

　　產於印度、喜馬拉雅山區、馬來西亞、中國華南至日本；台灣分布於南部之低海拔地區。

聚繖花序

核果近球形（楊智凱攝）

葉三出脈，細脈明顯。

木防已

屬名	木防已屬
學名	*Cocculus orbiculatus* (L.) DC.

攀緣性灌木，小枝有毛。單葉，互生，葉形變化大，呈闊卵形、近圓形、倒卵形、卵狀心形等，偶線狀披針形，長3～8公分，先端尖、鈍或略凹，被柔毛或近無毛。花瓣6枚，先端2裂；雌蕊6，心皮6。

產於東喜馬拉雅山區至中國、日本、馬來西亞及夏威夷；台灣分布於全島低海拔地區。

雌花。萼片6～9枚，2～3輪。花瓣先端2裂，中間為花柱，子房綠色，柱頭黃綠色，6裂。

花瓣

雄花，花心淡黃色，雄蕊6。

葉形變化大，先端常凹。

成熟果實

葉形多變，亦有先端不凹者。

土防已屬 CYCLEA

藤本。葉近盾狀，全緣或齒緣，具掌狀脈。花成圓錐花序或近總狀花序；雄花萼片4～5枚，常合生，稀分離，花瓣4或5枚，常合生；雄蕊合生成盾狀聚藥雄蕊，花藥橫裂；雌花萼片1或2枚，花瓣1或2枚，子房1，花柱短，常3裂。核果近球形。

台灣產3種。

土防已

屬名	土防已屬
學名	*Cyclea gracillima* Diels

攀緣灌木，幼枝有稀疏毛。葉卵狀三角形，長2～4公分，寬1.5～3公分，基部心形，稀平截，全緣，5～7出脈。聚繖花序呈總狀或圓錐狀；雄花萼基部略合生，裂片5，雄蕊合生成盾狀聚藥雄蕊，花藥4～5，著生於盾盤的邊緣。花瓣不存或僅1枚；雌花花瓣2，柱頭3岔。果實成熟時粉紅色，球形，被柔毛。

產於中國海南島，台灣分布於中南部之低海拔林緣。

雄花萼基部略合生，裂片5；花瓣不存或僅1枚。

果序

葉卵狀三角形，小，長2～4公分。

蘭嶼土防巳

屬名　土防巳屬

學名　*Cyclea insularis* (Makino) Hatusima

幼枝密被毛。葉卵狀三角形或闊卵狀三角形，長5～9公分，寬4～8.5公分，基部心形，全緣，7出脈，葉背被毛，葉柄盾狀著生或否。雌花花瓣不存或僅1枚；雄花萼片4～5枚。

　　產於琉球及日本南部；台灣僅分布於離島蘭嶼，生長於林緣。

盾形葉

葉柄及葉背被毛

雄花花瓣4枚；雄蕊合生成盾狀聚藥雄蕊，花藥橫裂。

雌花瓣2裂，花柱3岔。

果具長刺毛

僅分布於蘭嶼

台灣土防巳 特有種

屬名　土防巳屬

學名　*Cyclea ochiaiana* (Yamamoto) H. S. Lo

幼枝有稀疏毛。葉三角形或卵狀三角形，基部平截或略呈心形，葉緣有齒1～2對，葉柄著生於近葉緣。雄花萼片基部略合生；裂片4～5，雄蕊4～5，合生為雄蕊筒，成盾狀聚藥雄蕊；雌花萼片2枚，花柱短，大多3岔，偶有4岔者。

　　特有種，分布於台灣全島低海拔之林緣。

雄花。花萼4枚，基部合生。

雌花具2枚萼片；花柱短，大多3岔，偶有4岔者。

葉緣常有1～2對鋸齒

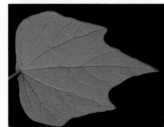

葉背

木質藤本

細圓藤屬 PERICAMPYLUS

攀 緣灌木。葉柄基生，稀近盾狀著生。圓錐花序，腋生；小苞片 0 ～ 3 枚，緊鄰花萼下方；花單性，雌雄異株；萼片 9 枚，3 輪；花瓣 6 枚，長度為萼片之一半，抱著花絲或正常雄蕊；雄蕊 6，花藥縱裂；心皮 3，花柱 2 岔。核果近球形。
台灣產 1 種。

細圓藤(蓬萊藤)

屬名	細圓藤屬
學名	*Pericampylus glaucus* (Lam.) Merr.

葉紙質，寬三角狀卵形，基部略呈心形或平截，基出脈 3 ～ 5 條，側脈 2 ～ 3 對，葉背灰白色。圓錐花序，花小；雄花萼片 9 枚，交互排成 3 輪，大小不同，白綠色；最內層為黃白色之花瓣，6 枚，呈碗狀；雄蕊 6。

產於中國華南；台灣分布於全島低海拔地區。

萼片 9 枚，3 輪；花瓣 6 枚，長度為萼片之一半，邊抱退化或正常雄蕊；雄蕊 6（最外輪 3 枚萼片狹小，被毛，在圖中見不到；所見者為中輪及內輪）。

果序

葉寬三角狀卵形，基部略呈心形，基出脈 3 ～ 5 條。

漢防巳屬 SINOMENIUM

落 葉性纏繞木質藤本。葉圓形至卵狀圓形，基出 5 或 7 脈。花單性，雌雄異株，圓錐花序，萼片 6 枚，花瓣 6 枚，雄蕊 9 ～ 12，花藥近頂部；雌花開裂，退化雄蕊 9，心皮 3，花柱外彎，柱頭擴大，分裂。核果扁平。
台灣產 1 種。

漢防巳

屬名	漢防巳屬
學名	*Sinomenium acutum* (Thunb.) Rehd. & Wils.

葉心狀圓形至闊圓形，長 6 ～ 15 公分，先端銳尖至漸尖，基部近心形或平截，全緣或 5 ～ 9 淺裂緣，葉背有毛或近無毛。花小，萼片長橢圓形，花瓣倒卵形，雄花萼片外輪表圓形，內輪卵形；雌花之退化雄蕊絲狀。核果黑色。

產於中國華中及日本；台灣僅見於宜蘭思源埡口一帶。

葉心狀圓形至闊圓形，先端銳尖至漸尖，全緣。

千金藤屬 STEPHANIA

攀 緣灌木。葉柄盾狀著生。總狀或頭狀花序，腋生；雄花萼片6～8枚，2輪，離生，兩側略不對稱；花瓣3～4枚；雄蕊2～6，花絲連合成柱狀，花藥橫裂；雌花萼片1～8枚，花瓣2～4枚，心皮1。果實為核果。

台灣產4種及1變種。

大還魂(玉咲葛藤)

屬名	千金藤屬
學名	*Stephania cephalantha* Hayata

落葉藤本。葉膜質，卵圓形，長3～6公分，寬3～8公分，基部平截至圓，葉柄盾狀著生。雄花：花序單一頭狀，有花盤，花萼6枚，花瓣6枚，花萼大於花瓣一倍多，皆為綠色，花絲連合成柱狀，雄蕊合生成盾狀聚葯雄蕊。雌花：萼片1，偶有2～3（～5），花柱柱頭4～6淺分裂。果實扁闊卵形。

產於中國華南；台灣分布於全島中、低海拔山區。

果熟呈紅色

雄花序，頭狀。

雌花

葉盾形

落葉性攀緣藤本

蘭嶼千金藤

屬名	千金藤屬
學名	*Stephania corymbosa* (Bl.) Walp.

高大攀緣性灌木，幹有粗條紋，小枝下垂。葉近革質，近圓形，長9～16公分，寬8.5～15公分，基部圓，葉柄盾狀著生。複聚繖花序具8～10個繖形聚繖花序單元，無花盤；雄花萼片6枚，2輪，不等大；花瓣3或4枚，內生許多毛狀物；雄蕊柱具花藥6枚。果實扁球形，成熟時紅色。

產於菲律賓；台灣僅分布於離島蘭嶼及綠島。

果實扁球形

落葉性攀緣藤本。果熟時鮮紅色。（郭明裕攝）

雄花萼片6枚，2輪，不等大；花瓣3或4枚，內長許多毛狀物。

8～10個繖形聚繖花序呈大繖狀排列

葉近革質，近圓形，葉柄盾狀著生。

千金藤

屬名	千金藤屬
學名	*Stephania japonica* (Thunb. *ex* Murray) Miers

莖略被毛。葉紙質，闊卵形至三角形，長 5.5 ～ 7 公分，寬 4 ～ 6.5 公分，基部圓至平截，葉柄盾狀著生。複繖形聚繖花序，小聚繖花序密集成頭狀，無花盤，無或有毛；雄花萼片 6 ～ 8 枚，雌花花瓣及萼片均 3 ～ 4 枚。果實圓形。產於印度、中國、菲律賓及日本；在台灣分布於全島低海拔地區。

　　台灣尚有一變種，毛千金藤（*S. japonica* (Thunb. *ex* Murray) Miers var. *hispidula* Yamamoto），其與千金藤之差別僅在於花序有毛。

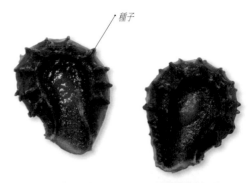

種子

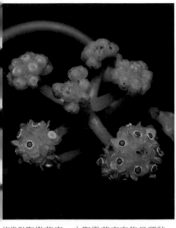

複繖形聚繖花序，小聚繖花序密集呈頭狀。
雄花具萼片 6 ～ 8 枚。

雌花花瓣及萼片均 3 ～ 4 枚，柱頭先端條裂。

葉闊卵形至三角形，葉柄盾狀著生。

石蟾蜍

屬名	千金藤屬
學名	*Stephania tetrandra* S. Moore

藤本，全株光滑無毛。葉闊三角形，長 4 ～ 8.5 公分，寬 6 ～ 9 公分，基部略呈心形，兩面有貼生之柔毛或上表面近光滑，掌狀脈 7 ～ 10 條，葉柄盾狀著生。頭狀花序成總狀排列，雄花萼片 4 ～ 5 枚。

　　產於中國華南；台灣分布於全島低海拔地區。

雄花萼片 4 ～ 5 枚

聚葯雄蕊心

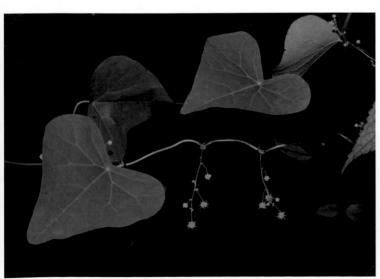

葉闊三角形，葉柄盾狀著生。頭狀花序作總狀排列。

雌花序，柱頭先端條裂。

未熟果序（郭明裕攝）

青牛膽屬 TINOSPORA

攀緣藤本。葉心形。總狀或圓錐狀花序，花單性；萼片 6 枚，2 輪；花瓣 6 枚；雄花雄蕊 6，離生，花藥縱裂；雌花心皮 3，退化雄蕊 6。核果卵形。台灣的恆春青牛膽，近年經過分子證據研究，改隸為擬青牛膽屬（PARATINOSPORA），學名為 *Paratinospora dentata* (Diels) Wang。

　　台灣產 2 種。

瘤莖藤（波葉青牛膽）

屬名　青牛膽屬
學名　*Tinospora crispa* (L.) Hook. f. & Thoms.

落葉藤本，枝光滑無毛，皮孔小瘤狀，明顯突起。葉卵狀心形至近圓形，基部心形，全緣，兩面無毛，掌狀脈 5 條，具長柄。總狀圓錐花序長 5 ～ 10 公分；雄花萼片 6 枚，2 輪；花瓣 3 ～ 6 枚，匙形；雄蕊 6。

　　分布於中國雲南、印度及中南半島；引進台灣，目前有歸化之現象。中國及台灣目前沒有發現有雌花之植株。

雄花萼片 6 枚，2 輪；花瓣 3 ～ 6 枚，匙形；雄蕊 6。

莖上密生瘤突

總狀圓錐花序長 5 ～ 10 公分

葉子

恆春青牛膽 特有種

屬名　青牛膽屬
學名　*Tinospora dentata* Diels

攀緣藤本，小枝細。葉三角狀卵形，長 6 ～ 14 公分，寬 5 ～ 7 公分，基部箭形，葉緣有齒或略有裂片，上表面光滑，下表面有毛。花序圓錐狀，雄花序長 10 ～ 20 公分；雄花萼片 6 枚，2 輪；花瓣肉質，6 枚，匙形，長 1.5 ～ 2.2 公釐。雌花：心皮 3，花柱 2，花萼片及花瓣近似雄花。

　　特有種，分布於台灣南部低、中海拔地區。

花瓣肉質，6 枚，匙形。

雄花萼片 6 枚，2 輪。

花序圓錐狀，雄花序長 10 ～ 20 公分。

果實（郭明裕攝）

攀緣藤本，葉三角狀卵形。

罌粟科 PAPAVERACEAE

植物體具乳汁。葉互生，羽狀複葉或單葉（通常羽狀裂或掌狀裂），無托葉。花兩性，輻射及左右對稱或略二唇狀；萼片 2 或 3 枚，早落；花瓣常 2 輪，每輪 2～3 枚，內外輪不相似，稀缺如；雄蕊多數；子房上位，側膜胎座。蒴果，孔裂或縱裂。

　　台灣產 4 屬。

特徵

蒴果，孔裂或縱裂。（黃董）

羽狀複葉者（密花黃董）

花兩性，子房上位，雄蕊多數。（薊罌粟）

單葉，掌狀裂者。（博落廻）

薊罌粟屬 ARGEMONE

年生、二年生或多年生有刺草本，具黃色味苦的漿汁。葉羽狀裂，具針刺。花單一頂生或聚繖花序；花藥狹橢圓形，開裂後彎成半圓形至圓形；雌蕊極短，柱頭 4 ～ 6 裂，花柄無或甚短，花苞直立；萼片常 3 枚，稀 2 枚，具針刺；花瓣數為萼片數的 2 倍；雄蕊多數，分離，花絲或中部以下擴大，先端鑽形，近基部著生 2 裂，外向，開裂後彎曲；柱頭 3 ～ 7 岔。蒴果自上往下開裂，蒴片 3 ～ 7 枚。

台灣產 1 種。

薊罌粟	屬名　薊罌粟屬
	學名　*Argemone mexicana* L.

一年生草本。葉倒披針狀倒卵形至橢圓狀倒卵形，長 7 ～ 25 公分，寬 3 ～ 8 公分，無葉柄。萼片 3 枚，綠色；花瓣 6 枚，鮮黃色，倒卵形。

原產西印度群島；歸化於全台各地、小琉球及澎湖，常生於沙地礁岩旁。

雄蕊多數，柱頭 3 ～ 7 岔。

花瓣 6 枚，鮮黃色。

蒴果有刺

歸化於台灣南部、小琉球及澎湖。

紫菫屬 CORYDALIS

年生、二年生或多年生草本，或草本狀半灌木。基生葉 1 至多數，葉片一至多回羽狀分裂或掌狀分裂或三出複葉。總狀花序，花冠左右對稱，花瓣 4，上花瓣前端擴展成伸展的花瓣片，後部成圓筒形、圓錐形或短囊狀的距，兩側內花瓣同形，先端粘合；雄蕊 6，合生成 2 束，中間花藥 2 室，兩側花藥 1 室，花絲長圓形或披針形；子房 1 室，2 心皮，花柱伸長，柱頭各式，上端常具數目不等的乳突，乳突有時並生或具柄。果多蒴果，形狀多樣，通常線形或圓柱形，極稀圓而囊狀。

台灣產 8 種。

伏莖紫菫	屬名　紫菫屬
	學名　*Corydalis decumbens* (Thunb.) Pers.

多年生草本。基生葉二至三回三出複葉，羽片倒披針形至倒卵形；莖生葉二回三出複葉。花玫瑰色至藍紫色；苞片菱狀卵形，全緣。蒴果線形。

產於日本南部至琉球及中國；台灣分布於北部近海岸之潮濕地。

花玫瑰色至藍紫色

苞片菱狀卵形，明顯，全緣。蒴果線形。

分布於台灣北部近海岸潮濕區域

刻葉紫堇

屬名	紫堇屬
學名	*Corydalis incisa* (Thunb.) Pers.

二年生草本。基生葉二至三回三出複葉，羽片倒卵形。花玫瑰紫色，長12～18公釐；苞片菱狀倒披針形至扇形，有缺刻。蒴果長橢圓形，表面平直。

產於日本、琉球及中國；台灣分布於東部及北部之中海拔潮濕地。

果實開裂露出種子。蒴果長橢圓形，表面平直。

花玫瑰紫色

苞片菱狀倒披針形至扇形，有缺刻。

密花黃堇

屬名	紫堇屬
學名	*Corydalis koidzumiana* Ohwi

二年生草本。基生葉二回三出複葉，羽片卵形至橢圓形。花密生，黃色，先端常有紫塊斑，花距長約花瓣長之 2/5；苞片披針形，全緣。蒴果紡錘形，於種子間略窄縮。

產於中國華南及琉球；台灣分布於北部低山林內。

花距長約花瓣長的五分之二；苞片披針形，全緣。

花正面

花密生，黃色，先端常有紫色塊斑。

基生葉二回三出複葉

果紡錘形，於種子間略窄縮。

疏花黃菫

屬名　紫菫屬
學名　*Corydalis ochotensis* Turcz.

二年生草本。基生葉二至三回三出複葉，基生葉短於 15 公分，羽片倒卵形，全緣或近全緣。花疏生，淡黃色，長 1.5 ～ 2 公分，花距長約花瓣長之 1/2，花瓣先端紫色，花距微彎下；苞片卵形至倒卵形，全緣。蒴果狹橢圓形至狹倒卵形，平直。

　　產於東西伯利亞、鄂霍次克海地區及日本；台灣分布於中部中、高海拔山區，如能高越嶺及合歡溪步道，稀有。

基生葉二至三回三出複葉

花距長約花瓣長之 1/2

花莖細長，花疏生。

葉全緣或近全緣

彎果黃菫

屬名　紫菫屬
學名　*Corydalis ophiocarpa* Hook. f. & Thoms.

多年生草本。二回羽狀複葉，羽片卵形，缺刻緣。花密生，淡粉黃綠色，花瓣先端紫色，花距朝上；苞片線形，有時缺刻。蒴果線形，強烈蛇狀彎曲。

　　產於日本、中國至印度；台灣分布於全島中、高海拔林內或草原地。

花密生，淡粉黃綠色，花瓣先端紫色，花距朝上。

蒴果線形，強烈蛇狀彎曲。

葉子通常為粉白綠色

黃菫

屬名	紫菫屬
學名	*Corydalis pallida* (Thunb.) Pers.

多年生草本。一至二回羽狀複葉，羽片卵形，缺刻緣。花黃色，長1.8～2公分；苞片卵形至披針狀卵形，缺刻緣。蒴果線形，種子間明顯窄縮。

　　產於日本及中國；台灣分布於全島中、高海拔地區。

花先端通常為綠色斑塊

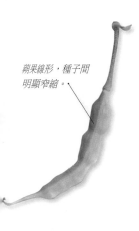

蒴果線形，種子間明顯窄縮。

一至二回羽狀複葉，羽片卵形，缺刻緣。

生於台灣全島中高海拔山區

小花黃菫

屬名	紫菫屬
學名	*Corydalis racemosa* (Thunb.) Pers.

二年生至多年生草本。二回三出複葉，羽片卵形，缺刻緣。花淡黃色，長6～7公釐；苞片線形。蒴果線形，平直。

　　產於日本及中國；台灣分布於全島山區林內。

花為台灣紫菫屬最小者

二回三出複葉，羽片卵形，缺刻緣。

花黃白色，果直平。

台灣黃菫

屬名　紫菫屬
學名　*Corydalis tashiroi* Makino

二年生草本。二回羽狀複葉，羽片卵形至倒卵形，缺刻緣。花黃色，長 1.2 ～ 1.8 公分；苞片卵形至披針形，有時缺刻。蒴果線形，平直。

　　產於日本南九州、琉球及中國華南；常見於台灣全島中、低海拔林內。

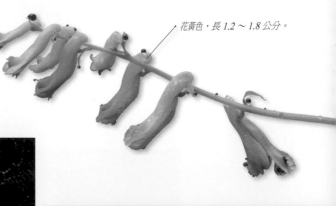

花黃色，長 1.2 ～ 1.8 公分。

全台普遍可見

本種與黃菫相近，可由蒴果線形、平直來區別。

球果紫菫屬 FUMARIA

　　年生草本。二至四回羽狀複葉。花序總狀；萼片 2 枚，鱗片狀；花瓣 4 枚，2 輪，外輪 2 枚中有 1 枚基部具距，內輪 2 枚具爪；雄蕊 6，合生成 2 束，與外輪的花瓣對生；子房 1 室，胚珠 2，花柱絲狀，柱頭全緣或淺 2 岔。
　　台灣產 2 種。

球果紫菫

屬名　球果紫菫屬
學名　*Fumaria officinalis* L.

直立一年生草本，高可達 50 公分，光滑。三至四回羽狀複葉。花粉紅色，先端紫色，長 7 ～ 9 公釐。苞片線形至披針形，長度比果梗短；花瓣卵狀披針形，2 ～ 3.5 公釐長。果實球形。

　　產於歐洲、地中海、加那利群島及美國；台灣北部僅有 2 筆歸化記錄，亦見於金門烈嶼。

果實球形

花粉紅色，先端紫色。

三至四回羽狀複葉

一年生草本。不常見。

小花球果紫菫

屬名 球果紫菫屬
學名 *Fumaria parviflora* Lam.

一年生草本，直立或有時匍匐生長。莖無毛，高可達 60 公分。 葉互生，長 2～5 公分，3 或 4 回羽狀裂葉。總狀花序頂生或與葉對生。花長 5～7 公釐；苞片白綠色，長約 2 公釐，寬 0.5 公釐；萼片 2，長 0.5～1.5 公釐；花瓣 4，白色或粉紅色至紫色；雄蕊 6，癒合為兩組，長約 5 公釐；子房近球形，花柱 1，柱頭點狀。堅果球形，徑約 2 公釐；種子 1。

　　分布於歐洲、非洲、中東與南亞；台灣歸化於彰化及台中等地。

與球果紫菫之差別在於本種的花較小（5～7 vs.7～9 公釐）（王秋美攝）

開花之植株（王秋美攝）

果球形，與球果紫菫相比其小葉較窄。（王秋美攝）

博落迴屬 MACLEAYA

多 年生草本。葉掌狀裂或羽狀裂，常被毛。頂生圓錐花序，花具長柄，花苞直立，萼片 2 枚，無花瓣，柱頭 2，雄蕊 8～12 或 24～30，花絲絲狀，等長或短於花藥，花藥條形。蒴果具 2 蒴片，由上往下開裂，有時不裂。
　　台灣產 1 種。

博落迴

屬名 博落迴屬
學名 *Macleaya cordata* (Willd.) R. Br.

葉具長柄，寬卵形，長 10～30 公分，掌裂至羽裂，裂片波狀鋸齒緣，掌狀脈。萼片黃褐色或粉紅色，無花瓣；雄蕊 24～30，花絲絲狀，長約 5 公釐；花柱長約 1 公釐，柱頭 2 裂。

　　產於中國及日本；台灣分布於北部低山潮濕地。

葉背白

葉掌裂或羽裂

果序，蒴果具 2 蒴片，由上往下開裂，有時不裂。

頂生圓錐花序；萼片 2 枚，無花瓣。

毛茛科 RANUNCULACEAE

草本或藤本灌木。單葉或複葉，互生或對生，有時基生，具葉柄。花兩性，稀單性或雜性，輻射對稱或兩側對稱；萼片常 5 枚，花瓣常 4～5 枚，雄蕊與心皮常多數，離生，螺旋狀排列。果實為瘦果或蓇葖果，偶為漿果或蒴果。
台灣產 11 屬。

特徵

花瓣及萼片常 4～5 枚。雄蕊與心皮常多數。（多果雞爪草）

毛茛科果實為蓇葖果（多果雞爪草）

草本或藤木植物；葉常成複葉。（匍枝銀蓮花）

烏頭屬 ACONITUM

多年生至一年生直立或蔓性草本。葉掌狀深裂。花序總狀或圓錐狀；花兩性，兩側對稱；上方萼片甚大 ，呈帽狀或頭盔狀；花瓣常 2 枚，有時 5 枚；雄蕊多數。果實為蓇葖果。
台灣產 1 種 1 變種。

台灣烏頭 特有種

屬名	烏頭屬
學名	*Aconitum fukutomei* Hayata var. *fukutomei*

直立草本，高 15～50 公分。葉長 4.5～13.5 公分，寬 7.5～17.4 公分，常 5 裂，每裂片再近深裂，兩面被毛。花單生或成總狀花序。

特有種，分布於台灣中高海拔之林緣或路邊。

花藍紫色

蓇葖果

生於高山地帶

蔓烏頭 特有種

屬名　烏頭屬
學名　*Aconitum fukutomei* Hayata var. *formosanum* (Tamura) T. Y. A. Yang & T. C. Huang

與承名變種（台灣烏
頭，見 280 頁）相似，
區別處為本變種莖較
細，長可至 1 公尺餘。
　　特有變種，分布於
台灣海拔 1,700～2,400
公尺之森林中。

上方萼片甚大，呈帽狀
或頭盔狀。

花瓣帶 2 枚；雄蕊多數。

花側面

菁葖果

花單生或成總狀花序

葉常 5 裂，每裂片再近深裂。

植株較台灣烏頭細軟，較高大。

銀蓮花屬 ANEMONE

多 年生直立草本，被毛。單葉或三出複葉，基生與莖生，對生或輪生。萼片白色，5 或多枚；花瓣缺；雄蕊多數。果實
為菁葖果。
台灣產 2 種。

匍枝銀蓮花

屬名　銀蓮花屬
學名　*Anemone stolonifera* Maxim.

小枝蔓性。三出複葉，小葉近羽狀深裂或三深裂，中央者短於
3.5 公分。花徑 6～16 公釐，白色，萼片 5 枚，雄蕊多數，心皮
10～20。
　　產於中國、韓國及日本；台灣分布於雪山及合歡山海拔 3,000
公尺以上之高山森林中。

花萼 5 枚，白色，
雄蕊多數，心皮
10～20。

小葉近羽狀深裂或三深裂

小白頭翁

屬名	銀蓮花屬
學名	*Anemone vitifolia* Buch.-Ham. *ex* DC.

立草本。三出複葉，中央小葉長於 5 公分，兩側小葉歪斜，三深裂或不裂。花徑 2.5～3.8 公分。聚繖花序長 20～60 公分；萼片 5，白色。瘦果密被綿毛。

　　產於緬甸北部、不丹、尼泊爾、北印度、錫金及中國；台灣分布於全島中、高海拔山區之林緣、路邊或開闊地。

花徑 2.5～3.8 公分；雄蕊多數。

果球形，成熟後散開，種子覆有長毛，由風力傳播。

三出複葉，中央小葉長於 5 公分。

雞爪草屬 CALATHODES

多年生直立草本。葉三或五深裂。花單一，頂生，兩性；萼片 5 枚，花瓣化，黃或白色；花瓣缺；雄蕊多數，花藥橢圓形；心皮多數。蓇葖果，具宿存花柱。
　　台灣產 1 種。

多果雞爪草

屬名	雞爪草屬
學名	*Calathodes polycarpa* Ohwi

莖光滑。葉基生與莖生，三裂或掌狀深裂，兩面光滑無毛。花單生，白色或帶綠色，花梗長 6.5～16.3 公分；雄蕊多數，花絲狹線形，長 4～6.5 公釐；心皮 30～60，無柄。
　　產於中國；台灣分布於南湖大山、能高山等高海拔山區之開闊地。

花單一，生於長梗上；雄蕊多數，花絲狹線形，長 4～6.5 公釐。

蓇葖果

葉基生與莖生，三裂或掌狀深裂，兩面光滑無毛。

升麻屬 CIMICIFUGA

多年生宿根性草本植物。花序總狀或圓錐狀,花萼缺,花瓣 4 枚,雄蕊多數,心皮 1 ～ 8,有柄。
台灣產 1 種。

花瓣 4 枚,雄蕊多數。

台灣升麻(單穗升麻)

屬名	升麻屬
學名	*Cimicifuga taiwanensis* (J. Compton *et al.*) Luferov

莖具溝紋。二或三回三出複葉,小葉裂片鋸齒或粗鋸齒
緣。花序總狀,單一,花軸具毛,花瓣 4 枚,雄蕊多數,
白色。

　產於東西伯利亞、蒙古、俄羅斯遠東地區、中國及
韓國;台灣分布於中、高海拔之林緣或開闊地。

果序

野外植株

鐵線蓮屬 CLEMATIS

藤本或小灌木。單葉或複葉,對生。花單生或成聚繖、簇生、圓錐或近繖形花序,萼片常 4 枚,雄蕊與心皮多數。瘦果,
具 1 被毛長尾。

　台灣產 20 種及 4 變種。

屏東鐵線蓮 特有種

屬名	鐵線蓮屬
學名	*Clematis akoensis* Hayata

羽狀複葉,小葉 1 ～ 5 枚,三角形或闊橢圓形,先端鈍,疏鋸齒緣,稀
全緣,光滑無毛,五出脈。萼片 5 ～ 6 枚,白色或紫色;花絲藍色。

　特有種,分布於恆春半島及台東南部之低海拔地區。

花白色,花絲藍色。

花側面

生於恆春半島及台東南部之低海拔地區

桃園女萎（田村氏鐵線蓮）特有種

屬名　鐵線蓮屬

學名　*Clematis austro-taiwanensis* Tamura *ex* C. H. Hsiao

莖被毛。二回羽狀複葉，小葉 9 ～ 15 枚，紙質，狹卵形或卵狀披針形，先端漸尖，不裂或 3 淺裂或 3 深裂，全緣，三出脈，兩面被毛。萼片 4 枚，平展，長 9 ～ 11 公釐，寬 1 ～ 3 公釐。

　　特有種，分布於台灣全島低、中海拔林緣及開闊地。

花較小，萼片長 9 ～ 11 公釐，寬 1 ～ 3 公釐。

花藥熟時由白轉深褐色

本種與巴氏鐵線蓮相近，但葉片不分裂或三裂（vs. 不規則鋸齒緣）。

威靈仙

屬名　鐵線蓮屬

學名　*Clematis chinensis* Osbeck var. *chiensis*

小葉 5、7 或 15 枚，狹卵形或狹卵狀披針形，長 4.2 ～ 6.5 公分，寬 1.3 ～ 3.5 公分，先端短突尖，全緣，三至五出脈，光滑或上表面疏被毛；開花枝條上的葉披針形，先端漸尖。萼片 4 枚，白色。

　　產於中國、香港及越南；台灣分布於全島低、中海拔林緣及開闊地。

萼片 4 枚

羽狀複葉，小葉先端短突尖。

葉通常卵形

花常繁花狀

果扁卵形，尾狀花柱長 2.2 ～ 2.5 公分，被鬚狀毛。

葉形多變，有時小葉呈線形。

大肚山威靈仙 特有種

屬名　鐵線蓮屬
學名　*Clematis chinensis* Osbeck var. *tatushanensis* T. Y. A. Yang

與承名變種（威靈仙，見 284 頁）最大區別在於本變種的小葉 5 或 7 ～ 11 枚或更多，小葉長 3.6 ～ 5.7 公分，寬 1.9 ～ 3 公分；開花枝條上的葉卵狀，先端鈍。

　　特有變種，分布於台灣西部海拔 500 公尺以下之開闊地或森林邊緣，現在僅見於新竹至台中一帶。

花

生態照

與威靈仙最大區別在於本變種的小葉 5 或 7 ～ 11 枚或更多，葉較小。

厚葉鐵線蓮

屬名　鐵線蓮屬
學名　*Clematis crassifolia* Benth.

莖光滑無毛。三出複葉，小葉闊卵形、橢圓形或長橢圓形，先端銳尖或漸尖，三出脈，兩面光滑無毛。萼片 4 枚，白色，平展；雄蕊光滑無毛，花絲皺曲。

　　產於中國華南、香港及日本南部；台灣分布於中部低、中海拔之林緣及開闊地。

雄蕊光滑，花絲皺曲。

果序

三出複葉，小葉三出脈。

常見於林道邊緣，由樹梢垂下，開花時頗為醒目。

台灣鐵線蓮(寶島鐵線蓮) 特有種

屬名　鐵線蓮屬
學名　*Clematis formosana* Kuntz.

三出複葉，小葉紙質，卵狀披針形或橢圓狀披針形，寬 9 ～ 74 公釐，先端短突尖，全緣，偶三淺裂或三深裂，三出脈，上表面光滑或疏被毛，下表面疏被毛。萼片 4 枚，白色，平展；雄蕊光滑無毛。

　　特有種，分布於台灣東部與南部低海拔之林緣或開闊地。

萼片 4 枚，白色，平展。小葉 3 枚，大部分全緣，卵狀披針形。

幼葉呈長披針形，全緣，偶三淺裂或三深裂。

梨山小蓑衣藤

屬名　鐵線蓮屬
學名　*Clematis gouriana* Roxb. *ex* DC. subsp. *lishanensis* T. Y. Yang & T. C. Huang

莖密被毛。葉紙質，一或二回三出複葉，葉柄基部有葉狀托葉；小葉先端銳尖，不裂或三至五淺裂，三至五出脈，上表面光滑或近光滑，下表面疏被毛。萼片 4 枚，白色；雄蕊光滑無毛。

　　特有亞種，分布於台灣中部中海拔之林緣或開闊地。

花萼具毛狀物

葉柄基部有葉狀托葉

一或二回三出複葉

琉球女萎

屬名 鐵線蓮屬
學名 *Clematis grata* Wall.

莖密被毛。三出複葉,小葉三角形或橢圓形,先端漸尖,基部鈍,三裂,粗鋸齒緣,三出脈,上表面疏被毛或光滑,下表面被毛。花徑 1.5 ～ 2.5 公釐,萼片 4 枚,雄蕊光滑無毛。

產於琉球及中國、尼泊爾至東南亞;台灣全島分布。

與串鼻龍相似,惟本種小葉僅 3 枚。

花序,花常盛開。

為平地常見之植物

亨利氏鐵線蓮(薄單葉鐵線蓮)

屬名 鐵線蓮屬
學名 *Clematis henryi* Oliv. var. *henryi*

單葉,紙質至近革質,卵狀披針形或長橢圓狀披針形,先端漸尖,不裂或三淺裂,疏鋸齒緣、尖凸狀鋸齒緣或稀全緣,三至五出脈,上表面光滑,下表面光滑或沿脈微被毛。花萼鐘形,萼片 4 枚,白色,不開展,先端常反捲;雄蕊被毛。

產於中國;台灣分布於全島中海拔之林緣及開闊地。

與森氏鐵線蓮親緣相近,惟本種為單葉。

花萼鐘形,萼片 4 枚,不開展,先端常反捲。

與森氏鐵線蓮差別在於本種為單葉

花之內部,雄蕊具毛。

森氏鐵線蓮 特有種

屬名	鐵線蓮屬
學名	*Clematis henryi* Oliv. var. *morii* (Hayata) T. Y. Yang & T. C. Huang

三出複葉，小葉近革質，頂小葉長橢圓狀披針形或卵狀披針形，先端漸尖，疏鋸齒緣，
稀全緣，三出脈，兩面光滑無毛。萼片 4 枚，白色；雄蕊被毛。
　　特有變種，分布於台灣中部中海拔之林緣。

萼片 4 枚，白色。

小葉 3 枚，頂生小葉長橢圓狀披針形或卵狀披針形。

三出複葉，小葉疏鋸齒緣。

串鼻龍

屬名	鐵線蓮屬
學名	*Clematis javana* DC.

與琉球女萎（*C. grata*，見 287 頁）相近，
最大區別為琉球女萎小葉 3 枚，而本種小
葉為 5 ～ 15 枚。
　　產於喜馬拉雅
山區及中國至東南
亞；台灣廣泛分布
於全島低、中海拔
之林緣及開闊地。

為原野常見的野花

小葉 9 枚

花序

初果

與琉球女萎相近，但本種小葉為 5 ～ 15 枚。

小木通

屬名　鐵線蓮屬
學名　*Clematis lasiandra* Maxim.

二回三出複葉，小葉 9 ～ 15 枚或更多，卵形或卵狀披針形，先端漸尖或銳尖，一至三淺裂，重鋸齒緣或細鋸齒緣，三至五出脈，上表面近光滑，下表面光滑或沿脈疏被毛。萼片紫紅色，4 枚；雄蕊被毛。

　　產於中國及日本南部；台灣分布於全島中、高海拔之林緣或開闊地。

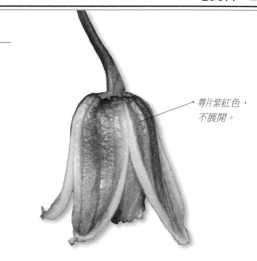

萼片紫紅色，
不展開。

小葉 9 ～ 15 枚，或更多，卵形或卵狀披針形。

果實

銹毛鐵線蓮

屬名　鐵線蓮屬
學名　*Clematis leschenaultiana* DC.

莖被金黃色毛絨。三出複葉，小葉卵形或卵狀披針形，先端漸尖或銳尖，不裂或偶二或三裂，齒緣或鋸齒緣，上表面被銹色柔毛，下表面密被銹色柔毛。花萼鐘形，萼片 4 枚，金黃色；雄蕊被毛。

　　產於印度、喜馬拉雅山區、中國、越南、菲律賓、印尼至日本；台灣分布於全島低、中海拔之林緣、溪流旁或開闊地。

花萼金黃色，
鐘形。

果序

葉及莖被銹色毛

邁氏鐵線蓮

屬名　鐵線蓮屬
學名　*Clematis meyeniana* Walp.

三出複葉，小葉革質，卵形、卵狀橢圓形或卵狀披針形，先端尖，不裂，全緣，五出脈，兩面光滑無毛。萼片4枚，白色。

　　產於中國南部及西南部、越南、緬甸、日本、琉球及菲律賓；台灣分布於全島中、低海拔之林緣及開闊地。

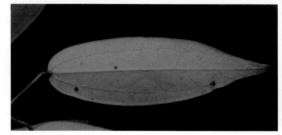

與厚葉鐵線蓮差別在其花絲不皺曲

側脈由基出，葉脈突出。

三出複葉，小葉全緣，兩面光滑無毛。

繡球藤

屬名　鐵線蓮屬
學名　*Clematis montana* Buch.-Ham. *ex* DC.

三出複葉，偶為羽狀複葉，小葉3～5枚，紙質，卵形或卵狀披針形，先端漸尖，三出脈，兩面被毛。萼片4枚，白色，平展，寬超過1公分；雄蕊多數，光滑無毛。

　　產於喜馬拉雅山區及中國之雲南、四川、湖北；台灣分布於高海拔山區之草生地或灌叢緣。

萼片4枚，白色，平展，寬超過1公分。

小葉3～5枚，卵形或卵狀披針形。

巴氏鐵線蓮

屬名 鐵線蓮屬
學名 *Clematis parviloba* Gard. *ex* Champ. subsp. *bartlettii* (Yamamoto) T. Y. A. Yang & T. C. Huang

二回三出複葉或二回羽狀複葉，小葉紙質，卵形或卵狀長橢圓形，有時長橢圓狀披針形，先端銳尖，三淺裂，鋸齒或粗鋸齒緣，三出脈，兩面被毛。花大，徑 2 ～ 3 公分，萼片 4 枚，白色，橢圓形至卵圓形，平展；雄蕊光滑無毛。

特有亞種，分布於台灣海拔 2,000 公尺左右之山區。

花大，白色，
徑 2 ～ 3 公分。

花白色，平展；萼片 4 枚。

二回三出複葉，或二回羽狀複葉。

華中鐵線蓮

屬名 鐵線蓮屬
學名 *Clematis pseudootophora* M. Y. Fang

攀緣性草質藤本，枝、葉光滑無毛。三出複葉，亦有單葉者，小葉紙質，長橢圓狀披針形或卵狀披針形，長 7 ～ 11 公分，寬 2 ～ 5 公分，先端漸尖，基部圓或寬楔形，有時歪斜，上部邊緣有不整齊的淺鋸齒，下部常全緣，上表面綠色，下表面灰白色。花萼鐘狀，下垂，萼片 4 枚，黃色，卵圓形或卵狀橢圓形，外面無毛，內面微被緊貼的短柔毛。

分布於中國之貴州、湖南、湖北、江西、浙江、福建；台灣只見於思源埡口海拔 1,600 ～ 1,900 公尺之林緣。

花萼鐘狀，下垂，萼片 4 枚，黃色。

三出複葉，小葉長橢圓狀披針形或卵狀披針形。

台灣草牡丹 特有種

屬名 鐵線蓮屬
學名 *Clematis psilandra* Kitagawa

直立落葉灌木。三出複葉，小葉紙質，闊卵形、卵形至橢圓形，先端漸尖，三至五淺裂，鋸齒緣或粗鋸齒緣，五出脈，上表面光滑或近光滑，下表面被毛。花萼壺形，粉紅色或灰紅色或乳白色，萼片4枚，開花時先端反捲；雄蕊上表面光滑，下表面被毛。

　　特有種，分布於台灣中海拔之開闊地。

花萼壺形，粉紅色或乳白色，萼片4枚，開花時先端反捲。

三出複葉，小葉闊卵形、卵形至橢圓形，質紙。

田代氏鐵線蓮

屬名　鐵線蓮屬
學名　*Clematis tashiroi* Maxim.

莖成熟時光滑無毛。葉紙質或近革質，葉柄基部癒合且膨大；小葉3～5枚，心形或卵形，先端漸尖，疏鋸齒緣，稀全緣，五出脈，兩面光滑無毛。萼片6枚，有時5枚，大多為暗紫色或黃色，平展或反捲；雄蕊光滑無毛。在台灣黃色花者曾被呂勝由博士發表為一栽培品種，另亦曾被發表為另一變種：黃氏鐵線蓮（*C. tashiroi* Maxim. var. *huangii* T. Y. A. Yang）。

　　產於日本及琉球；台灣分布於全島低至中海拔山區林緣及溪流兩岸。

花變異大，有些族群的萼片較長。

黃花的田代氏鐵線蓮（黃氏鐵線蓮）（洪信介攝）

葉柄基部癒合且膨大

植株

鵝鑾鼻鐵線蓮　特有種

屬名　鐵線蓮屬
學名　*Clematis ternifolia* DC. var. *garanbiensis* (Hayata) M. C. Chang

羽狀複葉，小葉（3）5～11枚，近革質，卵形、心形或鈍三角形，長2～4.6公分，寬1.4～2.5公分，先端鈍尖凸頭，全緣，稀三淺裂，五出脈，兩面光滑無毛。萼片4～6枚，白色，平展。

　　特有變種，分布於台灣南部沿海地區。

萼片4～6枚，平展。

特產恆春半島，生於開闊地。

果實具毛

高山鐵線蓮 特有種

屬名　鐵線蓮屬

學名　*Clematis tsugetorum* Ohwi

多年生直立亞灌木。三出複葉，小葉紙質，頂小葉卵圓形或菱狀圓形，先端漸尖，一至三淺裂，不規則鋸齒緣，五出脈，兩面疏被毛。花萼筒狀，萼片 4 枚，灰藍色或紫色，先端反捲；雄蕊近軸面光滑，或背軸面疏被毛。

　　特有種，分布於台灣中、北部高海拔山區。

花萼紫色或藍色

果實

多年生直立亞灌木

柱果鐵線蓮

屬名　鐵線蓮屬

學名　*Clematis uncinata* Champ. *ex* Benth. var. *uncinata*

莖光滑無毛。一或二回羽狀複葉，革質，小葉柄具關節；小葉 5 或 9 枚，有時 7 或 12 枚，橢圓形、卵形或長橢圓形，有時披針形，先端銳尖或漸尖，全緣，三或五出脈，光滑無毛。

　　產於中國、香港、越南及日本南部；台灣分布於全島中海拔之林緣及開闊地。

花白色

一至二回羽狀複葉，小葉 5 或 9，有時 7。

常繁花盛開

毛果鐵線蓮

屬名　鐵線蓮屬
學名　*Clematis uncinata* Champ. *ex* Benth. var. *okinawensis* (Ohwi) Ohwi

與承名變種（柱果鐵線蓮，見 294 頁）的差異是本變種的心皮、雄蕊及果實均被毛。

　　產於中國東南部及琉球；台灣分布於台東與屏東低海拔之林緣或開闊地。

二回羽狀複葉

心皮和雄蕊均被毛

花序

花常盛開

黃連屬 COPTIS

草本，具黃色地下莖。葉基生，掌狀深裂，裂片 5。花兩性，有時單性；萼片 5 或 6 枚，花瓣化，白色；花瓣 5 或 6 枚，有柄；雄蕊多數，花藥寬橢圓形，花絲絲形；心皮 10 ～ 12，有柄。果實為蓇葖果。

　　台灣產 1 種。

五葉黃連

屬名　黃連屬
學名　*Coptis quinquefolia* Miq.

葉掌狀深裂，頂生裂片菱形，三或多淺裂，裂片尖凸鋸齒緣，兩面光滑無毛。花萼白色，花瓣狀，5 ～ 6 枚；花瓣 5 ～ 6 枚，匙狀，細長，先端具有圓形之黃色蜜杯；心皮綠色。

　　產於日本；台灣分布於中、北部中海拔森林中之潮濕地。

萼片 5 或 6 枚，白色，花瓣化。

花瓣 5 ～ 6 枚，匙狀，先端具有圓形之黃色蜜杯。

果序

葉基生，掌狀深裂。

人字果屬 DICHOCARPUM

多年生直立草本。葉基生及莖生，互生，三出複葉或鳥足狀複葉。花序聚繖狀；花兩性，輻射對稱，白色；萼片 5 枚，花瓣化；花瓣 5 枚；雄蕊多數，心皮 2。果實為蓇葖果。

台灣產 1 種。

鐵線蕨葉人字果

屬名	人字果屬
學名	*Dichocarpum adiantifolium* (Hook. f. & Thomson) W. T. Wang & P. G. Xiao

二回三出複葉或鳥足狀複葉，頂小葉闊菱形，先端鈍，兩面光滑無毛。萼片 5 枚，白色，長 3.5～4.5 公釐；花瓣 5 枚，先端黃色，圓鈍或 2 裂，具 1 長柄；雄蕊 5～10，心皮直立。

產於中國、緬甸及尼泊爾；台灣分布於中、北部中海拔之森林。

萼片白色，5 枚，大而顯著；花瓣小，先端黃色。

果呈倒人字形

鳥足狀複葉，葉子形似鐵線蕨。

毛茛屬 RANUNCULUS

草本，直立或匍匐，常有走莖或地下莖。葉兩形或一形，單葉、三出、羽狀、二回羽狀或二回三出複葉，莖生或基生，無托葉。花兩性，輻射對稱，單生或成聚繖狀花序；萼片 5 枚；花瓣常 5 枚；雄蕊多數，花藥卵形或長圓形，花絲線形；心皮多數，螺旋狀排列。瘦果集生成頭狀。

台灣產 13 種，包括 6 特有種。

禺毛茛

屬名	毛茛屬
學名	*Ranunculus cantoniensis* DC.

花黃色

高 12～70 公分，密被毛。葉一形，三出複葉或三深裂，頂小葉或裂片再略微三深裂，上表面疏被毛，下表面被毛。聚繖花序，心皮光滑無毛。聚合果球形；瘦果光滑，扁平，倒卵狀圓形。

產於印度、中國南部、越南、香港、日本及韓國；台灣分布於全島低至高海拔之潮濕地。

果實

全株密被毛，植株直立。

三出複葉或單葉三深裂。

掌葉毛茛 特有種

屬名　毛茛屬
學名　*Ranunculus cheirophyllus* Hayata

草本，近平展。單葉，圓形、闊
卵形、卵形或橢圓形，長 9.6 ～
18 公釐，寬 10 ～ 15 公釐，五或
多鋸齒狀淺裂，上表面光滑或近
光滑，下表面疏被毛或近光滑。
花單生，花瓣常 3 枚，心皮略被
毛，花托被毛。聚合果球形；瘦
果微被毛，兩側凸起。

　　特有種，分布於台灣海拔
1,000 ～ 2,600 公尺之潮濕地。

花瓣常 3 枚，花徑小於 8 公釐。

單葉不裂，喜生潮濕地。

茴茴蒜

屬名　毛茛屬
學名　*Ranunculus chinensis* Bunge

直立草本，高 12 ～ 50 公分，
密被直毛。葉一形，三出複葉
或三深裂，小葉或裂片再略深
三裂，上表面疏被柔毛，下表
面被柔毛。單歧聚繖花序，心
皮光滑無毛。聚合果長球形；
瘦果側扁，歪倒卵形。

　　產於中國、韓國、日本、
西伯利亞、印度及尼泊爾；台
灣僅分布於彰化、
嘉義及南投，喜生
於湖畔。

花

聚合果長球形，長寬比約 2:1，為
識別的主特徵。

聚合果縱剖面

葉上表面疏被柔毛，下表面被柔毛。

蓬萊毛茛 特有種

屬名	毛茛屬
學名	*Ranunculus formosa-montanus* Ohwi

草本,近平展或直立,被毛。葉一形,單葉,三深裂幾達基部,每裂片再三至五中裂或略深裂,1～2鋸齒緣,上表面疏被毛,下表面被毛。花單生或成聚繖花序,花徑超過1.2公分,心皮光滑無毛,花托光滑無毛。聚合果長橢圓形;瘦果光滑無毛,兩側凸起。

特有種,分布於台灣高海拔之開闊地或向陽坡面。

花

喜生於高海拔之開闊地或向陽坡面

葉一形,單葉,三深裂幾達基部,每裂片再3至5中裂或略深裂。

毛茛

屬名	毛茛屬
學名	*Ranunculus japonicus* Thunb.

草本,近平展或直立,密被毛。葉兩形,上表面疏被毛,下表面疏或密被毛;基生葉三中裂或略深裂,裂片粗鋸齒或粗齒緣,不再分裂。聚繖花序,花徑8～20公釐,心皮光滑無毛,花托光滑無毛。聚合果近球形,瘦果橢圓狀圓形至倒卵狀圓形。

產於中國(除西藏之外)、韓國、日本及琉球;台灣分布於三芝、石門、基隆等之開闊草地。

花萼較為圓整,花徑大約2公分。

植株被毛,基生葉三中裂或略淺裂。

聚合果近球形

高山毛茛 特有種

屬名 毛茛屬
學名 *Ranunculus junipericolus* Ohwi

直立草本，被毛。葉兩形，兩面光滑或近光滑，葉緣略被毛；基生葉三中裂或略深裂，裂片全緣或 1～2 粗鋸齒緣；莖生葉三深裂或三出複葉。花單生或成聚繖狀，花萼平展，心皮光滑無毛，花托光滑無毛。聚合果長橢圓形，瘦果光滑無毛。

特有種，分布於台灣中、高海拔之潮濕地及針葉林中。

花瓣倒卵形

植株高不超過 25 公分，喜生於高山潮濕地區及針葉林中。

基生葉常全緣或 1～2 粗鋸齒緣

南湖毛茛 特有種

屬名 毛茛屬
學名 *Ranunculus nankotaizanus* Ohwi

多年生草本，莖高 10～20 公分，細弱，傾斜漸升，有分支，貼生柔毛。基生葉多數，三角狀圓形，長與寬達 3 公分，三深裂至三全裂，裂片倒卵形，寬 2～4 公釐，全緣或有齒，先端鈍或尖，基部心形，葉柄長達 8 公分；下部莖生葉與基生葉相似，葉裂片較窄而尖，葉柄較短，基部成鞘狀抱莖；上部莖生葉漸小，或成苞片狀。花單生，心皮被毛，花托被毛。聚合果長橢圓形，瘦果被毛。

特有種，分布於南湖大山中、高海拔山區。

本種與高山毛茛相似，差別僅在本種瘦果被毛。（許天銓攝）

花單生（許天銓攝）

特產於南湖圈谷（許天銓攝）

石龍芮

屬名　毛茛屬
學名　*Ranunculus sceleratus* L.

直立水生草本，莖光滑無毛。葉兩形，兩面光滑無毛；基生葉三略深裂或不規則裂，裂片不規則粗鋸齒緣；莖生葉三近深裂或深裂，裂片不規則鋸齒緣或全緣。聚繖花序，被毛；心皮光滑無毛，花托光滑無毛。聚合果長橢圓形。

　　廣泛分布於全世界之溫帶及亞熱帶地區；在台灣生於全島低海拔之潮濕地，如溪流旁及水田旁。

花小，不超過1公分，亮澤。

聚合果長球形

葉兩形，兩面光滑；莖生葉三近深裂或深裂，裂片不規則鋸齒緣或全緣。

揚子毛茛

屬名　毛茛屬
學名　*Ranunculus sieboldii* Miq.

草本，近平展或直立，有時匍匐，高15～40公分，密被毛，有走莖。葉單形，三出複葉或三深裂，小葉或裂片粗鋸齒緣，上表面疏被毛，下表面密被毛。聚繖花序，被毛；萼片反捲，心皮光滑無毛。聚合果球形，宿存花柱向背軸面彎。

　　產於中國南部及日本；台灣生於潮濕地或林緣，如溪頭、梅峰及宜蘭南山村。

植物具走莖，常有匍匐莖，莖節上生不定根。

花冠直徑約1公分，三出複葉或三深裂，裂片或小葉粗鋸齒緣，上表面疏被毛。

台灣見於中海拔稍潮濕地或林緣

鉤柱毛茛

屬名　毛茛屬
學名　*Ranunculus silerifolius* H. Lév.

植株光滑無毛。三出複葉或三深裂，頂小葉粗鋸齒緣或淺裂。花瓣 5 枚，雄蕊多數，心皮多數，花柱具倒鉤。聚合果球形，宿存柱頭彎鉤狀。

　　分布於中國南部及日本；台灣分布於北部海拔 1,500 ～ 2,200 公尺之潮濕地及森林邊緣。

宿存柱頭明顯鉤狀

三出複葉或三深裂，頂小葉粗鋸齒緣或淺裂。

通常長在較潮溼之生育地

鹿場毛茛　特有種

屬名　毛茛屬
學名　*Ranunculus taisanensis* Hayata

直立草本，高 5 ～ 20 公分，被毛。葉一形，單葉，三淺裂至略深裂，裂片粗鋸齒緣，兩面被毛或上表面疏被毛。聚繖花序，心皮光滑無毛，花托光滑無毛。聚合果近球形至球形，瘦果兩側凸起。

　　特有種，分布於台灣全島中、高海拔山區。

花小於 1 公分

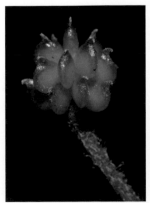

果近球形，徑小於 7 公釐。

葉一形，單葉，三淺裂至略深裂，粗鋸齒緣，兩面被毛。

森氏毛茛(長柄毛茛) 特有種

屬名　毛茛屬
學名　*Ranunculus taizanensis* Yamamoto

直立草本，疏被毛。葉一形，二回三出複葉或二回羽狀裂葉，兩面光滑或下表面疏被毛。花單生，花萼平展，心皮光滑無毛，花托光滑無毛。聚合果球形，瘦果光滑無毛。

　　特有種，分布於台灣高海拔山區。

黃色花（林文智攝）

生於雪山及南湖大山等高山之岩屑地上，二回三出複葉或二回羽狀裂葉，（林文智攝）

聚合果球形

花單生於長梗上（謝佳倫攝）

小毛茛

屬名　毛茛屬
學名　*Ranunculus ternatus* Thunb. *ex* Murray

草本，直立或近平展，疏被毛或近光滑。葉兩形，上表面疏被毛或近光滑，下表面密或疏被毛；基生葉淺齒裂、三中裂至三出複葉；莖生葉三深裂，裂片 1～2 鋸齒緣或全緣。聚繖花序，心皮光滑無毛，花托光滑無毛。聚合果長橢圓形至球形，瘦果兩側凸起。

　　產於中國及日本；台灣分布於北部低海拔之略潮濕地或開闊地，現今的生育地甚少。

花較大，直徑約
1.5公分。

聚合果長橢圓至球形

植株光滑，基生葉淺齒裂、三中裂至三出複葉。

天葵屬 SEMIAQUILEGIA

多 年生草本，莖纖細。基生葉簇生，莖生葉互生，二至三回三出複葉。花小，1 至數朵聚生；萼片 5 枚，花瓣狀，白色，脫落性；花瓣 5 枚，小，無柄，下部囊狀；雄蕊 9 ～ 10 枚，內輪數枚為退化雄蕊，膜質；心皮 3 ～ 4（5）枚，無柄，胚珠多數。果實為蓇葖果。

台灣產 1 種。

天葵

屬名	天葵屬
學名	*Semiaquilegia adoxoides* (DC.) Makino

莖高可達 32 公分。基生葉叢生，為三出複葉，葉片輪廓卵圓形至腎形，小葉扇狀菱形或倒卵狀菱形，三裂，裂片先端圓，或有 2 ～ 3 小缺刻，兩面均無毛，葉柄長可達1.2公分；莖生葉與基生葉相似，惟較小。花小，花梗纖細；萼片白色，常帶淡紫色，狹橢圓形；花瓣匙形，與花絲近等長。蓇葖果卵狀長橢圓形，表面具凸起的橫向脈紋。種子卵狀橢圓形。

分布於日本及中國秦嶺以南；歸化於台灣，不普遍。

果卵狀長橢圓形

萼片白色，狹橢圓形，花瓣匙形，與花絲近等長。

基生葉為掌狀三出複葉

唐松草屬 THALICTRUM

多 年生草本。三出複葉或多回複葉。總狀或圓錐花序，花兩性或單性，小；萼片 4 或 5 枚，常早落；花瓣缺；雄蕊多數；心皮多數，胚珠 1，成熟時變為一束瘦果。

台灣產 5 種 1 變種，皆為特有種。

密葉唐松草 <u>特有種</u>

屬名	唐松草屬
學名	*Thalictrum myriophyllum* Ohwi

幼莖初被毛，旋即脫落。基生葉及莖下部之葉四至五回三出羽狀複葉，小葉 81 ～ 240 枚，小葉小於 1 公分，淺裂或不裂。花序圓錐狀，花徑約 1 公分，萼片 4 枚；雄蕊 25，花絲長 2 ～ 2.5 公釐；心皮 5 ～ 12。瘦果無柄。

特有種，分布於台灣海拔 3,200 公尺以上之高山林緣與開闊地。

小葉 81 ～ 240 枚，小葉小於 1 公分。

生於高海拔地區林緣與開闊地

能高唐松草（微毛爪哇唐松草） 特有種

屬名 唐松草屬

學名 *Thalictrum nokoensis* H. Y. Li *nom. inval.*

幼莖、葉下表面、葉柄及花梗被短腺毛。基生葉二至三回三出複葉，小葉 27 ～ 81 枚，厚紙質，葉背葉脈突起明顯，其上有少許短毛。萼片 3 或 4 枚，心皮 10 ～ 25。瘦果無梗或近無梗。

　　特有種；在台灣分布於中海拔之草生地或林緣。

　　在李香瑩《台灣產唐松草屬之親緣關係與傅氏唐松草複合群之系統分類》（2010）中將原鑑定為微毛爪哇唐松草之植物發表為新種，暫擬名為能高唐松草。

心皮數 10 ～ 25，花莖上密被短毛。

小葉 27 ～ 81 枚，淺裂或不裂，長 1.2 ～ 2.5 公分。

南湖唐松草 特有種

屬名 唐松草屬

學名 *Thalictrum rubescens* Ohwi

莖光滑無毛。基生葉二至三回三出複葉，小葉 9 ～ 27 枚。萼片 4 ～ 6 枚，白色或粉紅色；心皮 30 ～ 50，或更多。瘦果近無梗或具短梗。

　　特有種，分布於台灣海拔 3,200 公尺以上山區之潮濕地。

聚合果瘦果多於 30，瘦果無梗。

基生葉二至三回三出複葉；小葉 9 ～ 27 枚。

玉山唐松草 特有種

屬名 唐松草屬
學名 *Thalictrum sessile* Hayata

莖上近光滑無毛。莖生葉為三至四回三出複葉，小葉 27～45 枚，深裂。萼片 4 枚，偶有 5 枚，心皮 8～15。瘦果無柄，有明顯縱痕。

特有種，分布於中央山脈、雪山山脈、玉山山脈等海拔 2,500 公尺以上山區，最南分布至南橫埡口一帶。

花

生於中央山脈中高海拔潮濕地及森林中

心皮 8～15，瘦果無梗。

莖生葉為三至四回三出複葉，小葉 27～45 枚，深裂。

傳氏唐松草 特有種

屬名 唐松草屬
學名 *Thalictrum urbaini* Hayata var. *urbaini*

植株高 10～80 公分，莖光滑無毛。基生葉為二至三回三出複葉，小葉 9～27 枚，長 1～4 公分。萼片 4～6 枚，心皮 15～30。瘦果 10～25，具長柄（1～3 公釐）。

特有種，分布於台灣全島海拔 400～3,600 公尺山區之潮濕地及林緣。

瘦果 10～25
有長梗（1～3 公釐）

高山的花較大些

基生葉二至三回三出複葉；小葉 9～27 枚。

生長於雪山高海拔岩壁上的傳氏唐松草

大花傅氏唐松草 特有種

屬名	唐松草屬
學名	*Thalictrum urbaini* Hayata var. *majus* T. Shimizu

花通常具6枚萼片，且萼片明顯較承名變種（傅氏唐松草，見305頁）長，長度大於1公分，寬3～8公釐，花徑2～3公分。

　　特有變種，產於台灣東部海拔1,000公尺左右之石灰岩地，如清水山、研海林道及和平林道等，分布侷限。

與傅氏唐松草相比，
花較大些。

花徑約2～3公分，通常6片萼片，
萼片長度大於1公分，通常長於雌雄
蕊長度。

主要分布花蓮太魯閣石灰岩地區

金蓮花屬 TROLLIUS

多年生直立草本。葉基生及/或莖生，三裂或掌狀深裂，銳鋸齒緣，具葉柄。花單生或成總狀花序，兩性花，輻射對稱；萼片5枚，花瓣化，黃色，稀灰紫色，常脫落；花瓣12枚，線形，有短柄；雄蕊多數，心皮多數。果實為蓇葖果。台灣產1特有種。

台灣金蓮花 特有種

屬名	金蓮花屬
學名	*Trollius taihasenzanensis* Masamune

莖光滑無毛，株高可達28公分。葉掌狀深裂，裂片5～7，寬4～6.5公分，鋸齒緣。花單生莖頂，花金黃色，具長梗；雄蕊長5～7.5公釐；心皮4～6，無柄。

　　特有種，分布於雪山、合歡山及中央尖山等高海拔山區，稀有。

葉掌狀深裂，裂片5～7，銳鋸齒緣。

花單生，兩性，輻射對稱。

分布於台灣的高山地帶，稀有，不常見。

蓮科 NELUMBONACEAE

水生之多年生草本；地下莖粗，節與節間明顯。單葉，圓形，挺出水面，葉緣兩側各有一凹刻，葉柄盾狀著生。花單生，兩性，挺出水面；萼片 2 ～ 5 枚；花瓣少至多數；雄蕊多數；心皮多數，離生，鑲嵌於一膨大花托上。小堅果多數，嵌於膨大而略木質化之花托內。

　　台灣產 1 屬。

特徵

春夏為旺盛生長期，冬眠；葉盾狀，向中央凹陷，上表面具疏水性。（蓮）

蓮屬 NELUMBO

特 徵如科。
台灣產 1 種。

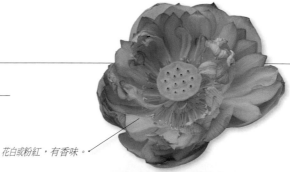

花白或粉紅，有香味。

蓮(荷)

屬名	蓮屬
學名	*Nelumbo nucifera* Gaertn.

葉緣略呈波狀，葉面略有蠟質；葉柄中空，有短刺。花白色或粉紅色，有香味，萼片早落，花瓣闊橢圓形。

　　由印度向東分布至日本；台灣全島栽植。由於其栽植廣泛，已不確定是否為台灣原生植物；但由其在亞洲廣泛分布之情形推測，很可能原生於台灣。

雄蕊多數；心皮多數，離生，鑲嵌於一膨大花托上。

略木質化花托稱蓮蓬；蓮子為由心皮發育成的果實。

葉緣略呈波形，葉面略有蠟質。

山龍眼科 PROTEACEAE

單葉，常互生，無托葉。總狀花序至頭狀花序，花兩性；花被片4數，線形，基部連合，先端反捲；雄蕊4，生於花被片上；腺體4；子房上位，花柱細長。果實為堅果、核果、蓇葖果或蒴果。

　　台灣產1屬。

特徵

花被片4數，線形，先端反捲，基部連合。雄蕊4，生於花被片上。花柱細長。（蓮華池山龍眼）

山龍眼屬 HELICIA

喬木或灌木。總狀花序腋生，花輻射對稱，有小苞；花被裂片先端向外旋曲，花藥長橢圓形，雄蕊下有4鱗片著於子房基部，離生或合生成杯狀或盤狀；雌蕊子房無柄，花柱細長，頂部棒狀，柱頭小。堅果不開裂。

　　台灣產1種及2特有種。

紅葉樹

屬名	山龍眼屬
學名	*Helicia cochinchinensis* Lour.

喬木；除幼花序之外，全株無毛。葉薄革質或紙質，長橢圓形或披針形，長8～15公分，寬2.5公分，全緣或有時具疏鋸齒，變化頗大。花序略被鏽色毛，花被筒長約1公分，花被片白色或黃白色。果實球形或略呈長橢圓形，果皮黑色。

　　產於中南半島、中國華南及日本；台灣分布於全島低海拔之闊葉林中。

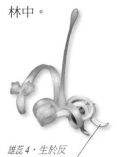

雄蕊4，生於反捲之花被片上。

花被片白色或黃白色

果熟呈紫黑色

葉形變化大，有時全緣。

山龍眼

屬名	山龍眼屬
學名	*Helicia formosana* Hemsl.

喬木，幼枝被鏽色毛。葉薄革質或紙質，長 15 ～ 25 公分，寬 2.5 ～ 5 公分，疏鋸齒緣，側脈 8 ～ 12 對，下表面葉脈有鏽色毛。花序有鏽色毛，花被管 1.5 ～ 2 公分長；花藥長 1.5 ～ 2 公釐，藥隔突出；腺體 4。果實球形，茶褐色，皮厚。

　　產於中國海南島及廣西；台灣分布於全島低、中海拔山區，為闊葉林中常見的物種。

果球形，茶褐色，皮厚。

葉大，常超過 15 公分。

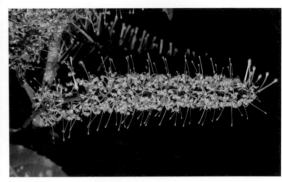

花序穗狀

蓮華池山龍眼 特有種

屬名	山龍眼屬
學名	*Helicia rengetiensis* Masamune

喬木全株光滑無毛。葉革質，倒卵形，長 8 ～ 15 公分，寬 3 ～ 6 公分，上部具鋸齒緣，側脈 6 ～ 8 對。花被片白色，線狀，先端捲曲；雄蕊 4，著生於花被片上。果實球形，黑色。

　　特有種，生長於台灣中、南部低海拔之闊葉林中。

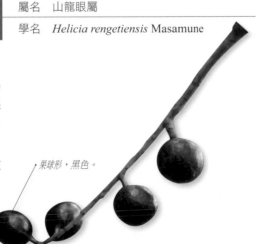

果球形，黑色。

葉光滑，倒卵形，上部具鋸齒緣。

花枝

花被片白色

花被片捲曲

清風藤科 SABIACEAE

喬木、灌木，有時為藤本。單葉或奇數羽狀複葉，互生。花兩性、雜性至雌雄異株，常排成圓錐或密錐花序；花部數常 4～5，雄蕊 4～5 枚與花瓣對生，全部或僅內側 2 枚可孕，花藥 2 室，橫裂；雌蕊具 2～3 枚合生心皮，柱頭點狀，子房上位，2 室，稀 3 室。果實核果狀，或為乾果而不裂。

台灣產 2 屬。

特徵

葉除了單葉，也有奇數羽狀複葉者。（山豬肉）

花部常 4～5 數，雄蕊 4～5 枚與花瓣對生。（台灣清風藤）

花常排成圓錐或密錐花序（筆羅子）

小花瓣先端二叉狀，與可孕雄蕊對生。（筆羅子）

泡花樹屬 MELIOSMA

喬木或灌木。單葉或羽狀複葉，小葉近對生。花排成分支的圓錐花序；苞片早落；花瓣5枚，3枚較大，內側2枚較小，與2枚孕性雄蕊對生；雄蕊5枚，3枚不孕；子房2室，稀為3室。核果小，歪形，近球狀。

台灣產3種及1特有種。

紫珠葉泡花樹 特有種

屬名	泡花樹屬
學名	*Meliosma callicarpifolia* Hayata

喬木。葉紙質，披針形，長12～16公分，寬4～5公分，先端漸尖，無毛，葉背蒼綠色。花小，基部有2枚小苞片，萼片4枚，花瓣3～4枚，假雄蕊2～3。

特有種，產於台灣中部中海拔山區。

雄蕊2，與花瓣對生。

花序密生銹色毛

山豬肉

屬名	泡花樹屬
學名	*Meliosma pinnata* (Roxb.) Maxim. subsp. *arnottiana* (Wight) Beus.

小葉革質，11～13枚，長橢圓狀披針形，大小不一，前端之葉較大，長3～15公分，寬2～3.5公分，先端漸尖至尾狀漸尖，通常刺狀鋸齒緣，稀全緣。花序初具鏽色毛，漸變無毛。

產於琉球；在台灣分布於北、中部低至中海拔地區。

花瓣5，3瓣較大，內側2瓣較小。

果實球形

果枝長於枝頂上

奇數羽狀複葉

筆羅子

屬名　泡花樹屬
學名　*Meliosma simplicifolia* (Roxb.) Walp. subsp. *rigida* (Sieb. & Zucc.) Beus.

小喬木，幼芽具褐毛。葉革質，狹倒卵形，長 10 ～ 25 公分，寬 2.5 ～ 6 公分，先端鈍，疏細鋸齒緣，上表面無毛，下表面密生鏽色毛。花序大，長於葉片，密生鏽色毛，花部 5 數。

　　產於喜馬拉雅山區、中國至日本；台灣散生於全島低至中海拔地區。

果序上密生銹毛

具藥雄蕊及與其對生的二叉狀小花瓣

葉子狹倒卵形，疏細鋸齒緣。

除了具兩性花外，同一小花軸上常可見僅具一花柱之雌花。

綠樟

屬名　泡花樹屬
學名　*Meliosma squamulata* Hance

喬木。葉光滑無毛，硬革質，上表面光亮，幼葉紅色，長橢圓形至長橢圓狀披針形，長 8 ～ 11 公分，寬 2.5 ～ 4 公分，先端漸尖至尾狀漸尖，近全緣，葉柄長 5 ～ 10 公分。花序長達 15 公分，花白色，小，具鏽色柔毛，萼片 3 枚，毛緣，花瓣 5 枚。

　　產於中國華南；台灣散生於全島低至中海拔地區。

花瓣 5，3 瓣較大，內側 2 瓣較小。

葉柄甚長，長 5 ～ 10 公分。

花排成分支的圓錐花序

清風藤屬 SABIA

蔓性或具長走莖的灌木或藤本，芽鱗宿存。單葉，互生，全緣。花單生或排成聚繖狀或圓錐狀花序，腋生；萼片 4 ～ 5 枚；花瓣 4 ～ 5 枚，等大；雄蕊 4 ～ 5，均孕性；子房上位，2 室。果實為核果。

台灣產 1 種及 1 特有種。

台灣清風藤

屬名	清風藤屬
學名	*Sabia swinhoei* Hemsl.

攀緣性灌木，小枝有毛。葉長橢圓形，長 6 ～ 10 公分，寬 2 ～ 3.5 公分，先端銳尖，上表面中脈上有微毛，下表面略被毛。聚繖花序，花 2 ～ 3 朵，綠色，花梗具毛；雄蕊 5，花絲稍扁；花盤淺杯狀；子房無毛。果實成熟時藍色。

產於東南亞；台灣分布於北部地區。

果紫色，稍扁。

花瓣 4 ～ 5，等大。

分布於台灣北部地區

阿里山清風藤 特有種

屬名	清風藤屬
學名	*Sabia transarisanensis* Hayata

攀緣性灌木，小枝平滑無毛。葉膜質，卵狀長橢圓形，長 4 ～ 6 公分，寬 2 ～ 3 公分，先端銳尖或短漸尖，全緣至不明顯細齒緣，兩面無毛。花 1 ～ 2 朵，紅色；花梗細長，無毛。

特有種，分布於台灣中、高海拔之林緣。

花瓣 4~5，等大。

花及新葉大約同時開出

結果枝

葉卵狀長橢圓形

昆欄樹科 TROCHODENDRACEAE

喬木，木質部僅具有管胞，無導管，和其他被子植物不同。單葉，螺旋狀著生，葉脈掌狀或羽狀，鋸齒緣，無托葉。頂生短多歧聚繖花序，花兩性，花被缺如；雄蕊多數，生於膨大平坦之花托上，3～5 輪；心皮 5～10，1 輪，側面癒合。果序有 7～10 個蓇葖果。

　　本科全世界僅 1 屬 1 種。

特徵

雄蕊多數，生於膨大平坦之花托上；心皮 7～11 個。（昆欄樹）

昆欄樹屬 TROCHODENDRON

特徵同科。
台灣產 1 種。

昆欄樹（雲葉樹）

屬名	昆欄樹屬
學名	*Trochodendron aralioides* Sieb. & Zucc.

5～20 公尺大樹，葉革質，闊卵形至披針狀橢圓形，稀橢圓形，長 7～12 公分，寬 2.5～7 公分，表面有光澤，前半部鋸齒緣，葉柄長 3～10 公分。

　　產於日本及琉球；台灣分布於全島中、低海拔山區之闊葉林中，有時成純林。

花與葉同時萌發

花兩性，無花被；雄蕊多數，3～5 輪；心皮 5～10，1 輪。

果枝

葉革質，闊卵形至披針狀橢圓形，表面有光澤，前半部鋸齒緣。

黃楊科 BUXACEAE

常 綠灌木或喬木。單葉，互生或對生，托葉無。花單性，罕兩性，雌雄同株或異株，穗狀或密總狀花序；萼片 4～6 枚，花瓣無，雄蕊 4 或多數，子房上位，多為 3 室，花柱分離。果實為蒴果或核果狀。

台灣產 3 屬。

特徵

  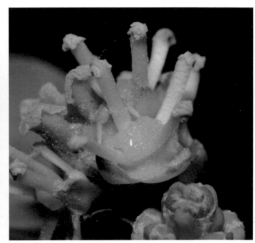

花單性，罕兩性；萼片常為 4 枚，花瓣無。（琉球黃楊）　　雌花：子房 3 室，花柱分離。（琉球黃楊）　雄花：雄蕊 4。（琉球黃楊）

黃楊屬 BUXUS

常 綠灌木。葉對生，革質，全緣，具短柄。花簇生，雄花生於花序下部，萼片 4 枚；退化雌蕊 1；雌花生於花序上部，萼片 6 枚，子房 3 室。果實為蒴果。

台灣產 2 種及 1 特有變種。

琉球黃楊 | 屬名　黃楊屬
學名　*Buxus liukiuensis* Makino

小枝四方形，略被毛。葉近革質，長橢圓狀卵形，長 2.5～5.5 公分，寬 0.6～2.5 公分，先端凹至鈍；葉柄長約 1 公釐，疏被柔毛。花序密集頭狀，雄花有短梗，退化雌蕊長度不及萼片之 1/2。果實無毛，宿存花柱長約 3 公釐。

分布於台灣全島低、中海拔山區。

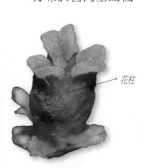 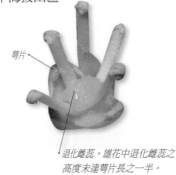

花柱

萼片

退化雌蕊。雄花中退化雌蕊之
高度未達萼片長之一半。

蘭嶼原生地之開花植株

黃楊

屬名	黃楊屬
學名	*Buxus microphylla* Sieb. & Zucc. subsp. *sinica* (Rehd. & Wils.) Hatusima var. *sinica*

小枝四方形，無毛。葉革質，卵形，長 2.5～3 公分，寬 0.8～1.5 公分，先端鈍或略凹，上表面具光澤；葉柄極短，長 1～2 公釐，略被毛。雄花退化雌蕊長度約為萼片之 2/3 或近等長。雌花花柱 3，子房較花柱稍長。

　　產於中國及日本；台灣分布於全島低、中海拔森林中。

果實具宿存花柱

小枝四方形，光滑無毛。

退化雌蕊

萼片

雄花退化雌蕊長度約為萼片的三分之二或近等長

太魯閣黃楊 特有種

屬名	黃楊屬
學名	*Buxus microphylla* Sieb. & Zucc. subsp. *sinica* (Rehd. & Wils.) Hatusima var. *tarokoensis* S. Y. Lu & Y. P. Yang

植株矮小，匍匐，分支多。葉革質，倒卵形，長 8～12 公釐，寬 5～7 公釐，先端微凹或圓。果實球形，3 瓣裂。

　　特有變種，分布於太魯閣海拔 1,800 公尺山區，如花蓮三角錐山。

葉小，大約 1 公分左右。

特產太魯閣山區。植株矮小，匍匐，分支多。與黃楊的差別在於葉子較小，大約 1 公分左右。

三角咪屬 PACHYSANDRA

草本或亞灌木，小枝斜。葉互生，叢生於近枝端，粗齒緣，基出三脈。穗狀花序，雄花生於上部，雌花生於下部；萼片常為 4 枚；雄蕊 4，與萼片對生；子房常 3 室。果實為蒴果。

　　台灣產 1 種。

三角咪草

屬名	三角咪屬
學名	*Pachysandra axillaris* Fr.

植株高 20 ～ 30 公分。葉卵狀長橢圓形至長橢圓形，長 6 ～ 12 公分，寬 3 ～ 4 公分，先端漸尖或尾狀，基部圓，上半部具粗鋸齒緣。花序腋生，穗狀，長 1 ～ 2 公分，上部有雄花 5 ～ 10 朵，下部有雌花 1 ～ 2 朵。

　　分布於中國；台灣非常稀有，僅一份森丑之助於 1910 年採集之標本。

花萼片常 4；雄蕊 4，與萼片對生。

花序腋生，穗狀，上部有雄花 5 ～ 10 朵，下部有雌花 1 ～ 2 朵。（沐先運攝）

在台灣非常稀有，僅一份森丑之助於 1910 年採集之標本。（沐先運攝於中國）

野扇花屬 SARCOCOCCA

常綠灌木。葉互生，革質。總狀花序，雄花生於上部，雌花生於下部；花白色，萼片 4 ～ 6 枚，雄蕊 4 ～ 6，子房 2 ～ 3 室。果實蒴果狀。

　　台灣產 1 種。

雙蕊野扇花

屬名	野扇花屬
學名	*Sarcococca hookeriana* Baill var. *digyna* Franch.

小枝圓，光滑無毛。葉長橢圓狀卵形至披針形，長 5 ～ 10 公分，寬 1 ～ 2 公分，兩端銳尖至漸尖，全緣，基生三出脈，葉柄長 1.8 ～ 3 公釐。果實卵形。

　　產於阿富汗、不丹、尼泊爾及中國西藏；台灣分布於白石池、能高山及關山等高山，稀有。

果實

葉披針形

結果之植株

楓香科(蕈樹科) ALTINGIACEAE

落 葉喬木。葉具細長葉柄,掌狀3〜7裂或不裂,鋸齒緣,托葉早落。花常雌雄同株,無花瓣;雄花由雄蕊與小鱗片混生,成頂生的總狀、穗狀或圓錐狀花序;雌花多數,聚生成球形花序,花序梗長,有苞片1枚,花萼筒與子房連生。果序球形,由多數之蒴果相互連合而作。

台灣產1屬。

特徵

雄花(楓香)

雌花多數,聚生為球形花序,花序梗長。(楓香)

楓香屬 LIQUIDAMBAR

落 葉喬木。葉互生,有長柄,掌狀分裂,具掌狀脈,邊緣有鋸齒。花單性,雌雄同株,無花瓣。雄花多數,排成頭狀或穗狀花序,再排成總狀花序;每一雄花頭狀花序有苞片4個,無萼片及花瓣;雄蕊多而密集。雌花多數,聚生在圓球形頭狀花序上,有苞片1個;退化雄蕊有或無;子房半下位,2室,藏在頭狀花序軸內,花柱2個,柱頭線形。頭狀果序圓球形,有蒴果多數;蒴果木質;種子多數有窄翅。

台灣產1種。

楓香

屬名	楓香屬
學名	*Liquidambar formosana* Hance

葉長、寬各8〜15公分,通常三裂,裂片先端漸尖至尾狀,葉基圓至心形,葉緣細鋸齒狀,葉柄長3〜6公分;葉片在秋天轉為黃、紅色,之後凋落。花單性,雌雄同株,在春天時與新葉同時開出,花淡黃綠色,花後花柱伸長成刺狀。蒴果球形,蒴果相聚癒合成頭狀聚合果,外形似圓形小刺球,黑褐色,徑約2.5公分。

產於中國華南;台灣常見於全島中、低海拔之次生林及溪流邊。

秋天變成紅葉

葉掌狀三裂;果實為聚合果,木質。

雄花

雌花

景天科 CRASSULACEAE

多年生或一年生之肉質草本，喜生於乾地或岩石上。葉互生、對生或輪生，單葉，稀為羽狀複葉，常無柄。花通常兩性，稀單性，輻射對稱，單生或排成聚繖花序；萼片與花瓣同數，通常 4 ～ 5 枚，合生；雄蕊與萼片或花瓣同數，或為其二倍；雌蕊通常 4 ～ 5，每一雌蕊基部有小鱗片 1 枚；子房 1 室，有胚珠數枚。果實為蓇葖果，腹縫開裂。

台灣產 2 屬。

特徵

萼片與花瓣同數，通常 4 ～ 5 枚；雄蕊與萼片或花瓣同數，或為其二倍。（大葉火焰草）

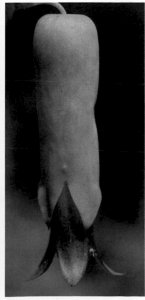

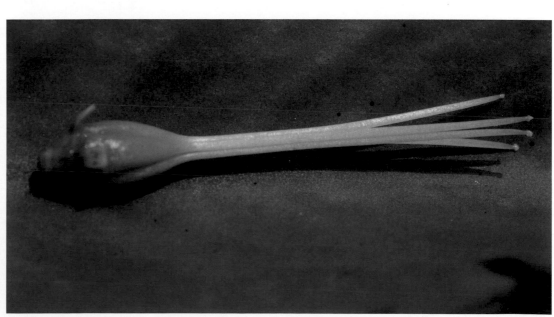

萼片與花瓣同數，通常 4 ～ 5 枚，合生。（落地生根）

雌蕊通常 4 ～ 5（落地生根）

燈籠草屬 KALANCHOE

肉質草本。單葉至三出複葉，莖上部者常成三出複葉，葉對生，全緣或鈍齒，有柄。萼片4枚；花瓣4枚，合生成筒狀；雄蕊8，2輪，貼生在花冠管中部以上或以下；心皮4。

　　台灣產2種及2特有種。

鵝鑾鼻燈籠草 [特有種]

屬名	燈籠草屬
學名	*Kalanchoe garambiensis* Kudo

小草本，矮於10公分。葉匙形，長1～3公分，全緣。聚繖花有2～10花，花瓣黃色，先端稍尖或微凹；雄蕊8；心皮4。

　　特有種，分布於高雄及恆春半島，生於海邊珊瑚礁岩上。

花

小草本，矮於10公分。

生於海邊珊瑚礁岩上

小燈籠草

屬名	燈籠草屬
學名	*Kalanchoe gracilis* Hance

草本，高40～60公分。葉長5～10公分，三裂，裂片披針形，鈍齒緣。花瓣黃色，先端銳尖。雄蕊8；鱗片4，線形，長3公釐；心皮4，披針形，花柱長2～4公釐。

　　特有種，分布於台灣全島中、低海拔山區之岩石地。

花瓣黃色，先端銳尖。

果實為蓇葖果

葉三裂，莖上部葉偶成三出複葉。

生長在地面的個體，較礁岩上的高大肥碩。

倒吊蓮

屬名　燈籠草屬
學名　*Kalanchoe integra* (Medik) O.Kuntze

草本，高 30 ～ 100 公分。葉長 3 ～ 20 公分，單葉至三出複葉，葉匙形至披針形，鈍齒緣。花瓣黃色，先端銳尖。花冠黃色，長 1.5 ～ 2 公分；雄蕊 8，花絲短。

　　分布於中國南部、南亞及馬來西亞；台灣生於全島中、低海拔之陽光充足處。

葉匙形至披針形

花瓣黃色，先端銳尖。

落地生根

屬名　燈籠草屬
學名　*Kalanchoe pinnata* (L. f.) Pers.

草本，高 30 ～ 100 公分。葉長 10 ～ 15 公分，單葉至 3 ～ 5 出葉，葉橢圓狀卵形，鈍齒緣。花下垂，花瓣綠白色，前端常紅色，先端漸尖；雄蕊著生在花冠基部，花絲與花冠管同長。

　　原產非洲；歸化於全台海邊及低海拔之岩石地。

花萼綠色

歸化於全台海邊及低海拔岩石地

花瓣 4 枚，合生成筒狀。

初果

雄蕊 8，雌蕊 4。

佛甲草屬 SEDUM

大都為草本，具肉質的莖及葉。單葉，互生、對生或輪生。花兩性，稀單性；單生、聚繖花序、穗狀花序或繖房花序；花萼4～5枚，離生或基部合生；花瓣4～5枚，離生或基部合生；雄蕊8～10，花藥基生，開裂內向；雌蕊心皮4～5，離生或基部合生，子房上位，邊緣胎座，花柱鑽形，柱頭頭狀或不顯著。果實為蓇葖果，腹縫開裂。

台灣產 18 種，其中 11 種為特有種。

星果佛甲草 特有種

屬名	佛甲草屬
學名	*Sedum actinocarpum* Yamamoto

一年生草本，植株直立三叉形。葉互生，肉質，匙形，長1～3公分，寬5～12公釐，先端銳尖，基部漸狹至窄楔形，全緣。聚繖花序，花黃色；萼片不等長，倒卵狀匙形至匙形。果實平展。種子白色。與紅子佛甲草（*S. erythrospermum*，見下頁）非常相似。

特有種，分布於台灣全島中、低海拔山區。

萼片不等長，倒卵狀匙形至匙形，長5～6公釐。

一年生草本，植株直立三叉形。葉大多互生，或於近節上對生。

珠芽佛甲草

屬名	佛甲草屬
學名	*Sedum buliferum* Makino

二年生草本。葉互生，肉質，匙形，長10～15公釐，寬2～4公釐，先端狹漸尖，基部楔形，全緣，葉腋具珠芽。聚繖花序，花黃色，萼片不等長。

原產中國；歸化於台北五指山區、台灣中部中海拔山區、阿里山區及溪頭。

花朵極為稀疏，少結種子，主要以葉腋的珠芽無性繁殖。

葉腋具珠芽

分布於台北五指山區、台灣中部中海拔山區、阿里山區及溪頭。

大葉火燄草

屬名　佛甲草屬
學名　*Sedum drymarioides* Hance

一年生草本。葉互生至對生，肉質，卵形，長 1.5 ～ 2 公分，寬 1 ～ 1.5 公分，先端銳尖，基部漸狹成柄狀，全緣，被腺毛。聚繖花序，花白色，萼片不等長。果實直立。種子棕色，被腺毛。

　　產於中國華南；台灣生於烏來山區之岩壁上，為稀有物種。

花白色（林哲緯攝）

烏來山區岩壁之植株。葉膜狀肉質，被腺毛。

紅子佛甲草 特有種

屬名　佛甲草屬
學名　*Sedum erythrospermum* Hayata

一年生草本。葉多為對生，偶有近輪生及互生，肉質，匙形，長 7 ～ 12 公釐，寬 3 ～ 6 公釐，先端銳尖，基部楔形，全緣。聚繖花序，花黃色；萼片不等長，長 3 ～ 4 公釐，倒披針狀匙形至近乎線形，厚實，有時近乎球形或柱形。果實外表常有紅色條紋。種子紅色。

　　特有種，分布於台灣全島高海拔山區。

萼片倒披針狀匙形，厚實，有時近乎球形或柱形。

葉多為對生，偶有近輪生及互生。

石板菜

屬名	佛甲草屬
學名	*Sedum formosanum* N.E. Br.

一年生草本。葉互生,肉質,匙形,長 1～1.5 公分,寬 7～12 公釐,先端銳尖,基部楔形,全緣。聚繖花序,花黃色,萼片不等長。果實直立。

產於日本、琉球、中國及菲律賓;台灣分布於全島之海邊岩石上。

花

葉厚,匙形,長在沿海區域。

繁花之族群

松葉佛甲草

屬名	佛甲草屬
學名	*Sedum mexicanum* Britt.

多年生草本。葉 4 枚輪生於不孕枝,輪生至互生於孕枝,常密集,肉質,線狀披針形,圓柱狀,長 5～20 公釐,寬 1～3 公釐,先端漸尖,基部窄楔形,全緣。聚繖花序,花黃色,萼片不等長。果實直立。

產於墨西哥及美國;歸化於台灣北部及阿里山山野,明池亦有記錄。

花

歸化於台灣北部及阿里山山野

葉 4 枚輪生,線狀披針形,肉質,圓柱狀。

小萼佛甲草 特有種

屬名　佛甲草屬
學名　*Sedum microsepalum* Hayata

常於莖上半段分支。葉互生，肉質，線狀倒披針形，長 1.5 ～ 2.5 公分，寬 4 ～ 6 公釐，先端銳尖，基部楔形，全緣。聚繖花序，花黃色；萼片等長，線形，離生。果實平展。

　　特有種，分布於台灣全島中、高海拔，常著生於大樹上或岩石地，以玉山及阿里山區之植株最多。

萼片等長，線形，離生。

常著生大樹上。莖常於上半段分支。葉線狀倒披針形，長 1.5 ～ 2.5 公分。

玉山佛甲草 特有種

屬名　佛甲草屬
學名　*Sedum morrisonense* Hayata

多年生草本，莖常呈紅色。葉密集互生，肉質，葉形變異甚大：披針形、橢圓形、鱗片狀至小匙形，長 6 ～ 8 公釐，寬 1.5 公釐，先端銳尖至鈍，基部楔形，全緣。聚繖花序，花黃色；萼片基部合生，裂片大，2 ～ 3 公釐，5 枚裂片等大或近等大。

　　特有種，生於台灣全島中、高海拔之裸露岩石地。

　　在林鴻文的碩士論文《台灣產佛甲草屬植物之分類研究》（2000）曾發表一新變種：觀霧佛甲草（*S. morrisonense* var. *kwanwuense*），兩者最主要的差異在於玉山佛甲草葉長 6 ～ 8 公釐，寬 1.5 公釐；觀霧佛甲草之葉長 10 ～ 12 公釐，寬 2 ～ 3 公釐。

萼片基部合生

觀霧佛甲草，其花部與玉山佛甲草相同，僅葉較大些。

葉密，平貼，覆瓦狀排列，厚，多肉，長橢圓形至披針形。

能高佛甲草 特有種

屬名　佛甲草屬
學名　*Sedum nokoense* Yamamoto

多年生草本，植株通常偏紅，莖上具突起之腺點。葉互生，肉質，匙形，長 5 ～ 10 公釐，寬 3 ～ 5 公釐，先端銳尖，基部窄楔形，全緣。穗狀聚繖花序，花黃色；萼片不等長，離生。果實平展。

　　特有種，分布於台灣全島海拔 2,000 ～ 2,500 公尺山區。

莖具腺點　　　　　　　　　　萼片離生

植株通常偏紅。莖上具突起腺點。

葉匙形，肉質，全緣，先端具短突尖，基部窄楔形。

垂盆草（匐莖佛甲草）

屬名　佛甲草屬
學名　*Sedum sarmentosum* Bunge

多年生草本，莖匍匐，節生根。葉 3 枚輪生，倒披針形至長橢圓形，長 1.5 ～ 2.8 公分，寬 3 ～ 7 公釐。聚繖花序，3 ～ 5 分支；花黃色，萼片披針形，雄蕊 10，花無梗。

　　原生於中國，歸化全球各地；引進台灣作為景觀植物，現已逸出歸化在大屯山區。

聚繖花序，3 ～ 5 分支。

莖匍匐，節長根。葉 3 枚輪生。

石碇佛甲草 特有種

屬名　佛甲草屬

學名　*Sedum sekiteiense* Yamamoto

多年生草本，植株綠色。葉互生，常成蓮座狀，肉質，匙形，長1～2.5公分，寬4～6公釐，先端銳尖至鈍，基部窄楔形，全緣。聚繖花序，花黃色；萼片厚肉質，不等長。果實先端有刺尖物。種子黃色。

特有種，分布於平溪、大屯山及石碇等低海拔山區，稀有。

萼片不等長
（林哲緯攝）

常生於岩壁上

果及花

植株綠色，葉匙形，常成蓮座狀排列。

火焰草

屬名　佛甲草屬

學名　*Sedum stellariifolium* Franch.

一年生至二年生草本。葉常呈紅色，互生，膜狀肉質，倒卵狀菱形，長7～15公釐，寬5～6公釐，先端銳尖至鈍，基部楔形，全緣。聚繖花序，花黃色，萼片不等長。果實直立。種子棕色。

產於中國；在台灣主要分布於中央山脈以東，生於中海拔遮陰之岩石縫，偶生於大樹上，在中橫及南橫東段尤多。

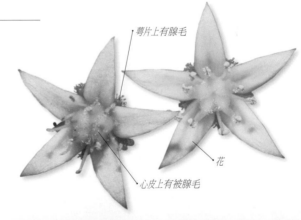

萼片上有腺毛

花

心皮上有被腺毛

生長在強光乾燥處之植株全體泛紅

全株皆具腺毛

穗花八寶 特有種

屬名	佛甲草屬
學名	*Sedum subcapitatum* Hayata

多年生草本，具根莖。葉簇集互生，紙狀肉質，寬卵形至寬倒卵形，長 2 ～ 3 公分，寬 1.5 ～ 2 公分，先端銳尖，基部鈍至寬楔形，鋸齒緣。頭狀花序，花淺紫綠色，萼片不等長。果實直立。

特有種，分布於台灣全島高海拔山區。

頭狀繖形花序

特有種，分布於台灣高海拔山區，常生於岩壁上。

葉簇集互生，寬卵形，肉質，鋸齒緣。

台灣佛甲草

屬名	佛甲草屬
學名	*Sedum taiwanianum* S. S. Ying

與能高佛甲草（*S. nokoense*，見 326 頁）相似，但能高佛甲草的萼片為離生，本種為合生；此外，本種的葉片較能高佛甲草略大，先端具小尖突，本種花朵較少，每一分支約僅 3 ～ 5 朵，密集似頭狀，而能高佛甲草花朵較多，每一分支可達 5 朵以上，排列成似蠍尾狀的聚繖花序。

產於日本、琉球及菲律賓；台灣分布於新竹及台中海拔 2,000 ～ 2,500 公尺山區，大多生於岩壁上。

萼片合生。葉先端具小尖突。

每一分支約 3 ～ 5 朵花，密集似頭狀。

可見於中海拔岩壁上，葉密生莖上，短匙形。

太魯閣佛甲草 特有種

屬名　佛甲草屬
學名　*Sedum tarokoense* H. W. Lin & J. C. Wang

莖粗，基部似木質化，具腺點，常泛紅綠色。葉厚實，密生於莖上半部，長5～6公釐，寬3～4公釐，厚2～3公釐。花排成似蠍尾狀的聚繖花序；萼片光滑無毛，基部離生，有距；花瓣長橢圓披針形，先端漸尖。形態與疏花佛甲草（*S. uniflorum*，見330頁）相似，但本種莖較粗，基部似木質化，通常全株或多或少泛紅綠色；葉片極厚，似圓球狀；萼片在基部附近略縮，成熟時斜上生長（vs. 萼片為柱狀線形，基部附近不縮，成熟時近乎直立）；花瓣長橢圓狀披針形，先端漸尖（vs. 花瓣基部附近會略縮，先端較鈍）。

萼片光滑無毛，基部離生。

　　特有種，分布於花蓮之石灰岩地區。

果實

葉厚實，密生於莖上半部。

生長在太魯閣山區的石灰岩地帶，故名之。

等萼佛甲草 特有種

屬名　佛甲草屬
學名　*Sedum triangulosepalum* T. S. Liu & N. J. Chung

Sedum triangulosepalum T. S. Liu & N. J. Chuang *ex* S. W. Chung-TYPE: Hualien county, Hsiulin township, Lomawanshan, Chuang 280 (HT: NTUF!, type designated here)

　　植株常附生在樹上。與小萼佛甲草（*S. microsepalum*，見325頁）相似，但本種萼片長1～2公釐，基部合生，癒合部分約1/2，裂片三角形，裂片小，長僅約1公釐，甚或不到1公釐；而小萼佛甲萼片長4～5公釐，基部離生，裂片線形。

　　特有種，分布於台灣北部及東部中海拔山區。

　　本種為劉棠瑞和鍾年鈞於《台灣植物誌》第一版中發表之新種植物，但由於發表當時未指定模式標本，因此為不合法學名。在此指定模式標本，補足其合法之要件。

萼片長1～2公釐，基部合生，癒合部分約二分之一。（許天銓攝）

開花植株（許天銓攝）

植株常長在樹上（許天銓攝）

截柱佛甲草 特有種

屬名　佛甲草屬
學名　*Sedum truncatistigmum* T. S. Liu & N. J. Chung

常附生在大樹幹上。與小萼佛甲草（*S. microsepalum*，見 325 頁）及等萼佛甲草（*S. triangulosepalum*，見 329 頁）形態相似，亦都附生於岩石或大樹幹上，但本種之萼片近乎全部癒合，形成闊鐘形，且花萼小，長約只有 1 公釐。

　　特有種，分布在台灣南部及東部海拔 1,500 ～ 2,000 公尺山區，見於南橫埡口附近及花蓮和平林道。

萼片形成闊鐘形，且花萼小，約只有 1 公釐長。

開花植株，萼片全癒合成闊鐘形，花萼極小。

花枝

疏花佛甲草

屬名　佛甲草屬
學名　*Sedum uniflorum* Hook. & Arn.

多年生草本。葉密集互生，肉質，柱狀寬匙形，長 3 ～ 5 公釐，寬 1 ～ 2 公釐，先端鈍至銳尖，基部楔形，全緣。花單生，偶成 5 ～ 6 朵花之穗狀花序，黃色，萼片不等長。果實直立。種子黃色。

　　產於日本及琉球；台灣生於東北部海岸之沙質地，不普遍。

花，一莖通常著花 1 朵，偶能見 3 朵者。

果

台灣生於東北部海岸之沙質地，不普遍。

開花植株，萼片全癒合成闊鐘形，花萼極小。

虎皮楠科 DAPHNIPHYLLACEAE

常綠喬木或灌木，無毛。單葉，互生，常集生枝端；葉全緣，稀於先端具少數粗齒，無托葉。花下位，雌雄異株，稀為異株至雜性，總狀花序腋生；萼片（0～）2～6枚，雜生，合生深裂和合生淺裂；花瓣無；雄蕊5～14，花藥2室，側縫開裂；雌花偶具退化雄蕊，花柱1～2（～4）。果實為核果，卵狀至橢圓球狀。

單屬科。

特徵

單葉，互生，常集生枝端，全緣。（奧氏虎皮楠）

雌雄異株，花瓣無。雄蕊5～14，花藥2室，側縫開裂。（奧氏虎皮楠）

花柱1～2。（奧氏虎皮楠）

核果，卵狀至橢圓球狀。（蘭嶼虎皮楠）

虎皮楠屬 DAPHNIPHYLLUM

特 徵如科。
台灣產 2 種及 1 特有變種。

果實

奧氏虎皮楠

屬名	虎皮楠屬
學名	*Daphniphyllum glaucescens* Blume subsp. *oldhamii* (Hemsl.) T. C. Huang var. *oldhamii*

葉簇生，披針形或窄橢圓形，長 8 ～ 16 公分，寬 3 ～
5 公分，先端漸尖，葉緣略反捲，葉背粉白，無乳
突體。萼片合生，柱頭長橢圓形。花雜性或雌雄異
株，雄蕊長橢圓形。果實表面有小疣狀突起。

　　分布於中國、柬埔寨、越南、朝鮮及日本；台
灣見於全島低至中海拔之濕潤森林中。

雄蕊

葉背網脈明顯

雌花，無花瓣。

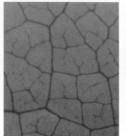

葉背無乳突體

葉長 8 ～ 16 公分，寬 3 ～ 5 公分。

結果枝

蘭嶼虎皮楠 特有種

屬名	虎皮楠屬
學名	*Daphniphyllum glaucescens* Blume subsp. *oldhamii* (Hemsl.) T. C. Huang var. *lanyuense* T. C. Huang

葉厚革質，倒卵形或披針形，先端鈍。萼片合生，
深裂，柱頭腎形。

　　特有種，僅產於離島蘭嶼的開闊山坡。

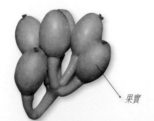

果實

雄花枝

葉先端鈍。特產於蘭嶼。

薄葉虎皮楠

屬名　虎皮楠屬
學名　*Daphniphyllum macropodum* (Benth.) Miq.

葉密集互生至簇生小枝端，紙質至革質，長橢圓形至倒卵狀長橢圓形，長達 18 公分，寬達 6 公分，先端短漸尖，並具一細尖頭，葉背網脈較模糊。萼片不存。果實表面平滑。

　　產於中國、韓國及日本；台灣分布於全島中海拔山區。

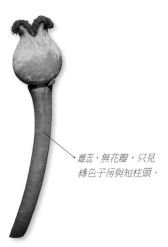

雌蕊，無花瓣，只見綠色子房與短柱頭。

葉背網脈較模糊。分布海拔為台灣產本屬植物中較高者。

開雌花之枝條

茶藨子科 GROSSULARIACEAE

灌木，具腋生刺。葉常簇生於短枝上，托葉與葉柄合生或缺。花單生，常因發育停止而成單性；花萼筒與子房合生，先端4～5裂；花瓣4～5枚，周位；雄蕊4～5，與花瓣互生，周位；子房1室；花柱2。果實為漿果，長橢圓狀或球狀。

　　台灣產1屬。

特徵

灌木，具腋生刺。葉常簇生於短枝上。（台灣茶藨子）

花瓣4～5枚，周位；雄蕊4～5，與花瓣互生。（台灣茶藨子）

茶藨子屬 RIBES

落葉灌木。單葉互生，稀叢生，常3～5（～7）掌狀分裂，稀不分裂。花兩性或單性而雌雄異株，5數，稀4數；萼筒形狀各式，下部與子房合生，上部直接轉變為萼片；萼片5（4），常呈花瓣狀，多數與花瓣同色；花瓣5（4），小，與萼片互生，有時退化為鱗片狀，稀缺花瓣；雄蕊5（4），與萼片對生，與花瓣互生，著生於萼片的基部或稍下方，花絲分離，花藥2室；花柱通常先端2淺裂或深裂至中部或中部以下。果實為多汁的漿果，頂端具宿存花萼。

　　台灣產1特有種。

台灣茶藨子 [特有種]

屬名	茶藨子屬
學名	*Ribes formosanum* Hayata

花萼淡綠色，先端5裂；花瓣5枚，長約4公釐。

莖有粗毛至無毛；刺呈3分支，長達1.3公分。葉1～3枚簇生於短枝，膜質，寬圓形，長、寬各約1.5公分，3～5裂，鋸齒緣，兩面疏被毛，葉背蒼白色；葉柄長1～2公分，被白毛。花懸垂於枝條下方；萼筒與子房合生，花萼淡綠色，先端5裂；花瓣5枚，白色，長約4公釐，鱗片狀，著生於花萼筒喉部；雄蕊4～5，與花瓣互生。果實球形，徑約1公分，先端具宿存花萼。

　　特有種，分布於台灣高海拔山區。

花萼先端常反捲

果球形，徑約1公分，先端具宿存花萼。

小二仙草科 HALORAGACEAE

草本，陸生或水生。葉對生或輪生。花兩性或單性，單生或成穗狀或圓錐狀花序；花萼筒與子房癒合，先端2～4裂或缺如；花瓣2～4枚或缺如；雄蕊2～8，花絲細長，花藥2室；子房下位，1～4室，花柱2～4。果實為堅果或核果。

台灣產2屬。

特徵

花萼筒與子房合生，先端2～4裂或缺如；花瓣2～4枚或缺如；雄蕊2～8，花絲細長。（小二仙草）

葉3～4枚輪生，二回羽裂。花腋生，3～4朵簇生。（烏蘇里聚藻）

小二仙草屬 HALORAGIS

草本，無毛。葉對生，革質，鋸齒緣。圓錐花序頂生，花單性或兩性；花部4數，花瓣鑷合狀，雄蕊4或8，子房2～4室，花柱2～4，柱頭羽裂。核果有縱條紋。

台灣產2種。

黃花小二仙草

屬名　小二仙草屬
學名　*Haloragis chinensis* (Lour.) Merr

植株高10～60公分；莖具四稜，近直立或披散，多分枝，粗糙而多少被倒粗毛，節上常生不定根。葉對生，通常條狀披針形至矩圓形，長1～2.8公分，寬1～9公釐，邊緣具小鋸齒，兩面粗糙，多少被粗毛，近無柄。花序為纖細的總狀花序及穗狀花序組成頂生之圓錐花序；花瓣4枚，黃色。

產於中國、澳洲、馬來西亞、泰國、越南及印度；台灣分布於離島金門。

花小，近無梗，花柱4，柱頭頭狀。

葉緣具小鋸齒；花黃白色。

金門野地之植株

小二仙草

屬名 小二仙草屬

學名 *Haloragis micrantha* (Thunb.) R. Br. *ex* Sieb. & Zucc.

植株高達 20 公分。葉大多對生，卵形，長 0.6 ～ 1.7 公分，寬 4 ～ 8 公釐，花序下方者常互生，卵形至橢圓形，長 6 ～ 10 公釐，寬 4 ～ 8 公釐，銳尖頭，細鋸齒緣。花序長 3 ～ 9 公分，淡紅褐色；花萼筒寬倒卵狀。

產於日本、琉球、中國、馬來西亞及澳洲；在台灣廣布於低至中海拔之潮濕向陽處。

葉脈不明顯

柱頭羽裂

花柱

雄花，雄蕊 8，花瓣 4。

花序

生於全台低至中海拔潮濕向陽處

聚藻屬 MYRIOPHYLLUM

柔軟之水生草本。葉輪生或稀互生或不規則排列,二回羽狀裂,無柄。花腋生,3～4朵簇生或排成頂生穗狀花序,最上為雄花,下為雌花;雄花萼筒極短,2～4裂;花瓣細小或缺;子房2～4室,花柱4。核果具4凹溝,堅果狀。李振宇及謝長富(1996)根據Masamune於1939年採自台北內湖之標本發表 *M. dicoccum* F. Muell.(雙室聚藻)為新記錄種,但自1939年以後就未有人在台灣採過此物種。

台灣產4種。

粉綠狐尾藻(水聚藻)

屬名	聚藻屬
學名	*Myriophyllum aquaticum* (Vell.) Verdc.

莖大多僅分支於基部,覆有白粉,由較低節處生根。葉輪生,稍呈二形:沉水葉(4～)5～6枚輪生,輪廓為倒披針形,先端圓,具25～30長達7公釐的線形羽片;挺水葉覆有白粉,(4～)5～6枚輪生,近頂端直立,下半部則大致平展,輪廓為狹倒披針形,先端圓,上部4/5具(18～)24～36小羽片。

原產於中國及歐洲;台灣廣泛栽植並大量逸出歸化於全台平地至低海拔山區之溝渠及池沼。

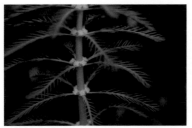  

挺水葉5～6枚輪生,葉規則羽裂。雌花長在葉腋。　栽植於池塘或水族箱,在野外有逸出的族群。　是一種強勢的歸化水生植物

雙室聚藻

屬名	聚藻屬
學名	*Myriophyllum dicoccum* F. Muell.

多年生之水生草本。莖長,具分支,漂浮。葉二形;沉水葉散生或4～5枚輪生,闊卵形,反捲,具4～10或更多對絲狀裂片,先端細凸尖;挺水葉輪生或互生,上半部者狹倒披針形至線形,中間以上短齒緣或全緣,平展或向上直立。

產於中國華南、中南半島、印度、東南亞至澳洲北部;台灣見於低海拔池塘或河流兩岸靜水處。

本種由李振宇及謝長富(1996)根據正宗嚴敬於1939年採自台北市內湖之標本發表為新記錄種。從1939年以後,不再有任何這一種的採集記錄。

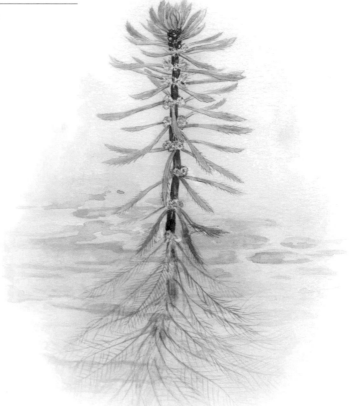

水中葉一回羽裂,裂片絲狀,至水上葉漸變為線形,邊緣鋸齒狀。(林哲緯繪)

聚藻

屬名	聚藻屬
學名	*Myriophyllum spicatum* L.

多年生草本，莖具疏鬆分支。葉4枚輪生，長1.5～2.5公分，一回羽裂，裂片線形，長0.4～1.3公分，不具挺水葉。雌雄同株，花序頂生穗狀，長達5公分，每節4花，上部為雄花，雄蕊8，雌花鐘形。果實卵形，堅果狀，分成4個分果片。

　　廣泛分布於溫帶地區；台灣生於低海拔之池塘、湖泊或沼澤地。

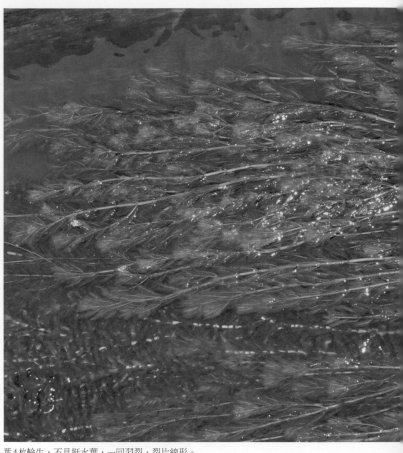

花序挺出水面

葉4枚輪生，不具挺水葉，一回羽裂，裂片線形。

烏蘇里聚藻

屬名	聚藻屬
學名	*Myriophyllum ussuriense* (Regel) Maxim.

葉3～4枚輪生，羽裂，葉長7～9公釐。花單性，雌雄異株，少數為雌雄同株，3～4朵簇生於葉腋，無梗；雄花花瓣4枚，雄蕊8；雌花壺形，雌蕊由4枚離生心皮組成，先端密被白毛。

　　產於烏蘇里江、黑龍江、滿洲地區及韓國；台灣原分布於桃園及新竹低海拔之池塘或沼澤地，但現在在野外已難再找到。

雄花

雌花

原分布於桃園及新竹低海拔之池塘或沼澤地，如今在野外已難再找到。

葉3～4枚輪生，二回羽裂。花腋生，3～4朵簇生。

金縷梅科 HAMAMELIDACEAE

喬木或灌木。單葉，互生，全緣或鋸齒緣；托葉常 1 ～ 2 枚，稀缺。花兩性、單性或雜性，雌雄同株或異株，成穗狀或總狀花序；花萼 4 ～ 5 裂，稀 6 ～ 7 裂；花瓣 4 ～ 5 枚，或缺；雄蕊 2 ～ 14；子房下位或半下位，稀上位，2 室，花柱 2。果實為蒴果，木質。

台灣產 5 屬。

特徵

有些種類無花瓣；大部分種類的花柱 2 岔。（蚊母樹）

蠟瓣花屬 CORYLOPSIS

落葉灌木，稀小喬木。葉具細長葉柄，銳鋸齒緣；托葉大，早落。花兩性，稀單性，黃色，成先端下垂的腋生穗狀花序；花萼 5 裂；花瓣 5 枚；雄蕊 5；子房半下位，2 室。蒴果寬倒卵形，4 瓣。

台灣產 1 種及 1 特有種。

小葉瑞木

屬名	蠟瓣花屬
學名	*Corylopsis pauciflora* Sieb. & Zucc.

葉紙質，卵形，長 3 ～ 6.5 公分，寬 2 ～ 3.5 公分，先端銳尖，基部鈍至心形，鋸齒緣，側脈 6 ～ 8 對；葉柄長 0.5 ～ 1 公分，被毛。總狀花序近頂生；花萼杯狀，與子房合生，先端 5 裂；花瓣 5 枚，黃色；花柱 2。果序長 2 ～ 3.5 公分；蒴果木質，倒卵形，徑約 8 公釐，頂端有宿存之喙狀花柱，成熟時 4 裂。

分布於日本；台灣生於海拔 1,000 ～ 2,400 公尺山區，明確的採集紀錄在台中東卯山、八仙山及大雪山林道，花蓮清水山、和平林道、木瓜山、千里眼山、研海林道及嵐山等。

葉脈直而明顯

花序

初果

台灣瑞木 特有種

屬名	蠟瓣花屬
學名	*Corylopsis stenopetala* Hayata

葉橢圓形或卵狀橢圓形，長 7 ～ 10 公分，寬 2.5 ～ 4.5 公分，先端漸尖，基部鈍或心形，上表面光滑，下表面殆被毛至光滑，側脈 8 ～ 10 對，鋸齒先端呈針狀。總狀花序，總苞鱗片狀卵形，長 1.5 ～ 2 公分，外被灰白色柔毛，苞片卵形。果序長 5 ～ 6 公分；蒴果木質，長 1.2 ～ 2 公分。種子黑色。

特有種，僅發現於台灣中部中海拔山區，如南投蓮華池、眉原山。

初果

具雌花及雄花之花序

雄花

雌花

大多為雄花之花序

開花之植株

假蚊母樹屬 DISTYLIOPSIS

常綠灌木或喬木。葉全緣，托葉早落。花兩性，成總狀或穗狀花序，花瓣缺，雄蕊 4 ～ 8，子房上位，2 室，花柱 2。台灣產 1 種。

尖葉水絲梨（假蚊母樹）

屬名	假蚊母樹屬
學名	*Distyliopsis dunnii* (Hemsl.) Endress

常綠小喬木，小枝被毛。葉革質，橢圓形，長 5 ～ 6 公分，寬 1.5 ～ 2.5 公分，先端銳尖，基部楔形，側脈 4 ～ 5 對，葉柄長約 2.5 公釐。短穗狀花序腋生，被痂鱗；花萼外表有鱗毛，花瓣無，子房表面被柔毛，花柱 2。蒴果卵球形，長約 1 公分，表面被黃褐色柔毛。

產於中國華南、菲律賓、蘇拉威西島及新幾內亞；台灣分布於中部山區，如霧峰桐林、青山、東卯山、桃米坑、蓮華池、大漢山等地。

花兩性，無花瓣。

花柱 2（因角度問題，故未見另一花柱。）

蒴果卵球形，表面被黃褐色柔毛。

葉革質，橢圓形，長 5 ～ 6 公分。

蚊母樹屬 DISTYLIUM

常綠小喬木或灌木。葉革質，全緣或齒緣，羽狀脈；托葉披針形，早落。花單性或雜性，總狀或穗狀花序腋生，具苞片，無花瓣；花萼 3 ～ 5 深裂，大小不等，有時缺；雄蕊 1 ～ 6；花柱 2 岔。果實 2 瓣裂。

台灣產 1 種及 1 特有種。

細葉蚊母樹(小葉蚊母樹) 特有種

屬名	蚊母樹屬
學名	*Distylium gracile* Nakai

與蚊母樹（*Distylium racemosum*，見本頁）最大差別在於本種葉長 2 ～ 3 公分，寬 1.5 ～ 2.5 公分，側脈 3 ～ 4 對，葉柄長 2 ～ 4 公釐；蚊母樹葉長 3 ～ 7 公分，寬 2 ～ 3 公分，側脈約 6 對，葉柄長 3 ～ 8 公釐，兩者以葉部形態即可區分。

特有種，主要分布於太魯閣國家公園的低海拔石灰岩地區，如和平、小清水、清水山、新城山、太魯閣、九曲洞、砂卡礑、論外山等地。

葉全緣，或兩側具 1 至二粗齒，小枝及葉柄被星狀毛。

雄蕊 5 ～ 6，花柱 2。

葉長 2 ～ 3 公分，寬 1.5 ～ 2.5 公分，側脈 3 ～ 4 對，有時每邊有 1 ～ 2 粗齒。

蚊母樹

屬名	蚊母樹屬
學名	*Distylium racemosum* Sieb. & Zucc.

喬木，嫩枝有盾狀痂鱗。葉革質，長橢圓形或橢圓狀長橢圓形，長 3 ～ 7 公分，寬 2 ～ 3 公分，側脈 6 對，葉柄長 3 ～ 8 公釐。總狀花序長 1.5 ～ 4 公分，最長可達 8 公分；雄蕊 5 ～ 6。蒴果卵形，長約 1 公分，密被星狀毛或短柔毛。

產於中國、韓國及琉球；台灣分布於佳樂水、歸田、蘭嶼等低海拔地區。

雄蕊 5 ～ 6，花柱 2 岔。

果實開裂

葉革質，長橢圓形，側脈 6 對。

秀柱花屬 EUSTIGMA

小 喬木。葉革質；托葉小，早落。花兩性，成短總狀花序；花萼 5 裂；花瓣 5 枚，鱗片狀，先端 2 裂；雄蕊 5；子房 2 室，每室 1 胚珠。果實 2 裂。

　　台灣產 1 種。

果被星狀毛及短柔毛

秀柱花

屬名	秀柱花屬
學名	*Eustigma oblongifolium* Gardn. & Champ.

常綠小喬木。葉披針形，長約 12 公分，全緣或先端有數個大齒牙。花兩性，5 數；萼片寬；花瓣鱗片狀，先端 2 裂；雄蕊與花瓣互生，花絲極短或無；子房下位，2 室，每室 1 胚珠；花柱 2，鮮豔。蒴果木質，卵形，長約 1.5 公分，被星狀毛及短柔毛，2 瓣裂。

　　產於中國華南；台灣主要分布於大坑、谷關、青山、惠蓀林場、蓮華池、溪頭、信義鄉等地，海拔 500 ～ 1,350 公尺山區。

花瓣 5，雄蕊 5，花柱 2 岔，紫黑色。

葉全緣或先端有數大齒牙

水絲梨屬 SYCOPSIS

常綠喬木。葉全緣或疏齒緣，羽狀脈，具短柄，托葉早落。花雌雄同株，成頂生或腋生之頭狀或短總狀花序；雄花萼片小，雄蕊 8 ～ 10；雌花花萼壺狀，先端 5 裂，被星狀毛。果實 2 裂。

　　台灣產 1 種。

水絲梨

屬名	水絲梨屬
學名	*Sycopsis sinensis* Oliver

雄花排成密集穗狀花序，近似頭狀。

葉革質，橢圓狀卵形、橢圓狀披針形或長卵形，長 4.5 ～ 10 公分，寬 2 ～ 4.5 公分，上部有疏生的粗鋸齒，少數近全緣，側脈 4 ～ 5 對。花小，成具短梗之頭狀花序，周圍有被褐色茸毛之苞片；雄蕊長 6 ～ 8 公釐。果實卵形，被褐色茸毛，常 3 ～ 5 顆聚生。

　　產於中國華南；台灣可見於苗栗泰安、南投仁愛至翠峰、花蓮慈恩、台北達觀山自然保護區、宜蘭南山至思源等地，海拔 1,000 ～ 2,235 公尺山區。

葉背

雄花（楊智凱攝）

初果

果枝

鼠刺科 ITEACEAE

喬木或灌木。單葉，互生，稀對生或輪生，多具腺尖齒。花兩性，稀單性或雜性，多成總狀花序；萼片多於下部連生，常宿存；花瓣分離，稀連生成短筒；雄蕊 5，稀 4 或 6，有時與退化雄蕊互生，花藥 2 室，直裂，花盤裂片與雄蕊互生；子房上位至下位，心皮連生，稀分離，1～6 室，胚珠多數，側生於一室子房或中央胎座。果實為蒴果或漿果。

　台灣產 1 屬。

特徵

喬木或灌木。單葉，多互生，常具腺尖齒。（鼠刺）

果實多為蒴果（鼠刺）

花多為總狀花序（小花鼠刺）

鼠刺屬 ITEA

常綠或落葉，小喬木或灌木。葉互生，具腺體的齒牙緣或鈍齒緣，無毛，有柄。總狀或圓錐狀花序，頂生或腋生；花小，白色；花萼筒與子房基部合生，先端5裂，宿存；花瓣5枚；雄蕊5；子房2室，周位。果實為蒴果，長橢圓形至錐形。台灣產1種及1特有種。

鼠刺

屬名	鼠刺屬
學名	*Itea oldhamii* Schneider

灌木或小喬木。葉卵形至卵狀長橢圓形，長達9公分，寬達5公分，先端鈍至漸尖，基部鈍至銳尖，疏齒牙緣，每邊2～10齒，稀近全緣。花序頂生或腋生，長3～5公分，常具柔毛。果實長5～6公釐，徑約2公釐。

產於琉球；在台灣分布於北部低至中海拔森林中。

花常開滿整樹

開花枝

花5數，花不甚開展。

初果

小花鼠刺 特有種

屬名	鼠刺屬
學名	*Itea parviflora* Hemsl.

灌木。葉披針形至長橢圓狀披針形，長達12公分，寬達3.5公分，先端漸尖，基部楔形。花序腋生，長達5公分，有時具細柔毛。果實長約4.5公釐，徑約1.5公釐。

特有種，分布於台灣全島低至中海拔森林中。

花甚小，不甚開。

開花之植株

虎耳草科 SAXIFRAGACEAE

多年生草本。單葉或複葉，多基生，常無托葉。花兩性或雜性至雌雄異株，花序總狀、圓錐狀或聚繖花序；萼片 4～5 枚，有時花瓣狀；花瓣 4～5 枚，離瓣或缺；雄蕊 4～10，花絲基部與花瓣合生，數量為花瓣之 1～2 倍；心皮癒合，稀分離，側膜胎座，花柱與心皮同數。果實為蒴果。種子多數。

先前原置於此科中的草紫陽花屬（CARDIANDRA）、溲疏屬（DEUTZIA）、八仙花屬（HYDRANGEA）、青棉花屬（PILEOSTEGIA）及鑽地風屬（SCHIZOPHRAGMA），在 APG IV 系統中置於八仙花科（HYDRANGEACEAE）；鼠刺屬（ITEA）置於鼠刺科（ITEACEAE）；梅花草屬（PARNASSIA）改置於衛矛科（CELASTRACEAE）；茶藨子屬（RIBES）則置於茶藨子科（GROSSULARIACEAE）。

台灣產 5 屬。

特徵

花絲基部與花瓣合生。（台灣嗩吶草）

花瓣 4～5 枚，離瓣或缺；雄蕊數為花瓣之 1～2 倍。（虎耳草）

落新婦屬 ASTILBE

三出複葉至二回羽狀複葉，基生及莖生，互生，小葉重鋸齒緣。花小而多，成頂生圓錐花序；花萼 4 ～ 5 裂，偶 7 ～ 11 裂；花瓣無或宿存；雄蕊 5 ～ 10；雌蕊 2 或 3，分離或合生。果實為蒴果或蓇葖果，2 室。

台灣產 2 特有種。

落新婦 特有種

花

屬名	落新婦屬
學名	*Astilbe longicarpa* (Hayata) Hayata

莖高 40 ～ 150 公分。二至三回羽狀複葉，具長柄；小葉卵狀、菱狀至橢圓狀披針形或長卵形，通常基部心形，頂小葉卵形至橢圓狀披針形。花序長 30 ～ 60 公分；花瓣倒披針形或匙形，長約 2 公釐；萼片先端鈍圓至截形。

特有種，分布於台灣本島低至中高海拔。

花序

頂小葉卵形至橢圓狀披針形。植株較大花落新婦高大。

大花落新婦 特有種

屬名	落新婦屬
學名	*Astilbe macroflora* Hayata

莖高 15 ～ 30 公分。三出的二回羽狀複葉，葉軸及小葉柄被腺毛；小葉卵形，長 2.4 ～ 3.8 公分，寬 2.3 ～ 3.2 公分，基部心形或截形，略微歪斜，頂小葉卵形，先端銳尖。花序長 4 ～ 8 公分；花瓣倒披針形或匙形，長約 4 公釐；萼片先端銳尖。

特有種，產台灣本島海拔 3,200 公尺以上之高山草原潮濕處。

頂小葉卵形，產台灣高海拔山區。

貓兒眼睛草屬 CHRYSOSPLENIUM

多汁的多年生或二年生草本，莖花葶狀。單葉，互生或對生，有葉柄，無托葉。聚繖花序，腋生或頂生；花小，綠、黃或白色；花萼筒杯狀或漏斗狀，先端4裂；花瓣缺；雄蕊4～8，子房1室。果實為蒴果，扁錐狀。台灣產2種及2特有種。

青貓兒眼睛草

屬名	貓兒眼睛草屬
學名	*Chrysosplenium delavayi* Fr.

多汁草本，高約6公分，無毛。葉對生，腎形至圓形，長、寬各約1公分，鈍齒緣。花無梗或具短梗；花萼裂片寬矩形，綠色，先端截形，微凹頭；雄蕊8，長約0.6公釐，二果瓣近等大且水平狀叉開。

產於中國；台灣分布於中、北部中海拔山區之溪谷或潮濕林下。

果熟裂開可見種子
（楊智凱攝）

花萼裂片寬矩形，綠色，先端截形，微凹頭。

葉對生，近圓形，光滑無毛。

大武貓兒眼睛草 特有種

屬名	貓兒眼睛草屬
學名	*Chrysosplenium hebetatum* Ohwi

多年生匍匐性草本，高4～10公分。葉對生腎形、圓形至寬倒卵形，長、寬各約1公分，鈍齒緣，表面被長毛。花萼裂片圓形，先端鈍圓，白色，花近無梗。

特有種，分布於台灣中、北部中高海拔山區之小溪谷中。

萼片白色，雄蕊8。

植株具毛。萼片白色。葉對生。

蒴果，扁錐狀。

日本貓兒眼睛草

屬名　貓兒眼睛草屬
學名　*Chrysosplenium japonicum* (Maximowicz) Makino

植株無毛或微被毛，高 6 ～ 10 公分 。葉腎形至圓形，長、寬各約 0.8 ～
1.2 公分，鈍齒緣。花無花瓣；花萼綠色，杯狀，裂片先端圓鈍；雄蕊 4 ～
8，子房 1 室；無梗或具短梗。蒴果扁錐狀。種子紅褐色。
　　產於中國、韓國及日本；台灣生於思源埡口附近之公路旁。

花綠色，雄蕊 4 ～ 8 枚。

植株較高大，可直立生長。

花萼杯狀，綠色，裂片先端圓鈍。蒴果扁錐狀。種子紅褐色。

台灣貓兒眼睛草 特有種

屬名　貓兒眼睛草屬
學名　*Chrysosplenium lanuginosum* Hook. f. & Thoms. var. *formosanum* (Hayata) Hara

多年生匍匐性草本，高 4 ～ 10 公分。葉腎形、圓形
至寬倒卵形，長、寬各約 1 公分，鈍齒緣，表面被
長毛。花萼裂片圓形，先端鈍圓，綠色，花近無梗。
　　特有變種，分布於台灣中、北部中高海拔山區
之小溪谷中。

*花萼裂片寬圓形，
先端鈍圓。*

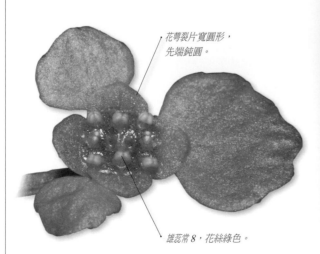

雄蕊常 8，花絲綠色。

植株較高大，可直立生長。與青貓兒眼睛草相似，但本種的葉互生。

嗩吶草屬 MITELLA

多年生草本，具匍匐根狀莖。葉基生，基部心形，葉緣不規則齒狀至小裂片狀，具長柄，托葉乾膜質。花小，成朝向一側綻放的總狀花序，頂生；花萼鐘形，5 裂；花瓣 5 枚，3 裂或羽裂，有時不裂或缺；雄蕊 5 或 10；子房 1 室。果實為蒴果。

台灣產 1 特有種。

台灣嗩吶草 特有種

屬名	嗩吶草屬
學名	*Mitella formosana* (Hayata) Masamune

草本，具粗毛。葉紙質，卵狀心形或三角形，長 5 ～ 7 公分，寬 3 ～ 4 公分，先端銳尖至漸尖，基部心形，托葉褐色。開花莖長 20 ～ 30 公分，密被褐色毛；花瓣 5 枚，羽狀裂；花柱 2，柱頭 2 岔。

特有種，分布於台灣中至高海拔山區之山坡陰濕處或小山溝中。

花柱 2，柱頭 2 岔。

果正面

花瓣 5 枚，羽狀裂。

生於山坡陰濕處或小山溝中

蒴果開裂

虎耳草屬 SAXIFRAGA

草本，多年生，偶一或二年生，莖匍匐。單葉，基生及莖生，常為齒緣或具裂片。花序總狀或圓錐狀，稀單生；花兩性，白至粉紅、紫或黃色；花萼 5 裂；花瓣 5 枚；雄蕊 10，2 輪；心皮 2，基部合生，花柱 2。蒴果 2 室，自花柱間開裂。
台灣產 1 種。

虎耳草

| 屬名 | 虎耳草屬 |
| 學名 | *Saxifraga stolonifera* Meerb. |

草本，具走莖，全株密被毛。葉肉質，圓腎形，長 3 ～ 5 公分，寬 3 ～ 9 公分，沿脈有蒼白色條斑，具長柄。花莖長 10 ～ 20 公分，花序圓錐狀；花瓣較小之 3 枚為淡紅色帶有深紅斑點，較大 2 枚為純白色。果實卵球狀，長 4 ～ 5 公釐。

產於中國及日本；歸化於台灣中、北部中、低海拔之陰濕處。

花瓣 5 枚，披針形，不等大小，2 大 3 小，較小的 3 片花瓣呈淡粉紅色，有紫紅色斑點。

為一近來歸化台灣的植物

黃水枝屬 TIARELLA

多年生草本，根莖短蔓性。掌裂單葉或三出複葉，具長柄，多基生，莖生葉少，具小托葉。花小，成圓錐或總狀花序，有細小苞片；花萼筒杯狀，先端 5 裂；花瓣 5 枚，小或缺；雄蕊 10；花柱纖細，柱頭點狀。蒴果 1 ～ 2 室，有 2 角，不等大。

台灣產 1 特有種。

黃水枝

| 屬名 | 黃水枝屬 |
| 學名 | *Tiarella polyphylla* D. Don |

株高 20 ～ 40 公分，有毛。葉圓心形，徑 2 ～ 7 公分，淺 5 裂，鋸齒緣，兩面均被長毛及細腺毛。花莖高 10 ～ 40 公分，具 2 ～ 3 枚有柄的莖生葉；總狀花序，常在近基部處有一分枝；花白色，花萼外表被毛；花瓣錐狀線形，長約 6 公釐。果瓣極不等大。

產於日本、中國及喜馬拉雅山區；台灣分布於中海拔之潮濕林地，稀有。

果瓣不等大

花萼筒杯狀，5 裂；花瓣錐狀線形。

葉圓心形，淺五裂。

葡萄科 VITACEAE

木質或草質藤本，攀緣卷鬚與葉對生。單葉或複葉，互生或於莖下部對生，有或無托葉。花單性、兩性或雜性，聚繖花序、繖形狀圓錐花序或總狀花序，腋生或於節上與葉對生；萼片小，4 或 5 枚；花瓣 4 或 5 枚；雄蕊 4 或 5，與花瓣對生；花盤存；子房 2 ～ 6 室。果實為漿果。

　　台灣產 8 屬（含羽葉山葡萄屬，見 352 頁廣東山葡萄之描述）。

特徵

木質或草質藤本，攀緣卷鬚與葉對生。（異葉山葡萄）

雄蕊 5，與花瓣對生。（廣東山葡萄）

花盤（粉藤）

漿果（阿穆爾葡萄）

山葡萄屬 AMPELOPSIS

木質藤本，卷鬚分岔。單葉或複葉，互生。花兩性，5數，成雙分岔之聚繖花序，與葉對生於節上；花萼不明顯；花盤杯狀，隆起；雄蕊短；子房2室，花柱短，柱頭鑽形。

台灣產2種及2變種。

廣東山葡萄

屬名　山葡萄屬
學名　*Ampelopsis cantoniensis* (Hook. & Arn.) Planch. var. *cantoniensis*

一至二回羽狀複葉，長10～20公分；小葉3～5枚，偶有7枚，卵形或卵狀長橢圓形，鋸齒緣。果實成熟時轉為紅色及黑色。2004年據分子親緣研究，將本種轉移至 *Nekemias*（羽葉山葡萄屬）：*Nekemias cantoniensis* (Hook. & Arn.) J. Wen & Z. L. Nie。

產於東亞；台灣分布於全島低海拔地區。

花枝

果枝

一回至二回羽狀複葉，具3～5枚小葉。

大葉廣東山葡萄

屬名　山葡萄屬
學名　*Ampelopsis cantoniensis* (Hook. & Arn.) Planch. var. *leecoides* (Maxim.) F. Y. Lu

與承名變種（廣東山葡萄，見本頁）相近，唯其葉較大，營養枝上的複葉可長達20～35公分。

產於日本及琉球；台灣分布於台北及宜蘭之低海拔地區。

花

葉較大，營養枝上的複葉可長達20～35公分。

毛山葡萄

屬名 山葡萄屬
學名 *Ampelopsis glandulosa* (Wall.) Momiy. var. *glandulosa*

莖及葉密被茸毛。單葉，卵形或略為3裂，基部心形、圓形或近平截形，主側脈4～5，兩面被毛。聚繖花序繖房狀，被毛。

　　產於中國華南、印度、尼泊爾及緬甸；台灣分布於北部之低海拔地區。

果實

莖及葉密生絨毛

葉背密生毛

花外部具毛狀物

漢氏山葡萄

屬名 山葡萄屬
學名 *Ampelopsis glandulosa* (Wall.) Momiy. var. *hancei* (Planch.) Momiy.

幼莖光滑或近光滑。葉上表面光滑無毛，葉基近平截或略呈心形。果實成熟時轉紫及藍色，表面有疣點。

　　產於中國華南及菲律賓；台灣分布於全島低海拔之灌叢中。

莖及葉表光滑或近光滑。果熟時轉紫及藍色。

花序一部分

異葉山葡萄

屬名　山葡萄屬
學名　*Ampelopsis glandulosa* (Wall.) Momiy. var. *heterophylla* (Thunb.) Momiy.

與承名變種（漢氏山葡萄，見 353 頁）相似，
兩者常有合併或分開之分類處理，經筆者觀
察漢氏山葡萄偶而也長成多深裂之葉片，尤
其是在營養枝條；但於開花之枝條，異葉山
葡萄之葉片仍明顯深裂，而漢氏山葡萄則通
常不裂。

　　分布於日本及中國各地；台灣見於全島
低海拔之灌叢中。

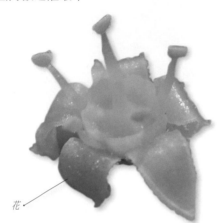

花

葉片明顯深裂

白蘞

屬名　山葡萄屬
學名　*Ampelopsis japonica* (Thunb.) Makino

木質藤本，具塊莖，全株光滑無毛。葉先 3 ～ 5 掌狀裂後，每一裂片再
羽狀裂，葉軸有闊翅。花萼五淺裂，花瓣 5 枚，黃綠色，雄蕊 5 枚與花
瓣對生。漿果，具 1 ～ 4 粒種子。

　　產於中國及日本；台灣僅發現於苗栗及台中鐵砧山一帶，稀有。

果

葉先 3 ～ 5 掌狀裂後，每一裂片再羽狀裂，葉軸有闊翅。（林家榮攝）

花序（林家榮攝）

虎葛屬 CAYRATIA

本質藤木具攀緣卷鬚，單一或分岔。掌狀或鳥足狀複葉，小葉 3 或 5 枚，中脈上表面被鉤毛，托葉 2 枚。花兩性，4 數，繖房或繖形花序生於葉腋；花萼不明顯，花瓣平展，花盤四裂，雄蕊 4。果實為漿果。
台灣產 3 種及 1 特有種。

角花烏斂莓

屬名	虎葛屬
學名	*Cayratia corniculata* (Benth.) Gagnep.

小葉 5 枚，長橢圓形、卵圓形或倒卵狀橢圓形，先端漸尖或短尖，葉緣前半部疏生小鋸齒，側脈 5～7 對，直達葉緣小齒頂。複繖形花序，花瓣 4 枚，淺綠帶白色，卵狀三角形，先端呈尖角狀。果實成熟時紅色。

產於中國及日本；台灣自海邊至中、低海拔山區皆常見。

雄蕊 4，花藥卵圓形。

花瓣 4 數，先端呈尖角狀。

花柱短，柱頭微擴大。

果熟時紅色

鳥足狀複葉

台灣烏斂莓 特有種

屬名	虎葛屬
學名	*Cayratia formosana* T. W. Hsu & C. S. Kuoh *nom. inval*

小葉 5 枚，鳥足狀排列，偶葉表上有白斑塊，葉背被密毛，先端尾狀漸尖，葉柄被毛。花瓣 4 枚，卵狀三角形，花梗及花瓣外表被毛。果實成熟時呈粉紅色。

特有種，主要分布於台灣中海拔山區，不常見。

果紅熟

葉背密生毛

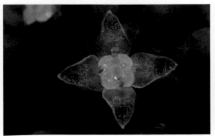

花 4 數；花盤四裂，雄蕊 4。

葉先端尾狀漸尖

結果之植株（吳聖傑攝）

虎葛(烏斂莓)

屬名　虎葛屬
學名　*Cayratia japonica* (Thunb.) Gagnep.

小葉 5 ～ 7 枚，鳥足狀排列，卵形或圓卵形，長 3 ～ 8 公分，寬 1.5 ～ 4 公分，先端長漸尖或銳尖，芒尖狀鋸齒緣。

　　產於中國華南、中南半島及菲律賓；台灣分布於全島低、中海拔之原生林中，常見於溪流兩岸。

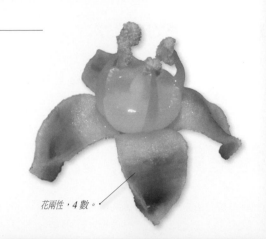

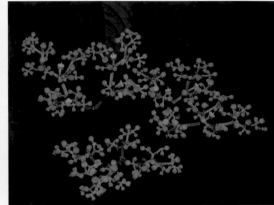

花兩性，4 數。

小葉 5 枚，鳥足狀排列。

繖房花序與葉對生

海岸烏斂莓

屬名　虎葛屬
學名　*Cayratia maritima* B. R. Jackes

莖具稜，通常光滑無毛。三出複葉，頂小葉卵形至菱形，長 2 ～ 5 公分，寬 1.5 ～ 2.5 公分，先端漸尖，葉表光亮，光滑無毛。花瓣及花梗近光滑無毛。

　　分布於澳州、印尼、新幾內亞及太平洋鄰近島嶼之海岸；台灣生於墾丁及綠島之近海岸地區。

花瓣及花梗近光滑

小葉 3 枚

粉藤屬 CISSUS

質或草質藤本。單葉或複葉，互生，略呈肉質。花兩性或單性，4 數，成繖形狀聚繖花序，於節上與葉對生；花盤發達，略微四裂；花柱短，柱頭鑽形。果實為漿果。

台灣產 5 種及 2 特有種。

紅毛粉藤

屬名　粉藤屬
學名　*Cissus assamica* (Laws.) Craib

大型木質藤本，幼莖被鏽色短柔毛。單葉，圓心形，長 5 ～ 15 公分，寬 5 ～ 13 公分，芒尖狀鋸齒緣；托葉與莖合生，圓心形。恆春半島的植株之毛較多且偏紅，葉背紅色；蘭嶼產者葉偏綠，毛較少，為白色。

　　產於東印度、中南半島、馬來西亞至菲律賓；台灣分布於恆春半島及蘭嶼。

恆春半島的植株毛較多且偏紅

花序，花 4 數。

開花植株（郭明裕攝）

植株生態

五葉粉藤

屬名　粉藤屬
學名　*Cissus elongata* Roxb.

蔓性藤本，莖光滑無毛；卷鬚與葉對生，2 岔。掌狀複葉，小葉 5 枚，橢圓形，長 3 ～ 5 公分，寬 1 ～ 2 公分，疏鋸齒緣。花兩性，光滑無毛；雄蕊 4，與花瓣對生，花柱鑽形，柱頭略為擴大。果實卵形，具 1 種子。

　　分布於不丹、印度、馬來西亞、新加坡及越南；台灣為近年的新記錄植物，發現於中、北部，如李棟山及八仙山。

掌狀複葉，小葉 5 枚，橢圓形。（吳聖傑攝）

果枝（吳聖傑攝）

雞心藤

屬名	粉藤屬
學名	*Cissus kerrii* Craib

多年生攀緣性藤本，全株粉綠色，光滑無毛，莖長可達 10 公尺，被白粉，卷鬚單一。葉互生，心形或廣卵形，長 6 ～ 12 公分，寬 5 ～ 10 公分，先端短尖或漸尖，基部闊心形或圓形，疏鋸齒緣，兩面無毛，葉柄長 3 ～ 6 公分。聚繖花序與葉對生，花細小，淡黃色或綠黃色，花瓣 4 枚，早落，雄蕊 4。漿果球形，初果時綠色，成熟時紫黑色。

產於中國；台灣分布於低海拔地區。

花瓣 4 枚，雄蕊 4。

老莖被白粉

花序，其花甚小，花瓣早落。

蘭嶼粉藤（蘭嶼崖爬藤）特有種

屬名	粉藤屬
學名	*Cissus lanyuensis* (C. E. Chang) F. Y. Lu

幼莖光滑無毛。鳥足狀複葉，葉柄長 9 ～ 11 公分；小葉 5 枚，卵形，長 7 ～ 12 公分，寬 4 ～ 6 公分，先端銳尖，基部歪斜，光滑無毛，小葉柄長 1 ～ 2 公分。

特有種，產於離島蘭嶼及綠島。

特有種，產於蘭嶼及綠島。果枝。

翼莖粉藤

屬名　粉藤屬

學名　*Cissus pteroclada* Hayata

蔓性藤本，莖明顯 4 稜，稜上具翼，卷鬚 2 岔。葉膜質，長卵形或心形，葉背常呈紅色，疏鋸齒或疏細鋸齒緣。花瓣 4，花藥卵圓形，花盤明顯，4 裂；子房下部與花盤合生，花柱短，柱頭微擴大。

產於中國福建、華南至華西及中南半島；台灣分布於全島之低海拔地區。

莖明顯 4 稜

果序

果枝

粉藤

屬名　粉藤屬

學名　*Cissus repens* Lam.

蔓性藤本，全株光滑無毛。葉闊卵形，長 4～8 公分，寬 4～6.5 公分，先端有一長約 5 公釐之突尖，基部闊心形，銳齒緣，基部三出脈，側脈約 5 對。聚繖花序與葉對生，花 4 數。漿果球形，成熟時紫色。

產於印度、中國華南、菲律賓及馬來西亞等地；台灣分布於恆春半島之低海拔灌叢中。

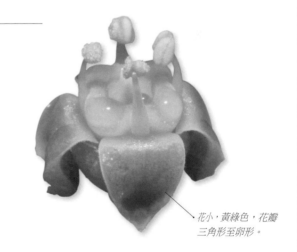

花小，黃綠色，花瓣三角形至卵形。

葉寬卵形，先端有一長約 5 公釐之突尖。

果熟紫色，大約 6 公釐長。

錦屏粉藤

屬名	粉藤屬
學名	*Cissus sicyoides* L.

蔓性藤本，卷鬚 2 岔，全株光滑無毛；具淡紅色細長氣根，長可達
3 公尺。單葉，心狀卵形，長 5 ～ 10 公分，先端漸尖，葉緣有稀疏
小鋸齒，深綠色，具 5 ～ 10 公分長柄。聚繖花序與葉對生，繖房狀；
花小，徑約 5 公釐，4 瓣，黃白色。

　　原產北美洲及南美洲；歸化於台灣中部低海拔地區。

花小，4 瓣，黃白色。

果熟呈黑色

全株光滑，具淡紅色細長氣根，長可達 3 公尺。

聚繖花序與葉對生，花甚小，4 數，花瓣早落。

火筒樹屬 LEEA

灌木或小喬木狀灌木。一至四回羽狀複葉，小葉卵形至長橢圓狀披針形；托葉有時附生於葉柄基部，成耳狀或成突出的
邊緣。聚繖花序排列成圓錐狀、繖形狀；花 5 數，稀 4 數。果實為漿果，扁球狀。
　　台灣產 2 種。

火筒樹

屬名	火筒樹屬
學名	*Leea guineensis* G. Don

葉成（二～）三至四回羽狀複葉，長 50 ～ 80 公分；小葉卵狀橢圓形至長橢圓披
針形，漸尖頭，疏鋸齒緣。花紅色。果實成熟時暗紅色。
　　產於菲律賓；台灣分布於南部之低海拔至海岸林內，蘭嶼及綠島亦產。

花

花序

果枝

葉（2～）3～4 回羽狀複葉，葉長 50 ～ 80 公分。

菲律賓火筒樹

屬名 火筒樹屬
學名 *Leea philippinensis* Merr.

一回羽狀複葉，長 20 ～ 50 公分；小葉 5 ～ 13 枚，卵形、披針形至長橢圓狀披針形，先端長漸尖，粗鈍齒緣，無毛。花綠白色，有時略帶粉紅色。果實成熟時由褐轉紅。

　　產於菲律賓；台灣分布於恆春半島、蘭嶼及綠島之叢林中。

花綠白色

一回羽狀複葉，枝條常呈綠色。

地錦屬 PARTHENOCISSUS

落 葉性藤本，髓白色，卷鬚先端具盤狀附著器。葉掌狀裂或三裂。花兩性，聚繖花序，與葉對生；花萼細小，花瓣 5 枚，雄蕊與花瓣同數對生，花藥 2 室，縱裂；花柱短，柱頭鑽形。子房 2 室。
　　台灣產 1 種。

地錦(爬牆虎)

地錦屬
學名 *Parthenocissus dalzielii* Gagnep.

落葉性木質藤本，常附著於岩壁、牆或樹上。葉生於開花枝條者三裂，而生於營養枝上者常為闊卵形，不裂或淺裂，裂片粗鋸齒緣，葉背脈上略被毛。花萼小，淺杯形，近全緣。

　　產於中國華南、越南及印尼等地；台灣分布於全島低海拔地區。

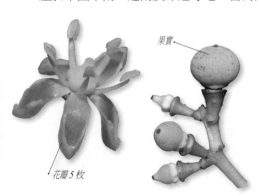

果實

花瓣 5 枚

卷鬚先端具盤狀附著器

常附生於牆壁上，偶攀爬在樹木上。

崖爬藤屬 TETRASTIGMA

木質或草質藤木，老莖為圓柱形或帶狀扁平。鳥足狀複葉，小葉 3 ～ 7 枚。花單性，雌雄異株，聚繖或繖房花序；花 4 數，花瓣展開，花盤略與子房合生，子房 2 室，柱頭頭狀。

台灣產 1 種及 2 特有種。

苗栗崖爬藤（三腳鼈草） 特有種

屬名　崖爬藤屬
學名　*Tetrastigma bioritsense* (Hayata) Hsu & Kuoh

小枝常被黃色茸毛。三出複葉，膜質至紙質，頂小葉長橢圓形，長 5 ～ 9 公分，寬 3 ～ 5 公分，先端鈍至漸尖，基部圓而歪斜，光滑或於葉背脈上被黃褐色茸毛，小葉柄長約 5 公釐。聚繖花序，通常光滑無毛，花朵先端有明顯角狀突起。

特有種，分布於台灣全島低海拔地區。

三出複葉，膜質至紙質。

果實

雌花花柱短，柱頭頭狀，4 裂。

三葉崖爬藤

屬名　崖爬藤屬
學名　*Tetrastigma formosanum* (Hemsl.) Gagnep.

三出複葉，革質，頂小葉長橢圓形，先端銳尖至鈍，基部楔形至近圓形，圓齒緣，光滑無毛，小葉柄長 3 ～ 5 公釐。繖房狀聚繖花序，光滑無毛，花 4 數。

產於琉球；台灣分布於低海拔之灌叢中。

三出複葉，光滑無毛，革質。

雌花花柱頭紅色，花瓣先端不具明顯角狀凸起。

台灣崖爬藤 特有種

屬名	崖爬藤屬
學名	*Tetrastigma umbellatum* (Hemsl.) Nakai

掌狀複葉，近無柄；小葉 5 枚，偶 3 枚，紙質，橢圓形，形狀相似而大小不同，頂小葉最大，側生小葉較小且葉基歪斜，圓齒緣。花序繖形。

特有種，分布於台灣低、中海拔地區，常見。

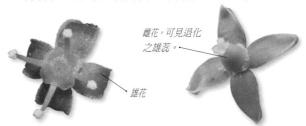

雌花。可見退化之雄蕊。

雄花

果序

掌狀複葉，小葉 5 枚，偶 3 枚。

常攀附於林中喬木樹幹上

葡萄屬 VITIS

單葉，葉常分裂。攀緣卷鬚與葉對生，單一，分岔。圓錐花序，花 5 數；花萼杯狀；花瓣 5 枚，頂端黏合成杯狀，早落；花盤具 5 腺體；雄蕊 5，花藥 2 室，縱裂；花柱短，柱頭鑽形；子房 2 室。果實為漿果。

台灣產 4 種 1 特有變種。

阿穆爾葡萄

屬名	葡萄屬
學名	*Vitis amurensis* Rupr.

木質藤本。單葉，互生，三裂或不裂，闊卵圓形，長 10 ～ 20 公分，寬 10 ～ 15 公分，葉背具疏網狀綿毛。圓錐花序；花萼小，近全緣或五裂；花瓣 5 枚，早落；雄蕊與花瓣同數而對生。果實為漿果。

產於中國；台灣分布於拉拉山、梅峰及思源埡口，稀有。

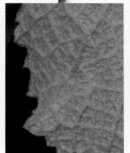

果實

圓錐花序

葉背具疏網狀綿毛

木質藤本。單葉，互生，三裂或不裂。

細本葡萄

屬名　葡萄屬
學名　*Vitis ficifolia* Bunge var. *ficifolia*

小枝具稜。葉紙質至革質，圓心形，徑大於 4.5 公分，三至五裂或不裂，先端銳尖，基部心形或截形，圓鋸齒緣；葉及葉柄被紅褐色或灰紅褐色蛛網狀絨毛，漸光滑。

產於中國、韓國及日本；台灣分布於全島低海拔地區。

果序

花瓣 5 枚，頂端黏合成杯狀，早落。

植株，與基隆葡萄相似，但葉子較小些。

枝條上具網狀綿毛

葉背具蛛網狀茸毛

小葉葡萄 特有種

屬名 葡萄屬
學名 *Vitis ficifolia* Bunge var. *taiwaniana* (Lu) Yang

本變種葉較小,且具較長之花序。葉明顯裂或深裂,徑小於 4 公分,葉背被滿長綿毛。

特有變種,分布於台灣全島低海拔地區,在野外因採藥之故,已漸稀少。

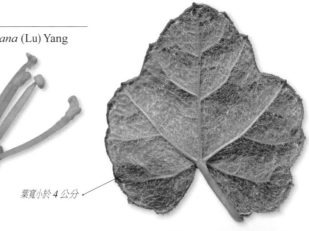

花瓣 5 枚,頂端黏合成杯狀,早落。

葉寬小於 4 公分

花序

果序

因採為藥用之故,族群在野外已很難發現。

光葉葡萄

屬名	葡萄屬
學名	*Vitis flexuosa* Thunb.

幼枝略被淡紅色茸毛，漸變光滑。葉闊卵形或三角狀卵形，不裂或淺三裂，先端略突尖，上表面光滑，下表面僅脈上略被毛。

　　廣布於日本、韓國、中國及中南半島；台灣分布於南部低海拔地區，較罕見。

雄花

葉上表面光澤滑亮

葉闊卵形或三角狀卵形

基隆葡萄 特有種

屬名	葡萄屬
學名	*Vitis kelungensis* Momiy.

幼枝淡紅色，被蛛網狀茸毛，卷鬚2岔。葉三角狀卵形，葉長9～13公分，寬7～11公分，先端銳尖至長漸尖，上表面具密集白色晶體及疏被褐色蛛網狀茸毛，下表面密被蛛網狀茸毛。細長圓錐花序，花單性、兩性或雜性。

　　特有種，分布於台灣低、中海拔地區。

葉背及枝條被白色茸毛，葉三角卵形。

葉三角狀卵形，葉背灰白色。

花序　　　　　果序（郭明裕攝）

蒺藜科 ZYGOPHYLLACEAE

草本、灌木或小喬木，莖常在節處膨大。羽狀複葉或二出複葉，對生或螺旋狀排列，小葉通常全緣；托葉常宿存，且時常成刺狀。花通常兩性，輻射對稱，多為 5 數，花絲具基生腺體。果實常為蒴果或離果，稀為核果或漿果。

　　台灣產 1 屬。

特徵

羽狀複葉。花通常兩性，輻射對稱，多為 5 數。（台灣蒺藜）

離果（台灣蒺藜）

蒺藜屬 TRIBULUS

匍 匍性多毛草本。羽狀複葉,對生,對生葉之其中一葉減縮而較小。花單生於葉腋,黃色,萼片5枚,花瓣5枚;雄蕊10,成2輪,外輪花絲較長。離果5稜,常具棘刺或疣突。

台灣產1種及1特有種。

台灣蒺藜 特有種

屬名	蒺藜屬
學名	*Tribulus taiwanense* T. C. Huang & T. H. Hsieh.

匍匐性大草本,多毛。複葉長達7公分,小葉4～8對,長1～2公分,先端鈍至圓,稀為銳尖,歪基,全緣,被貼伏長毛,托葉4枚。花徑2～2.5公分。果實具多數芒刺,可附於動物毛皮。染色體2n=24。

特有種,分布於台灣中南部及澎湖之海濱沙地。

花徑2～2.5公分,雄蕊10,柱頭5裂。

離果具多數芒刺

花大,超過2片小葉長度。

蒺藜

屬名	蒺藜屬
學名	*Tribulus terretris* L.

蔓性草本,多毛。複葉長達5公分,小葉5～8對,長0.8～1公分,先端銳尖至鈍,歪基,明顯具緣毛,被貼伏毛,托葉4枚。花徑0.8～1公分。染色體2n=36。

產於熱帶及亞熱帶地區;台灣分布於中南部及澎湖之海濱沙地。

花瓣3～5公釐長

花徑0.8～1公分

果具稜角刺

花徑大約1片小葉長度

葉背具絨毛

衛矛科 CELASTRACEAE

直立喬木或灌木，或藤本。單葉，互生或近對生，多具小托葉。花成頂生繖房狀或聚繖狀花序，或單生；花多為兩性，輻射對稱，常呈綠色；萼片4～5枚；花瓣4～5枚，著生於花盤下方；雄蕊多為4～5，生於花盤邊緣；子房2～5室。果實為蒴果，稀為漿果或翅果。

台灣產7屬。

特徵

萼片4～5枚；花瓣4～5枚，著生於花盤下方；雄蕊多為4～5，著生於花盤邊緣。（交趾衛矛）　　蒴果開裂，露出紅色種子。（淡綠葉衛矛）

南蛇藤屬 CELASTRUS

落葉（稀常綠）攀緣性灌木。葉互生，具托葉。花成聚繖或圓錐花序，或單生；花兩性，偶單性；花萼5裂，花瓣5枚，雄蕊5，花盤杯狀，子房3～4室。蒴果，球形，3～4裂。種子有紅色假種皮。

台灣產4種。

多花滇南蛇藤（厚葉南蛇藤）

屬名　南蛇藤屬
學名　*Celastrus euphlebiphyllus* (Hayata) Kanehira

葉厚革質，倒卵狀長橢圓形，長5～6.5公分，寬2.5～4公分，先端鈍或微凹，疏細圓齒緣。聚繖花序，多分支。

多產於印度、馬來西亞、中南半島、泰國及中國；台灣分布於恆春半島。

蒴果開裂

果梗上半部具關節

花枝（郭明裕攝）

葉子細圓齒緣

南華南蛇藤

屬名　南蛇藤屬
學名　*Celastrus hindsii* Benth.

常綠藤本，葉革質，倒卵狀長橢圓形或橢圓形，長 6 ～ 11 公分，寬 2 ～ 6 公分，先端銳尖或短突尖，不明顯細鋸齒緣。聚繖花序，多分支。

　　產於印度、中南半島至中國；台灣分布於全島低、中海拔灌叢中。

果梗具關節

蒴果

雌花序，柱頭不明顯 3 裂。

葉倒卵狀長橢圓形或橢圓形

蒴果卵形或略球形

大葉南蛇藤

屬名　南蛇藤屬
學名　*Celastrus kusanoi* Hayata

落葉藤本，葉紙質，闊長橢圓形或圓形，長 7 ～ 10 公分，寬 5.5 ～ 11 公分，先端圓且具短突尖，不明顯鈍鋸齒緣。聚繖花序，多分支。

　　產於中國華南；台灣分布於中南部低、中海拔森林中。

果實近球形

葉先端具短突尖

葉闊長橢圓形或圓形

光果南蛇藤

屬名　南蛇藤屬
學名　*Celastrus punctatus* Thunb.

葉紙質，長橢圓形或近長橢圓形，長 3.5 ～ 8 公分，寬 2.5 ～ 4 公分，先端銳尖，疏鋸齒緣。花數朵簇生。

　　產於中國華南、琉球至日本南部；台灣分布於中部及東部中海拔地區。

雌花，花柱 3 岔，可見退化雄蕊。

雄花，花瓣及雄蕊 5 枚。

種子被橙紅色假種皮

落葉性藤蔓植物

衛矛屬 EUONYMUS

喬木或灌木，小枝常具 4 稜。葉對生。聚繖花序，花 4 ～ 5 數，兩性；花萼 4 ～ 5 裂；花瓣 4 ～ 5 枚，著生於花盤下方；花盤環狀，雄蕊 4 ～ 5 生於花盤上；子房 4 ～ 5 室。蒴果，3 ～ 5 室。種子具紅色假種皮。

　　台灣產 5 種及 5 特有種。

厚葉衛矛（源一木）

屬名　衛矛屬
學名　*Euonymus carnosus* Hemsl.

小灌木。葉倒卵形至長橢圓狀卵形或橢圓形，長 3 ～ 8.8 公分，寬 1.8 ～ 3.8 公分，圓齒狀細鋸齒緣，兩面光滑無毛。花 4 數。果實球形，具 4 稜。

　　分布於中國華南、日本及台灣全島中、低海拔地區，以陽明山及翠峰一帶較常見。

花 4 數，黃色。

果裂

葉圓齒狀細鋸齒緣

交趾衛矛

屬名　衛矛屬
學名　*Euonymus cochinchinensis* Pierre

葉革質，3枚輪生於枝條，倒卵形、橢圓形或長橢圓形，長7～10公分，寬3～
5.5公分，全緣，側脈6～8對。花序2～3（4）分支，花序梗長3～5公分；
花5數，花瓣先端流蘇狀，綠色或有時帶紅暈。果實倒卵狀球形，有稜。
　　產於中南半島及菲律賓；台灣分布於離島蘭嶼及綠島。

果序

葉3枚輪生於枝條，全緣。

花瓣先端流蘇狀

玉山衛矛（黃氏衛矛）特有種

屬名　衛矛屬
學名　*Euonymus huangii* H. Y. Liu & Yuen P. Yang

落葉小喬木。葉半革質，長橢圓狀披針形，長4～7公分，
寬1～2公分，先端漸尖，細鋸齒緣，葉脈4～6對。花單
生或2～3朵組成聚繖花序，花4數，雄蕊無花絲。果實倒
圓錐形，具4或5稜。
　　特有種，分布於台灣中海拔山區，如玉山前峰及合歡溪
古道，稀有。

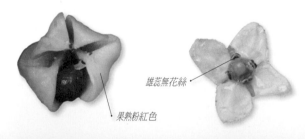
雄蕊無花絲
果熟粉紅色

葉細鋸齒緣

常綠灌木，果於冬季成熟，熟時粉紅色。

日本衛矛(大葉黃楊)

屬名　衛矛屬
學名　*Euonymus japonicus* Thunb.

株高 3～5 公尺，小枝光滑無毛。葉革質，倒卵形，長 3.5～6.5 公分，寬 2.5～5 公分，先端鈍或銳尖，上半部細鋸齒緣，下半部全緣，葉背灰綠色，中肋隆起，側脈 5～7 對。花 4 數。果實扁球形。

　　產於中國、日本、琉球、菲律賓及爪哇、蘇門答臘；台灣分布於離島蘭嶼、綠島及馬祖。

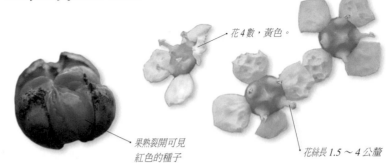

花 4 數，黃色。

果熟裂開可見紅色的種子

花絲長 1.5～4 公釐

馬祖原生地的植株

分布於蘭嶼、綠島及馬祖。

大丁黃

屬名　衛矛屬
學名　*Euonymus laxiflorus* Champ. *ex* Benth.

小喬木。葉紙質或革質，折之有絲，橢圓形至長橢圓狀卵形，長 6.5～7.5 公分，寬 2.5～3.5 公分，先端突尖狀或尾狀尖，上半部淺鋸齒緣，下半部全緣，側脈 4～6 對。花序鬆散，1～2 次分支；花 5 數，花瓣圓，紅色，雄蕊無花絲；子房無花柱，柱頭圓。果實倒圓錐形，具 5 稜。

　　產於香港；台灣分布於中北部低、中海拔地區，偶見。

花 5 數，花瓣圓，紅色，雄蕊無花絲。

果實

花序鬆散，1～2 次分支。

果序分支稀疏，果下垂，倒錐形，熟時轉紅。

垂絲衛矛

屬名　衛矛屬
學名　*Euonymus oxyphyllus* Miq.

落葉灌木。葉薄紙質，長橢圓形或倒卵形，長 5 ～ 10 公分，寬 3 ～ 3.5 公分，先端短漸尖，下半部全緣，上半部有小細鋸齒，側脈 4 ～ 6 對，葉緣常呈波浪狀。聚繖花序甚大且寬疏，下垂；花 5 數，花瓣上有明顯的細脈，雄蕊花絲極短，花藥 1 室；子房圓錐狀，頂端漸窄成柱狀花柱。果實球形。

　　產於日本、韓國及中國；台灣分布於北部及南部中海拔山區，不常見。

花綠色，雄蕊花絲極短。

聚繖花序甚大且寬疏，下垂。

果枝

淡綠葉衛矛（恆春衛矛）　特有種

屬名　衛矛屬
學名　*Euonymus pallidifolius* Hayata

常綠灌木。葉革質，長橢圓形或闊橢圓形，長 6 ～ 7 公分，寬約 4 公分，先端銳尖或鈍，全緣。聚繖花序，1 ～ 2 次分支；花 4 數，淡綠色，帶紅暈，雄蕊近無花絲。果實扁球形。

　　特有種，目前僅發現於恆春半島，生育地狹隘，數量極為稀少。

果扁球形

花 4 數，淡綠色，帶紅暈。

果枝

目前僅發現於恆春半島，生育地狹隘，數量極為稀少。

刺果衛矛

屬名　衛矛屬
學名　*Euonymus spraguei* Hayata

葉革質或近革質，橢圓形或闊橢圓形，長 4～6 公分，寬 2.5～3.5 公分，先端鈍，細鋸齒緣。雄蕊具明顯花絲，花盤具密刺。果實疏或密生刺，刺彎，長約 2 公釐。

　　產於中國廣東及江西；台灣分布於全島中海拔山區。

刺果
花盤具密刺

葉橢圓形

果實疏或密生刺

菱葉衛矛

屬名　衛矛屬
學名　*Euonymus tashiroi* Maxim.

葉革質或近革質，長橢圓狀菱形，長 5～10 公分，寬 2～4.5 公分，先端銳尖至漸尖，鋸齒緣。蒴果 4 深裂，每裂圓形。本種有二個型，一為中部蓮華池一帶產者，其花為綠色，葉較偏橢圓形；另一為南部及東部山區產者，其花為紅色，葉形較寬。此二者的分類仍有待後續之研究。

　　分布於琉球；台灣產於全島低、中海拔地區。

花紅色者

開花植株

葉長橢圓狀菱形；果三至四裂狀，裂片呈圓形。

卵葉刺果衛矛 特有種

屬名 衛矛屬
學名 *Euonymus trichocarpus* Hayata

附生或攀緣性灌木。葉紙質或膜質，卵形至闊卵形，長 4.5 ～ 6.5 公分，寬 2.5 ～ 3.5 公分，先端銳尖至突尖狀銳尖，圓細鋸齒緣。花 4 數。果實近球形，密生短刺。

　　特有種，分布於台灣全島低、中海拔地區。

花盤具刺

葉卵形至闊卵形

刺裸實屬 MAYTENUS

灌木或小喬木，常具刺。葉互生，稀對生。聚繖花序，腋生；花兩性，偶單性，花萼 5 裂，花瓣通常 5 數；雄蕊 5，生於花盤邊緣或下方；子房 3 ～ 4 室。蒴果 2 ～ 3 裂。

　　台灣產 2 種。

北仲（刺裸實）

屬名 刺裸實屬
學名 *Maytenus diversifolia* (Maxim.) Ding Hou

灌木，小枝或葉腋常具刺。葉革質，倒卵形，長 2 ～ 3.5 公分，寬 1 ～ 1.5 公分，先端圓，葉緣圓齒狀，近無柄。花 5 數。果實 4 室，成熟時紅色，2 瓣裂。

　　產於中南半島、菲律賓、中國及琉球；台灣分布於中南部海岸附近或近海之山區。

雄蕊 5，生於花盤邊緣。

果熟時紅色

小枝有刺。葉倒卵形。

蘭嶼裸實

屬名　刺裸實屬
學名　*Maytenus emarginata* (Willd.) Ding Hou

灌木，小枝無刺。葉革質，倒卵形，長 3.5～5 公分，寬 1.7～3.3 公分，圓頭，葉緣細鈍鋸齒狀，葉柄長約 4 公釐。二岔分歧聚繖花序，花白色，花瓣 5 枚。蒴果，3 室，3 瓣裂。

　　產於斯里蘭卡、亞洲東南部至北昆士蘭；台灣分布於離島蘭嶼之海岸地區。

花白色

分布於恆春半島及蘭嶼，在蘭嶼常長在珊瑚礁岩上，果紅熟，縱向開裂。（郭明裕攝）

開花植株

二岔分歧聚繖花序

賽衛矛屬 MICROTROPIS

常 綠灌木，小枝光滑無毛。葉對生，革質，全緣，無托葉。花成聚繖花序或簇生，萼片 4～5 枚，花瓣 4～5 枚，子房 2 室。果實為蒴果，2 瓣裂。
　　台灣產 2 種。

福建賽衛矛

屬名　賽衛矛屬
學名　*Microtropis fokienensis* Dunn

小喬木。葉披針形、卵狀橢圓形至橢圓狀披針形，長 5～8.5 公分，寬 1.3～3 公分，先端漸尖，葉柄長 5～7 公釐。花序僅 1～2 次分支，花 4 或 5 數。果實長橢圓形，總果梗長約 5 公釐。
　　產於中國華南；台灣分布於中、高海拔之森林中。

花常 4 數

果實

葉披針形、卵狀橢圓形至橢圓狀披針形。

日本賽衛矛

屬名	賽衛矛屬
學名	*Microtropis japonica* (Fr. & Sav.) Hall.f.

葉卵狀長橢圓形至菱形，長6～10公分，寬2～5公分，先端鈍、銳尖或圓，或微凹頭，全緣，葉柄長3～7公釐。花序2～4次分支，花5數，同花序中偶有4數者。果實橢圓形。

　　產於日本及琉球；台灣分布於恆春半島及蘭嶼。

花枝

花序2～4次分支

葉卵狀長橢圓形至菱形

果枝

梅花草屬 PARNASSIA

多年生草本，常叢生，光滑無毛。葉基生，具長柄。花單生，開花莖有稜，常在中部具無柄的葉；花常為白色，直立；花萼5裂；花瓣5枚；雄蕊5，與假雄蕊互生；子房上位或半下位，1室。果實為蒴果，4瓣裂。
　　台灣產1種。

梅花草

屬名	梅花草屬
學名	*Parnassia palustris* L.

葉卵狀心形至圓心形，長寬各1.5～3.5公分，先端鈍，基部心形，全緣。花單生於莖頂，形似梅花，徑約2公分。果實卵狀，長1～1.2公分。

　　廣泛分布於北半球溫帶地區；台灣生於中、高海拔遮蔭的潮濕處。

花基部有5束不孕性雄蕊

孕性雄蕊5枚

假雄蕊側面

花單生，常見於中高海拔土坡，花期秋季。

佩羅特木屬 PERROTTETIA

小 喬木或灌木，小枝光滑無毛。葉互生，托葉早落。聚繖花序，腋生；花兩性或有時單性，4數，雌雄同株或異株，雄花花盤杯狀，雌花花盤環狀。果實為漿果，具4瓣。

台灣產1特有種。

佩羅特木

屬名	佩羅特木屬
學名	*Perrottetia arisanensis* Hayata

落葉小灌木，幼芽被金黃色毛狀物。葉近長橢圓形或卵狀長橢圓形，長5～16公分，寬2～5公分，先端尾狀漸尖，銳細鋸齒緣。圓錐狀聚繖花序，腋生，花通常4數，偶5數。漿果球狀，成熟時紫黑色。

產於中國雲南；台灣分布於中海拔山區。

幼芽被金黃色毛狀物

花序

雷公藤屬 TRIPTERYGIUM

攀 緣性灌木。葉互生；托葉鑿形，早落。聚繖花序，花5數，子房不完全3室。果實為翅果，具3翅。

台灣產1種。

雷公藤

屬名	雷公藤屬
學名	*Tripterygium wilfordii* Hook. f.

莖5稜，被茸毛。葉近革質，卵狀長橢圓形至闊橢圓形，長4～7.5公分，寬3～4公分，先端尾狀漸尖，圓齒緣。聚繖花序，被毛，花瓣白色，柱頭3岔，每岔先端再凹裂。

分布於中國及日本；台灣生於北部之低海拔灌叢中。

柱頭3岔，每岔先端再凹裂。

喜生於低海拔山區稜線上，果具三翅。

攀緣灌木

牛栓藤科 CONNARACEAE

喬木、直立灌木或木質藤本。單葉或羽狀複葉，互生，全緣。花小，成總狀或圓錐花序，通常兩性；花萼 5 裂，宿存；花瓣 5 枚，通常覆瓦狀排列；雄蕊周位或下位，5 或更多；心皮通常 5。果實為蓇果，呈蓇葖果狀，單邊開裂。台灣產 2 屬。

特徵

葉常為複葉（紅葉藤）

蓇果，呈蓇葖果狀，單邊開裂。花萼 5 裂，宿存。（紅葉藤）

花通常兩性；花瓣 5 枚，通常覆瓦狀；雄蕊周位或下位，5 或更多。（紅葉藤）

總狀或圓錐花序（紅葉藤）

牛栓藤屬 CONNARUS

蔓性灌木。奇數羽狀複葉。圓錐花序，腋生或頂生；花兩性；花瓣 5 枚；雄蕊 10，5 長 5 短；心皮 5，被毛，只有 1 枚發育。果實歪斜。

台灣產 1 種。

蘭嶼牛栓藤

屬名	牛栓藤屬
學名	*Connarus subinaequifolius* Elmer

幼枝被鏽色密毛，漸變無毛。葉長 12 ～ 18 公分，葉柄長 4 ～ 7 公分；小葉 3 ～ 7 枚，橢圓狀長橢圓形，長 7 ～ 10 公分，寬 3 ～ 4.5 公分，先端漸尖，幼嫩時被毛，漸變無毛，葉背中脈上具細毛。花序被鏽色密毛。果實歪卵狀，長 3.5 ～ 4.5 公分。

分布於菲律賓；台灣產於離島蘭嶼之森林中，非常稀有。

小葉 3 ～ 7 枚，橢圓狀長橢圓形。（許天銓攝）

幼枝被鏽色密毛，可與同科的紅葉藤區別。（許天銓攝）

紅葉藤屬 ROUREA

木質藤本、灌木或小喬木。羽狀複葉至單葉。花序頂生或腋生，圓錐狀；花 5 數；雄蕊 10，花絲基部癒合；柱頭 5，頭狀。蓇葖果，卵狀至橢圓狀，單邊縱裂，具薄而硬或革質的果皮。

台灣產 1 種。

紅葉藤

屬名	紅葉藤屬
學名	*Rourea minor* (Gaertn.) Leenhouts

大型木質藤本，有時灌木狀。小葉可達 9 枚，幼葉呈紅色，無毛，近圓形、卵形至披針形，大小變化大，長達 25 公分，寬達 10 公分，先端漸尖至尾狀，基部銳尖至淺心形。圓錐花序常數個簇生於葉腋或枝頂。種子具褐紅色假種皮。

分布於東南亞經馬來西亞至澳洲北部；台灣僅產於離島蘭嶼及綠島。

雄蕊 10，柱頭 5。

羽狀複葉，小葉可達 9 枚，幼葉呈紅色。

果熟漸變黃色

圓錐花序常數個簇生於葉腋或枝頂

杜英科 ELAEOCARPACEAE

喬木或灌木。單葉，互生，稀對生。聚繖花序或總狀花序，花兩性，輻射對稱；萼片 4～5 枚；花瓣 4～5 枚，常具緣毛；雄蕊多數，花藥縱裂或頂孔裂；子房 2 至多室，花柱單一。果實為核果或蒴果。

　　台灣產 2 屬。

特徵

喬木或灌木。單葉，互生，稀對生。（薯豆）

常為腋生總狀或圓錐花序；萼片 4～5 枚；花瓣 4～5 枚，常具緣毛；雄蕊多數。（球果杜英）

杜英屬 ELAEOCARPUS

喬木。葉羽狀脈，落葉前轉為紅色。花序總狀，萼片 5 枚，離生；花瓣 5 枚，先端常具緣毛；雄蕊常成叢而與花瓣對生，花藥線形，頂端開裂；花柱鑿形，子房 2～5 室。果實為核果。

　　台灣產 4 種及 2 特有變種。

腺葉杜英

屬名	杜英屬
學名	*Elaeocarpus argenteus* Merr.

葉革質，近長橢圓形，長 6.5～8 公分，圓齒緣，每邊約 12 齒，側脈 5～6 對，葉背脈腋下常具腺點，葉柄長 1.5～2 公分。花序密被毛，萼片披針形，花瓣緣毛長度約為花瓣之一半，雄蕊約 28，藥隔頂端不具芒狀突起。果橢圓形，長約 8 公釐，徑約 6 公釐，平滑。

　　產於菲律賓；台灣分布於離島蘭嶼及綠島之森林中。

葉之側脈 5～6 對。藥隔不具芒狀突起。

薯豆

屬名　杜英屬

學名　*Elaeocarpus japonicus* Sieb. & Zucc.

喬木。葉薄革質，橢圓形或長橢圓形，長6～12公分，寬3～6公分，不明顯圓齒緣，側脈5～6對，葉柄長2～3公分。花序略被毛或近光滑，萼片卵狀長橢圓形，花瓣無緣毛，綠色，全緣。果實長橢圓形，成熟時藍黑色。

　　產於中國、日本南部及琉球；台灣分布於全島之低海拔森林中。

萼片與花瓣各5枚，長橢圓形，花瓣無緣毛，綠色，全緣。

滿花之植株

葉橢圓或長橢圓形，先端銳尖，鈍齒緣，側脈5～6對，葉柄長2～3公分。

總狀花序，腋出。

果長橢圓形，藍黑熟。

繁花杜英(繁花薯豆)

屬名　杜英屬

學名　*Elaeocarpus multiflorus* (Turcz.) F. Vill.

葉紙質，長橢圓形，長9～12公分，寬4～5.5公分，疏齒狀鋸齒緣，側脈約8對，葉柄長2～3公分。花序疏被短茸毛；萼片披針形，先端尖；花瓣先端顯著3尖齒裂，邊緣及內面被茸毛；雄蕊約20，花絲被毛。

　　產於菲律賓、蘇拉威西及琉球；台灣分布於離島蘭嶼之森林中。

花瓣先端顯著3尖齒裂，邊緣及內面有茸毛。

僅分布於蘭嶼及綠島，盛夏開花，本島零星栽培。

球果杜英（早田氏杜英） 特有種

屬名　杜英屬
學名　*Elaeocarpus sphaericus* (Gaertn.) K. Schum. var. *hayatae* (Kaneh. & Sasaki) C. E. Chang

喬木。葉長橢圓狀披針形或倒披針形，長 8 ～ 13 公分，寬 3 ～ 6 公分，先端漸尖，圓齒狀細鋸齒緣，每邊約 24 齒，側脈 6 ～ 8 對或更多；葉柄長 1.2 ～ 2 公分，光滑無毛。花序被短柔毛；花瓣倒卵形，先端絲狀裂；雄蕊約 30，藥隔頂端具芒狀突起。核果圓形或倒卵形，徑約 1.5 公分。

　　特有變種，分布於離島蘭嶼。

花瓣先端絲狀裂，藥隔頂端具芒狀突起。

側脈 6 ～ 8 對或更多對。

開花及結實植株

核果圓形或倒卵形，紫黑熟。

杜英

屬名　杜英屬
學名　*Elaeocarpus sylvestris* (Lour.) Poir. var. *sylvestris*

小枝光滑無毛。葉紙質，常有紅葉，長橢圓形或披針至倒披針形，長 4 ～ 8 公分，基部至柄漸窄，波狀緣，側脈 5 ～ 6 對，葉柄長 1.5 ～ 2 公分。花序略被毛；萼片披針形；花瓣倒卵形，先端絲狀裂；雄蕊 13 ～ 30。果實卵形。

　　產於中國南部、琉球及日本；台灣分布於全島低海拔森林中。

葉子長橢圓或披針至倒披針形，常有紅葉。

花瓣倒卵形，先端絲狀裂。

果卵形

開花之植株

蘭嶼杜英 特有種

屬名	杜英屬
學名	*Elaeocarpus sylvestris* (Lour.) Poir. var. *lanyuensis* (C. E. Chang) C. E. Chang

葉及葉柄均較承名變種（杜英，見384頁）短。

特有變種，分布於離島蘭嶼之森林中。

本變種之葉及葉柄均較杜英短

花瓣先端絲狀裂

葉子較杜英厚一些

花序

猴歡喜屬 SLOANEA

喬木。葉背羽狀脈。聚繖花序，萼片4枚，花瓣4枚，雄蕊多數，子房3～4室。果實為蒴果。台灣產1特有種。

猴歡喜 特有種

屬名	猴歡喜屬
學名	*Sloanea formosana* H. L. Li

大喬木。葉長橢圓形，長12～18公分，寬5～8公分，先端銳尖，全緣或疏細鋸齒緣，側脈6～8對；葉柄粗，兩端膨大。花序略被毛，花瓣4～5枚，先端不規則裂。蒴果外被厚茸毛，4縱裂。

特有種，分布於台灣全島低海拔之森林中。

雄蕊多數

萼片4枚，花瓣4枚。

蒴果外被厚茸毛，4縱裂。

酢漿草科 OXALIDACEAE

多汁草本、灌木或小喬木。單葉、三出複葉或羽狀複葉，具托葉；小葉倒心形、長橢圓形或扁三角形。花兩性，單生或成繖形狀聚繖花序；萼片 5 枚；花瓣 5 枚，白、黃、淡黃或粉紫紅色；雄蕊 10，花絲基部通常連合；子房 5 室，花柱 5 枚，離生，柱頭常頭狀，有時淺裂。果實為蒴果。

台灣產 2 屬。

特徵

本科羞禮花屬之葉為羽狀複葉（羞禮花）

雄蕊常 10，5 長 5 短。（酢漿草）

果實為蒴果（酢漿草）

花兩性，單生或成繖形狀聚繖花序，萼片 5，花瓣 5，雄蕊 10～15。（紫花酢漿草）

羞禮花屬 BIOPHYTUM

草本，莖單一或具分支。偶數羽狀複葉，簇生於莖頂，葉柄基部膨大，小葉對生。繖形花序，花黃色；雄蕊 10，花絲 5 長 5 短；雌蕊近球形，5 室，花柱 5，柱頭頭狀。蒴果背室開裂，為 5 個廣展的果瓣，果瓣與中軸分離。

台灣產 1 種。

羞禮花

| 屬名 | 羞禮花屬 |
| 學名 | *Biophytum sensitivum* (L.) DC. |

植株纖細，高約 30 公分，莖多毛。葉長 6～9 公分，小葉 18～30 枚，歪長橢圓形，長約 1 公分，葉柄具密毛及腺毛，小葉對碰觸相當敏感而會閉合。花序具一長約 12 公分的梗。

分布於熱帶地區；台灣產於南部，如嘉義、台南之低海拔。

花黃色，5 瓣。

果實表面具腺毛，果裂露出許多種子。

蒴果熟時開裂，種子彈出。

單一主莖或具分支的草本。偶數羽狀複葉，簇生於莖頂。

酢漿草屬 OXALIS

直立或蔓性草本，稀有灌木。三出複葉或掌狀複葉，基生或莖生，小葉倒心形或扁三角形。花 1 至數朵，具長梗，花梗基部有 2 枚苞片。雄蕊 10，長短互間，花絲基部合生或分離；子房 5 室，花柱 5，常 2 型或 3 型，分離。果為室背開裂的蒴果。

台灣產 3 種及 1 特有亞種。

台灣山酢漿草

屬名	酢漿草屬
學名	*Oxalis acetosella* L. subsp. *griffithii* (Edgew. & Hook. f.) Hara var. *formosana* (Terao) S. F. Huang & T. C. Huang

葉基生，三出複葉，葉柄長 3 ～ 30 公分；小葉倒三角形，長 0.6 ～ 2.1 公分，寬 0.8 ～ 2.7 公分，先端深凹頭，上表面微被毛，下表面密被貼伏毛。花單生，花瓣白色，常帶有淡紫色條紋，雄蕊 10 枚，5 長 5 短。果實球狀，徑 5 ～ 8 公釐，具 5 稜脊。

產於菲律賓；台灣分布於本島中至高海拔之潮濕處。

未熟果

開花植株。葉子先端深凹。

花常帶有淡紫色條紋（楊智凱攝）

大霸尖山酢漿草 特有種

屬名	酢漿草屬
學名	*Oxalis acetosella* L. subsp. *taimoni* (Yamamoto) S. F. Huang & T. C. Huang

無地上莖，地下根莖具短節間，葉柄基部宿存而被覆於根莖上。小葉倒心形或倒卵形，長 0.8 ～ 1.6 公分，寬 0.8 ～ 1.4 公分，先端淺裂，裂片圓鈍，葉脈有白色明顯網紋，葉表面常被毛。花單生，白色，帶有淡紫色條紋。雄蕊 10；花柱 5；果實球狀，徑約 6.5 公釐，具 5 稜脊。

特有亞種，僅分布於雪山、大霸尖山等地。

葉子先短淺裂，葉脈有白色明顯網紋，葉表面常被毛。

酢漿草

屬名	酢漿草屬
學名	*Oxalis corniculata* L.

雄蕊 10，5 長 5 短；子房 5 室，花柱 5 岔。

多年生匍匐性草本，莖橫臥地面。葉明顯莖生，三出複葉，互生，具長柄；小葉寬倒心形，長、寬通常均不長於 2 公分。花黃色，1 至數朵簇生於花莖頂，成繖形狀；雄蕊 10，5 長 5 短；子房 5 室，花柱 5 岔。果實圓柱狀，長 0.5～2 公分，具 5 稜。

　　廣布於全球熱帶及溫帶地區；台灣生於全島低至中海拔荒地，極常見。

常成片生長於庭院、路旁、農地及空曠的荒廢地。

蒴果

紫花酢漿草

屬名	酢漿草屬
學名	*Oxalis corymbosa* DC.

無地上莖，具許多鱗莖。葉基生或密生於地下短莖上，具長柄；小葉寬倒心形，長、寬均可達 4 公分，先端葉緣處具橙色腺點。花莖較葉略長，花粉紅或紫紅色，排列成繖形花序，花梗很長。

　　產於南美洲；台灣分布於全島低至中海拔荒地，極常見。

三出複葉，小葉寬倒心形。

花粉紅或紫紅色，長在很長的花梗上，排列成繖形花序。

分布於台灣全島低至中海拔荒地，極常見。

內輪花藥高於柱頭，外輪花藥低於柱頭，即柱頭位於兩輪花藥之間，這種形態稱為中花柱型。

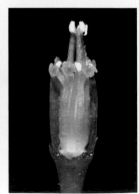

短花柱型；其花藥多呈現白色。

胡桐科（瓊崖海棠科）CALOPHYLLACEAE

喬木，分泌無色、黃色或白色汁液，芽被鏽色毛。葉革質，側脈極多而密，平行，不彎曲，幾與中脈垂直。圓錐或總狀花序，花兩性或雜性；萼片4枚；花瓣缺如或4～8枚，1～3輪；雄蕊基部離生或合生成4束；子房1室，花柱1，細長，柱頭通常盾形。果實為核果。

台灣產1屬。

特徵

雄蕊基部離生者（蘭嶼胡桐）

葉革質；側脈極多而密，平行，不彎曲。（蘭嶼胡桐）

雄蕊合生成4束；花柱1，細長。（胡桐）

胡桐屬 CALOPHYLLUM

喬木。葉革質，有光澤，側脈極多，緻密而平行，與主脈殆成直角。雌雄花均為圓錐花叢；萼片 4 枚，內輪 2 萼片或全部萼片為花瓣狀；花瓣缺如或 4 ～ 8 枚；花絲基部離生或合生，柱頭通常盾形。

　　台灣產 2 種。

蘭嶼胡桐(蘭嶼海棠)

屬名	胡桐屬
學名	*Calophyllum blancoi* Planch. & Triana

小喬木，幼枝有毛。葉倒卵狀長橢圓形，長 6 ～ 25 公分，寬 1.8 ～ 8.2 公分，先端圓鈍。圓錐花序頂生，長 5.5 ～ 8 公分，被鏽色毛；萼片 4 枚，花瓣 4 ～ 5 枚，白色，雄蕊多數，花梗長 8 ～ 10 公釐。果實圓形，黑紫色。

　　產於菲律賓及婆羅洲東北部；台灣分布於離島蘭嶼。

萼片 4，花瓣 4 ～ 5，白色，雄蕊多數。

果圓形，黑紫色。（郭明裕攝）

分布於蘭嶼

胡桐(瓊崖海棠樹)

屬名	胡桐屬
學名	*Calophyllum inophyllum* L.

幼枝光滑無毛。葉橢圓形，長 10 ～ 18 公分，寬 4.5 ～ 10 公分，先端圓或略鈍，略凹頭。總狀花序腋生，長 5 ～ 10 公分，光滑無毛；雄蕊合生成 4 束，花梗長 1.5 ～ 4 公分。果球形，徑約 3 公分。

　　產於印度洋至海南島、小笠原群島、玻里尼西亞、美拉尼西亞及澳洲之海岸及島嶼；台灣分布於恆春半島及蘭嶼之海岸附近。

雄蕊合生成 4 束，與蘭嶼胡桐之雄蕊離生顯著不同。

分布於恆春半島與蘭嶼之海岸附近

果枝

藤黃科 CLUSIACEAE

喬 木，分泌黃色汁液。葉脈疏，不與主脈成直角。花雜性，成聚繖花序或單生；萼片 4～5 枚，花瓣 4～5 枚；雄蕊多數，離生或合生成 4 束或 2 束；子房 2～12 室，花柱缺或極短。果實為漿果。
　　台灣產 1 屬。

特徵

葉脈疏，不與主脈成直角。（福木）

萼片4～5枚，花瓣4～5枚；雄蕊多數，離生或合生成4束或2束，花柱短。（恆春福木）

福木屬 GARCINIA

喬 木，全株光滑無毛。花雜性，成聚繖花序或單生；萼片 4 或 5 枚，花瓣 4 或 5 枚，子房 2～12 室，花柱殆無。
　　台灣產 2 種 1 特有種。

蘭嶼福木（林氏福木） 特有種

屬名	福木屬
學名	*Garcinia linii* C. E. Chang

小喬木。葉厚革質，橢圓形或倒卵狀橢圓形，長 7.5～12 公分，寬 4～6.3 公分，先端鈍至圓，或具短凸尖，全緣，側脈不明顯，葉柄光滑無毛。萼片及花瓣各 4 枚，雄花單生於葉腋，花絲合生成 4 體。漿果橢圓形至球形，長 2～3 公分，成熟時黑色。

　　特有種，分布於離島蘭嶼及綠島。

漿果橢圓形至球形，長2～3公分，黑熟。（郭明裕攝）

葉之側脈不明顯（郭明裕攝）

葉厚革質，橢圓形，全緣。

恆春福木(山桔子)

屬名　福木屬
學名　*Garcinia multiflora* Champ. *ex* Benth.

小喬木。葉薄革質，倒卵形，長約 8 公分，先端鈍或圓至具短凸尖，側脈明顯，葉柄光滑無毛。雜性花，雄花成聚繖狀圓錐花序，頂生，萼片 4 枚，花瓣 4 枚。漿果扁球形，直徑 1.8 ～ 3 公分，成熟時黃色。
　　產於中國南部及香港；台灣分布於恆春半島之灌叢中。

雌花，可見退花雄蕊。

雄花，雄蕊 4 枚。

開花之植株

雌雄異株，果球形，熟時轉黃，台灣分布於恆春半島。

福木(菲島福木)

屬名　福木屬
學名　*Garcinia subelliptica* Merr.

小或中喬木，高達 18 公尺，小枝有毛。葉厚革質，長約 15 公分，長橢圓形至橢圓形或近圓形，先端圓至鈍，側脈不明顯。花雜性，萼片及花瓣各 5 枚，萼片 2 大 3 小，雄蕊 5 束，每束間不相連，每束有雄蕊 6 ～ 12 枚。漿果扁球形，直徑 3 ～ 4.5 公分，成熟時黃色。
　　產於菲律賓及琉球；台灣分布於離島蘭嶼及綠島之海岸林中，並於全台廣泛栽植為觀賞或防風用。

雄蕊 5 束，每束間不相連，每束有雄蕊 6 ～ 12 枚。

花序生於葉腋；葉厚革質，長約15公分，先端圓至鈍，側脈不明顯。

漿果扁球形，直徑 3 ～ 4.5 公分，黃熟。

溝繁縷科 ELATINACEAE

多年生、水生或濕生性草本。單葉，對生，具托葉。花兩性，單生或簇生於葉腋；萼片 3 ～ 5 枚，離生或合生；花瓣 3 ～ 5 枚，離生；雄蕊 5 ～ 10，離生；子房上位，2 ～ 5 室，柱頭 3 ～ 5，離生，短或無柄，胚珠多數。果實為蒴果。台灣產 2 屬。

特徵

花瓣 3 ～ 5 枚，離生；雄蕊 5 ～ 10，離生。（倍蕊田繁縷）

水生或濕生性草本。單葉，對生。（三蕊溝繁縷）

果實為蒴果（伯格草）

伯格草屬 BERGIA

多年生草本植物，常分支。單葉，對生。萼片5枚，花瓣5枚，雄蕊5～10，子房5室，花柱短。
台灣產2種。

伯格草

屬名	伯格草屬
學名	*Bergia ammannioides* Roxb.

一年生直立草本，高10～35公分，莖密被紫紅色腺毛及白色細毛。葉對生，橢圓形，長1～3公分，寬0.5～1公分，細鋸齒緣，無柄。花多數生於葉腋，花較小，雄蕊5，花梗長1～2公釐。

產於亞洲熱帶地區及澳洲；台灣分布於中、南部水田或乾地。

果實

株高10～35公分，莖密被紫紅色腺毛及白色細毛。葉橢圓形，對生。

花多數生於葉腋，花較小，雄蕊5。

蒴果卵形，長約2公釐，5瓣裂。

倍蕊田繁縷

屬名　伯格草屬
學名　*Bergia serrata* Blanco

濕生性草本，密被腺毛。葉長橢圓形，鋸齒緣。萼片及花瓣各 5 枚，花瓣淡紅色，卵形；雄蕊 10，花藥紫紅色；花柱短，柱頭 5 岔；花梗長 3 ～ 8 公釐。

　　分布於中國南部；台灣生於南部之乾地。

雄蕊 10，花藥紫紅色，柱頭 5 岔，花柱短。

葉長橢圓形，鋸齒緣，花簇生於葉腋，萼片被腺毛。

植株密生腺毛。葉長橢圓形，鋸齒緣。（郭明裕攝）

溝繁縷屬 ELATINE

濕生性草本。葉對生，橢圓形或長橢圓狀倒披針形，先端鈍或圓，全緣，無柄。花單生，無苞片，萼片 3 枚，花瓣 3 枚，子房 3 室，花柱 3 岔。

　　台灣有 1 種。

三蕊溝繁縷

屬名　溝繁縷屬
學名　*Elatine triandra* Schkuhr

濕地生草本，莖多分支。葉對生，倒卵形至長橢圓形，長 4 ～ 10 公釐，寬 2 ～ 3 公釐，黃綠色或深綠色，全緣，無柄或具短柄。花單出，腋生；萼片 3 枚，膜質，先端鈍，基部癒合；花瓣 3 枚，膜質，倒卵形，先端鈍；雄蕊 3。蒴果球形。

　　分布於歐洲及北美；在台灣見於中北部之潮濕地或稻田。

花瓣 3 枚，子房 3 室，花柱 3 岔。

開花植株

分布於台灣中北部潮濕地或稻田中，圖中植株已結果；蒴果球形，甚小。

中名索引

學名索引

R